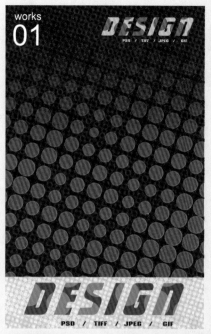

半调图案纹理纸

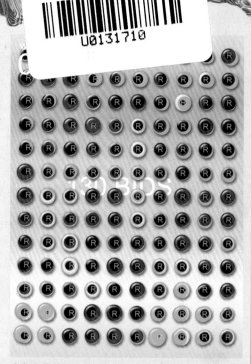

彩色立体按钮

五彩的烟花

飞扬的笔触

晶莹剔透的水珠

挥洒的书法字

works
07

木板上暴晒的文字

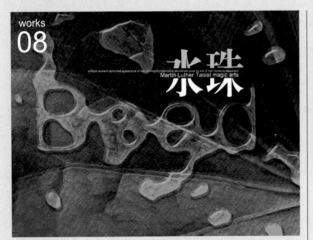

works
08

水珠特效字

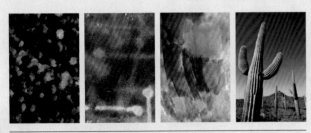

works
09

撕裂后的彩色喷染画

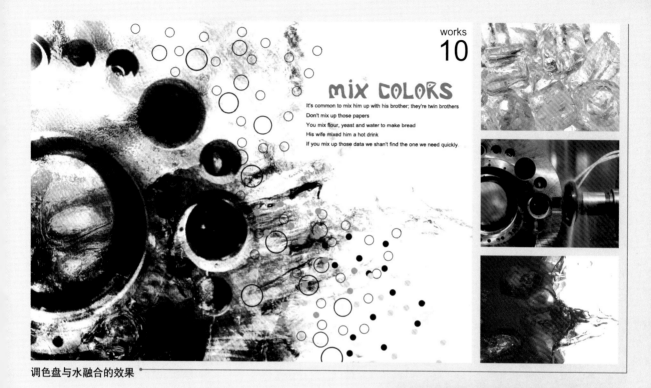

works
10

mix COLORS

It's common to mix him up with his brother; they're twin brothers
Don't mix up those papers
You mix flour, yeast and water to make bread
His wife mixed him a hot drink
If you mix up those data we shan't find the one we need quickly

调色盘与水融合的效果

works
12

叶片化石

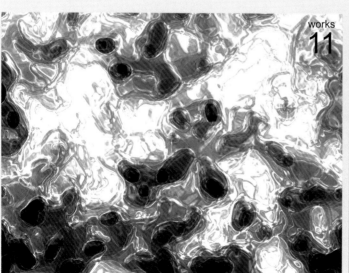

works
11

冰质感

works
13

裱膜

瀑布

withdraw or modify one's previous remark
correct oneself cut loose from the past and
make a fresh start change one's course of
action change to another post a fresh start
change one's course of action change to
another post
withdraw or modify one's previous remark
correct oneself cut loose from the past and
make a fresh start change one's course of
action change to another post a fresh start
change one's course of action change to
another post
withdraw or modify one's previous remark
correct oneself cut loose from the past and
make a fresh start change one's course of
action change to another post a fresh start
change one's course of action change to
another post

PLASTIC

裱膜后的铜版画

works
14

RUSTY DOOR

日晒后的墙皮

works
15

多个车辆的尾灯

works
16

works
17

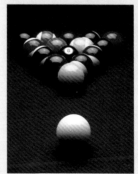

睡在鸟巢中的台球

破旧的木窗

组合超级的士

简单图形组合的显示器

彩色的铅笔

破旧的纸张

宽屏彩电

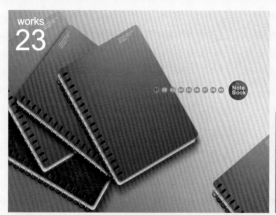

日记本

粘贴在墙壁上的海报

写实的玻璃鱼缸

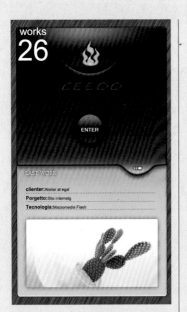

网页的标题

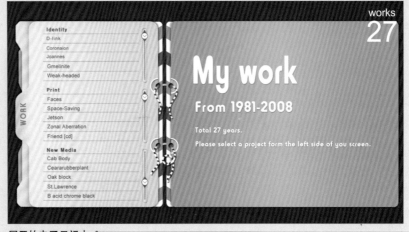

展开的电子日记本

动漫网站的主页

特效风暴

Photoshop CS2 艺术特效设计与制作

吴 迪/编著

中国青年出版社
中国青年电子出版社
http://www.21books.com http://www.cgchina.com

中青雄狮

律师声明

图书在版编目（CIP）数据

特效风暴：Photoshop CS2艺术特效设计与制作 / 吴迪编著. —北京：中国青年出版社，2007.5

ISBN 978-7-5006-7461-0

I.特... II.吴... III.图形软件，Photoshop CS2 IV.TP391.41

中国版本图书馆CIP数据核字（2007）第064706号

特效风暴——Photoshop CS2艺术特效设计与制作

吴 迪　编著

出版发行：　中国青年出版社

地　　址：北京市东四十二条21号

邮政编码：100708

电　　话：(010) 59521188

传　　真：(010) 59521111

企　　划：中青雄狮数码传媒科技有限公司

责任编辑：肖 辉　刘海芳

封面设计：于 靖

印　　刷：北京嘉彩印刷有限公司

开　　本：787×1092　1/16

印　　张：23.75

版　　次：2009年4月北京第2版

印　　次：2009年4月第1次印刷

书　　号：ISBN 978-7-5006-7461-0

定　　价：39.90元（附赠1CD）

本书如有印装质量等问题，请与本社联系　电话：(010) 59521188

读者来信：reader@cypmedia.com

如有其他问题请访问我们的网站：www.21books.com

设计在当今社会中扮演着极为重要的角色，可以说设计无处不在。现代艺术设计与计算机技术的良好结合，使得设计师的艺术构思、创作灵感和激情得以更好的实现。Adobe 公司的旗舰产品 Photoshop 是计算机艺术设计的利器，也是广大学习计算机图像处理技术的人士和平面设计爱好者最先接触的软件。绝大多数初次接触 Photoshop 的用户都会觉得它复杂难懂，当然也会被 Photoshop 软件极强的创造力所震撼，其实本书就是要告诉读者，使用 Photoshop 软件进行创作并不是一件复杂或者难以实现的事情，谁都可以使用 Photoshop 的强大功能，完成极富创意的艺术作品。

本书所要讨论的主题就是利用 Photoshop 中内置的各项功能，以及我们拥有的各种素材进行艺术修饰和再加工，并将多种特殊效果的图像组合在一起，使图像产生丰富的艺术效果，形成一个新生的、有思想的、全新的设计作品，这就是所谓的特效设计。

本书由国内资深视觉设计专家精心编著而成，以 Photoshop CS2 软件为平台，共讲解了 28 个精彩案例的制作过程，内容涉及矢量图形、文字特效、图像特效、照片合成、无素材写实、静物写生、网页特效等各个特效设计范畴，包括五彩的烟花、飞扬的笔触、晶莹剔透的水珠、挥洒的书法字、彩色喷染画、表膜铜版画、日晒墙皮、破旧的木窗、烤焦发黄的纸张、贴在墙壁上的海报、写实玻璃鱼缸、宽银幕彩电、电子日记本等各具特色的案例作品，为读者展示了丰富多彩的创作风格。

本书案例数量虽然不多，但每个都经过作者精雕细琢制作而成，创意精巧且效果精美，技术含量和艺术价值均具有颇高水准，不仅可以作为读者日常研习参考之用，也具有极高的观赏和收藏价值，使读者在学习本书的同时也能够品尝到一道丰富的视觉盛宴。

另外，本书实例比较注重视觉的表现，突出创作中艺术灵感的重要性，这是广大平面设计人员进行创作时最需要注意和掌握的，本书案例的制作过程旨在告诉读者，艺术创作有时并不需要很高深的技术，只要善于观察，能够将现有素材合理和巧妙地应用，进行艺术处理，就有可能创作出令人惊叹的作品。

虽然掌握 Photoshop 的功能对于设计很有帮助，但它毕竟只是根据人的思维和想像去工作，所以在用 Photoshop 进行创作的过程中，设计师要学会利用软件所提供的各种功能，去完成自己的设计思想和创作理念，使软件服务于人，最终得到理想的效果。所以本书在强调艺术性的同时，也注重特效表现方法的探讨，案例中涵盖了各种特效的制作技巧，汇集了多样的设计技法，如水和冰块的透明质感、玻璃材质、反光金属、破旧纸张、墙壁、木板等物体的质感和纹理表现，各种图形、文字等设计元素的布局组合和造型技巧等。

本书将艺术与技术紧密地联系在一起，适合于想通过 Photoshop 表达创意、喜爱平面设计的人士，还适合想创作全新的、不同寻常的视觉特效作品的设计人员。最后，希望读者能够汲取书中的精华，融会贯通后成为自己的知识与技能，创作出比书中案例更加优秀的设计作品。

作　者
2007年6月

特效风暴 *Photoshop CS2*
艺术特效设计与制作

Chapter 3　图像特效

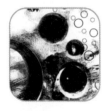

Chapter 4　照片合成

Chapter 5　无素材写实

Chapter 6　静物写生

>>> **01**

Chapter 1 矢量图形

半调图案纹理纸

彩色立体按钮

晶莹剔透的水珠

本章讲解重点：

- 利用半调图案制作特效纹理
- 连续圆点图案和立体按钮的制作
- 利用简单图形表现丰富效果
- 曲线笔触的组合和叠加
- 水珠质感的表现
- 海底及水面效果的表现

五彩的烟花

飞扬的笔触

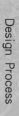
Design Process

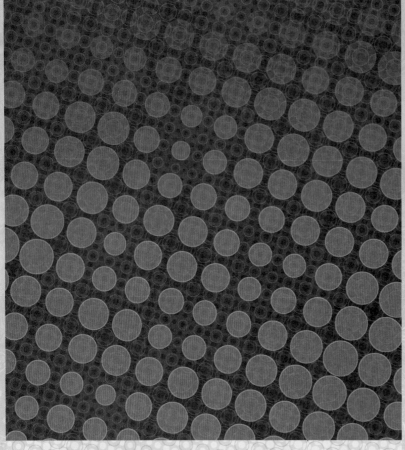

DESIGN

PSD / TIFF / JPEG / GIF

Works **01**
Specially Effect

Pattern Do Texture Paper

■ 制作难度：★★★
制作时间：60分钟
■ 使用功能：云彩滤镜、彩色半调滤镜、反相命令
■ 光盘路径：Chapter 1\Works 01\半调图案纹理纸.psd

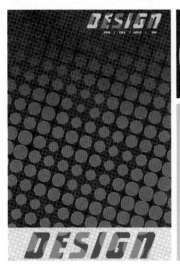

01 Pattern Do Texture Paper
半调图案纹理纸

利用半调图案制作纹理纸，是特效设计中的基础应用。通过对无序的网点图形进行排列组合并赋予叠加的图层混合模式，从而产生新的设计元素。在学习中要仔细地揣摩技法，以便灵活应用。

01 新建通道

执行"文件>新建"命令，在弹出的"新建"对话框中设置相关参数，如图1-1所示，再单击"确定"按钮。

图1-1 "新建"对话框

在"通道"面板中，单击"创建新通道"按钮，如图1-2所示，新建 Alpha 1 通道。

图1-2 新建通道

● 提 示

通道是没有色彩的，通道中的图像由色阶变化的灰度构成。

02 渲染云彩的效果

在 Alpha 1 通道中，如图1-3所示，执行"滤镜 > 渲染 > 云彩"命令。

图1-3 云彩命令

效果如图1-4所示，模拟了自然界的云彩效果。

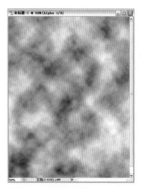

图1-4 云彩效果

03 复制多个渲染云彩的通道

在"通道"面板中将 Alpha 1 通道拖到"创建新通道"按钮 上，复制通道。

如图 1-5 所示，"通道"面板中增加了"Alpha 1 副本"和"Alpha 1 副本 2"两个通道。

图1-5 复制通道

04 绘制第一个半调图案

在 Alpha 1 通道中，如图 1-6 所示，执行"滤镜>像素化>彩色半调"命令。

图1-6 彩色半调命令

弹出的"彩色半调"对话框如图 1-7 所示，设置"最大半径"为 15 像素，然后单击"确定"按钮。效果如图 1-8 所示，制作了黑白相间的网点效果。

图1-7 彩色半调设置

图1-8 黑白网点效果

05 绘制图案的反相效果

在 Alpha 1 通道中，如图 1-9 所示，执行"图像>调整>反相"命令。

图1-9 反相命令

如图 1-10 所示，黑白网点颠倒。

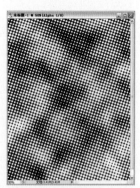

图1-10 反相效果

06 绘制第二个半调图案

在"通道"面板中，选中"Alpha 1 副本"通道，如图 1-11 所示。

图1-11 "Alpha1副本"通道

如图 1-12 所示，执行"滤镜>像素化>彩色半调"命令。

弹出的"彩色半调"对话框如图1-13所示。设置"最大半径"为30像素，然后🖱️单击"确定"按钮。

图1-12　彩色半调命令

图1-13　彩色半调设置

效果如图1-14所示，制作了黑白相间的网点效果。

图1-14　黑白网点效果

07 绘制第二个图案的反相效果

在"通道"面板中选择"Alpha 1 副本"通道。如图1-15所示，执行"图像>调整>反相"命令。

图1-15　反相命令

效果如图1-16所示，黑白网点颠倒。

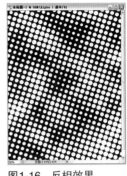

图1-16　反相效果

08 绘制第三个半调图案

在"通道"面板中，选中"Alpha 1 副本2"通道，如图1-17所示。执行"滤镜>像素化>彩色半调"命令。在弹出的对话框中，设置"最大半径"为60像素，然后🖱️单击"确定"按钮，如图1-18所示。

图1-17　"通道"面板

图1-18　彩色半调设置

效果如图1-19所示，制作了黑白相间的网点效果。

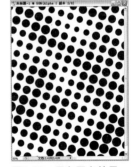

图1-19　黑白网点效果

● 提示

三个半调图案的最大半径依次增大，可以增加图像上的大小不等的网点的层次感。

09 绘制第三个图案的反相效果

执行"图像>调整>反相"命令。效果如图1-20所示，黑白网点颠倒。

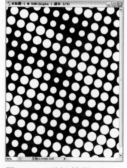

图1-20 反相效果

10 在"拾色器"中设置颜色

切换到"图层"面板。在工具箱中单击"设置前景色"图标，如图1-21所示，弹出"拾色器"对话框。设置颜色为褐色，如图1-22所示，设置完毕单击"确定"按钮。

图1-21 工具箱　图1-22 "拾色器"对话框

11 为画布填充单色

执行"编辑>填充"命令，弹出的对话框如图1-23所示。设置"使用"为前景色，单击"确定"按钮，画布上填充了褐色，效果如图1-24所示。

图1-23 填充设置　　图1-24 填充褐色

12 新建图层

在"图层"面板中，单击"创建新图层"按钮，新建"图层1"图层，如图1-25所示。

图1-25 新建图层

13 载入通道图案选区

如图1-26所示，执行"选择>载入选区"命令。在弹出的对话框中，设置"通道"为Alpha 1，其他设置为默认值；单击"确定"按钮，如图1-27所示。

图1-26 载入选区　　图1-27 选择Alpha 1通道

效果如图1-28所示，载入Alpha 1通道中的图案。

图1-28 载入图案选区

14 在选区内填充颜色

单击工具箱中的"设置前景色"图标，弹出"拾色器"对话框，设置如图1-29所示，再单击"确定"按钮。

图1-29 "拾色器"对话框

执行"编辑>填充"命令，在弹出的对话框中，设置如图1-30所示，然后单击"确定"按钮。执行"选择>取消选择"命令，取消当前的选择，效果如图1-31所示，制作了网点的背景效果。

图1-30 填充设置

图1-31 背景效果

15 载入图案选区

在"图层"面板中，如图1-32所示，新建"图层2"图层。如图1-33所示，执行"选择>载入选区"命令。

图1-32 新建图层　　图1-33 载入选区

在弹出的对话框中设置"通道"为"Alpha 1 副本"，其他设置为默认值，再单击"确定"按钮，如图1-34所示。

图1-34 选择"Alpha 1 副本"

如图1-35所示，载入了"Alpha1 副本"通道中的图案。

图1-35 载入图案选区

16 为当前选区制作轮廓线

在"拾色器"对话框中设置前景色，如图1-36所示。

图1-36 "拾色器"对话框

如图1-37所示，执行"编辑>描边"命令。在弹出的对话框中设置颜色与前景色相同，其他设置如图1-38所示，设置完后单击"确定"按钮。

图1-37 描边命令　　图1-38 描边设置

● 提 示

描边设置的默认颜色为前景色，也可以在"描边"对话框中进行颜色设置。

执行"选择>取消选择"命令，取消当前选择，效果如图1-39所示，制作了圆圈的网点效果。

图1-39　描边效果

17　调整圆圈网点图形的不透明度

在"图层"面板中将"图层 2"图层的"不透明度"设置为50%，如图1-40所示。

图1-40　调整不透明度

效果如图 1-41 所示，圆圈网点图形变为半透明效果。

图1-41　半透明效果

18　载入图案选区

在"图层"面板中，如图1-42所示，单击"创建新图层"按钮 🔲，新建"图层3"图层。如图1-43所示，执行"选择>载入选区"命令。

图1-42　新建图层

图1-43　载入选区

在弹出的对话框中设置相关参数，然后单击"确定"按钮，如图1-44所示。

图1-44　选择"Alpha 1 副本2"

如图 1-45 所示，将"Alpha 1 副本 2"通道中的图案载入选区。

图1-45　载入图案选区

19　为当前选区制作轮廓线

设置前景色如图 1-46 所示。

图1-46　"拾色器"对话框

执行"编辑>描边"命令，在弹出的对话框中设置相关参数，其中颜色与前景色相同, 如图 1-47 所示。执行"选择>取消选择"命令, 取消当前选择, 效果如图 1-48 所示。

图1-47　描边设置　　图1-48　描边效果

20　制作图形的渐隐效果

在"图层"面板中, 单击"添加图层蒙版"按钮, 如图 1-49 所示, 为"图层 3"添加蒙版。

图1-49　添加图层蒙版

选择渐变工具, 设置前景色为黑色, 背景色为白色, 设置"渐变类型"为前景到背景的线性渐变。在画布上从上向下拖动, 渐变效果如图 1-50 所示。

图1-50　渐变效果

如图 1-51 所示的是蒙版中的渐变效果。

图1-51　蒙版中的渐变

21　调整图形的不透明度

在"图层"面板中, 如图 1-52 所示, 将"图层 3"图层的"不透明度"调整为 80%。效果如图 1-53 所示, 出现了半透明效果。

图1-52　调整不透明度　　图1-53　半透明效果

22　绘制实心圆圈图形

在"图层"面板中, 如图 1-54 所示, 新建"图层 4"图层。如图 1-55 所示, 执行"选择 > 载入选区"命令。

图1-54　新建图层　　图1-55　载入选区

在弹出的对话框中设置相关参数, 再单击"确定"按钮, 如图 1-56 所示。

图1-56　载入选区设置

在"拾色器"对话框中设置前景色, 如图 1-57 所示, 再单击"确定"按钮。

图1-57　"拾色器"对话框

执行"编辑>填充"命令，在弹出的对话框中，设置"使用"为前景色，设置完毕后🖰单击"确定"按钮。

效果如图 1-58 所示，制作了实心圆圈的图形效果。然后执行"选择>取消选择"命令，取消当前选择。

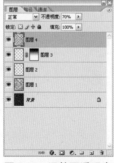

图1-58　实心圆圈效果

23　调整实心圆圈图形的不透明度

在"图层"面板中，如图1-59所示，将"图层 4"图层的"不透明度"设置为70%。

图1-59　调整不透明度

如图 1-60 所示，图形呈半透明状态。

图1-60　半透明效果

24　制作图形的渐隐效果

在"图层"面板中，🖰单击"添加图层蒙版"按钮 ▣ ，如图 1-61 所示，为"图层 4"图层添加蒙版。选择工具箱中的渐变工具，设置前景色为黑色，背景色为白色，设置"渐变类型"为"前景到背景"的线性渐变。在画布上从上向下拖动，渐变效果如图1-62 所示。

图1-61　添加图层蒙版　　图1-62　渐变效果

25　将所有图层合并成一个图层

在"图层"面板中，单击面板右侧的下三角按钮，在弹出的菜单中，如图 1-63 所示，执行"拼合图像"命令，将所有可见图层合并成"背景"图层。

图1-63　拼合图像

26　调整画布大小

如图 1-64 所示，执行"图像>画布大小"命令。在弹出的对话框中，将"高度"修改为 19 厘米，宽度不变，并为画布定位为中上，再🖰单击"确定"按钮，如图 1-65 所示。

图1-64 画布大小

图1-65 "画布大小"对话框

效果如图1-66所示，图像的底端增加了高度为3厘米的空白画布。

图1-66 增大了画布

27 复制并粘贴局部图案

选择矩形选框工具 ▢，在如图1-67所示的位置选取一个长方形选区，按快捷键Ctrl+J，复制并粘贴选区内的图案，同时新建了"图层1"图层，如图1-68所示。

图1-67 选取长方形选区

图1-68 复制并粘贴图案

28 反相当前图案颜色

选择工具箱中的移动工具 ▸⊹，将复制的图

案移动到画布的底端，效果如图1-69所示。执行"图像＞调整＞反相"命令，效果如图1-70所示。

图1-69 移动图案

图1-70 反相效果

29 绘制标题文字图形

使用文字工具 T，输入艺术文字，放置在右上角，如图1-71所示。

图1-71 制作艺术文字

复制文字图形到画布的底端，并进行自由变换，如图1-72所示。再将文字栅格化，然后制作反相效果以变换当前文字标题的颜色，效果如图1-73所示。至此，本例完成。

图1-72 自由变换

图1-73 反相效果

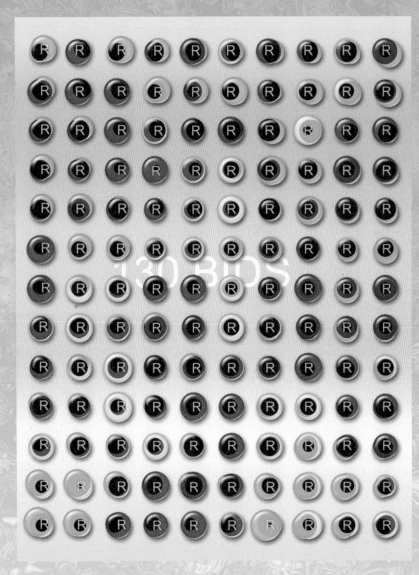

Works 02
Specially Effect

Series Pushbutton

■ 制作难度：★★★
■ 制作时间：30分钟
■ 使用功能：添加杂色滤镜、马赛克滤镜、彩色半调滤镜、图层样式
■ 光盘路径：Chapter 1\Works 02\连续的彩色按钮.psd

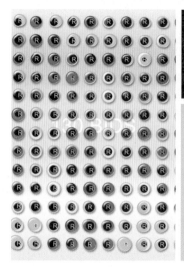

02 Series Pushbutton
彩色立体按钮

本实例主要应用滤镜和图层样式完成。通过不同滤镜的叠加应用，制作连续的圆点图案；然后设置自定义的图层样式。自定义有立体感的图层样式是制作本实例效果的关键。

01 新建一个空白画布

执行"文件＞新建"命令。在弹出的对话框中，设置"宽度"为12厘米，设置"高度"为16厘米，设置"分辨率"为50像素/英寸，如图2-1所示。

图2-1　新建画布

02 为画布添加杂色

执行"滤镜＞杂色＞添加杂色"命令。在弹出的对话框中，设置"数量"为125％，设置"分布"为高斯分布，如图2-2所示。

图2-2　添加杂色设置

添加杂色后的效果如图2-3所示。新建的空白画布上添加了许多彩色杂点。

图2-3　杂色效果

03 制作马赛克效果

执行"滤镜＞像素化＞马赛克"命令。在弹出的"马赛克"对话框中，设置"单元格大小"为15方形，再单击"确定"按钮，效果如图2-4所示。

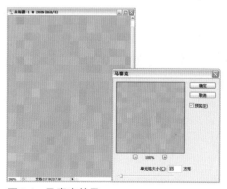

图2-4　马赛克效果

04 增强图像的颜色对比度

执行"图像>调整>色相/饱和度"命令。在弹出的对话框中设置"色相"为0，设置"饱和度"为+100，设置"明度"为+31，如图2-5所示。

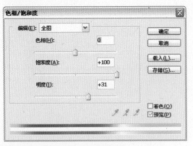

图2-5 色相/饱和度设置

05 增强图像的分辨率

执行"图像>图像大小"命令。在弹出的对话框中，依次选中"重定图像像素"和"缩放样式"复选框，再设置"分辨率"为200像素/英寸，然后单击"确定"按钮，如图2-6所示。

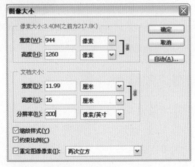

图2-6 图像大小设置

06 添加彩色半调滤镜

执行"滤镜>像素化>彩色半调"命令。在弹出的对话框中，设置参数如图2-7所示。

图2-7 彩色半调设置

效果如图2-8所示，制作了连续的彩色圆点图形。

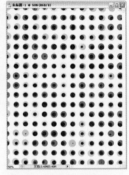

图2-8 彩色半调效果

07 复制选区内的图像

选择工具箱中的矩形选框工具，选取一个长方形选区，如图2-9所示。按快捷键Ctrl+J，粘贴长方形选区内的图像的同时新建"图层 1"图层，如图2-10所示。

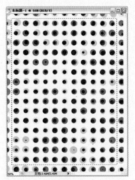

图2-9 选取选区　　　　图2-10 新建图层

08 删除白色的背景图像

选择工具箱中的魔棒工具，单击白色的背景，将其载入选区，效果如图2-11所示。

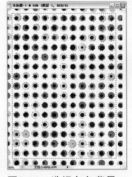

图2-11 选择白色背景

在"图层"面板中，将"背景"图层隐藏，并按Delete键，删除白色的背景，效果如图2-12所示。再执行"选择>取消选择"命令，如图2-13所示。

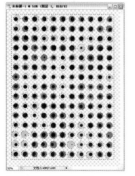

图2-12　删除背景

图2-13　取消选择

执行"编辑>自由变换"命令，放大自由变换框，如图2-14所示。大小满意后，按Enter键确定。

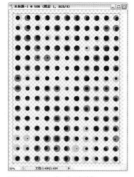

图2-14　自由变换

09　制作按钮效果

如图2-15所示，为了观察图形的变化，利用模拟的图形给圆点图形赋予立体效果。

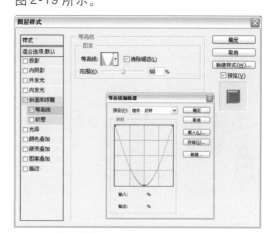

图2-15　模拟的图形

在"图层"面板中，单击"添加图层样式"按钮，选择"斜面和浮雕"选项，如图2-16所示。

图2-16　斜面和浮雕

在弹出的"图层样式"对话框中，设置"样式"为内斜面，设置"方法"为平滑，设置"深度"为300%，设置"大小"为13像素，设置"软化"为4像素，其他设置如图2-17所示。

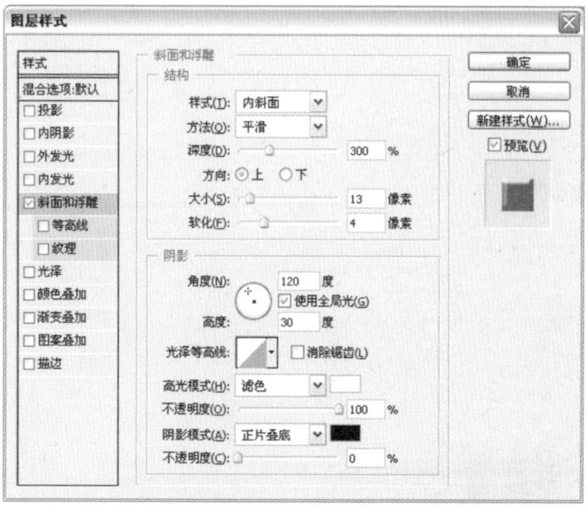

图2-17　斜面和浮雕设置

斜面和浮雕效果如图2-18所示。

图2-18　斜面和浮雕效果

在"图层样式"对话框的左侧的列表框中选择"等高线"选项，设置"范围"为50%，再选中"消除锯齿"复选框，然后单击等高线图标，弹出"等高线编辑器"对话框，如图2-19所示。

图2-19　等高线设置

设置合适的等高线，得到如图 2-20 所示的效果。

图2-20　等高线效果

选择"内阴影"选项，设置"颜色"为深灰色，其他设置如图 2-21 所示。

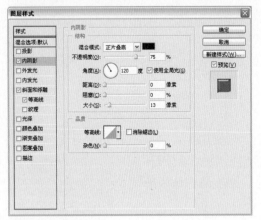

图2-21　内阴影设置

效果如图 2-22 所示，平面的图形变为立体的按钮效果。

图2-22　立体按钮效果

再选择"投影"选项，然后进行参数设置，如图 2-23 所示。

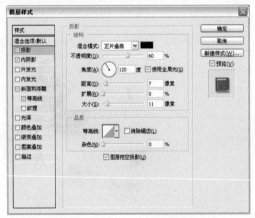

图2-23　投影设置

效果如图 2-24 所示，赋予图形投影效果，增强了图形的立体感。

图2-24　投影效果

10 将按钮样式置入"样式"面板中

在"样式"面板中，单击"创建新样式"按钮 🔲，如图 2-25 所示。保持弹出的对话框中的默认设置，再单击"确定"按钮。如图 2-26 所示，制作的图层样式置入了"样式"面板中。

图2-25　创建新样式　　　图2-26　添加的样式

11 制作连续的按钮效果

选择"图层 1"图层，单击"样式"面板中新建的图层样式，效果如图 2-27 所示。圆点图形变为连续的按钮效果。在"图层"面板中，选择"背景"图层，如图 2-28 所示。

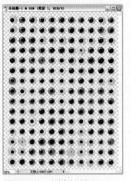

图2-27　连续的按钮　　　图2-28　"图层"面板

12 制作渐变

选择工具箱中的渐变工具，如图 2-29 所示，使用"亮色谱"渐变，再单击"确定"按钮，也可以设置自己喜欢的渐变。

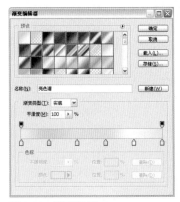

图2-29　渐变编辑

在画布上向下拖动，渐变效果如图2-30所示。

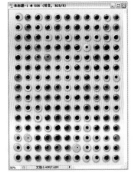

图2-30　渐变效果

13 在按钮图形上输入英文字母

选择工具箱中的横排文字工具 T.，在按钮

图形上输入字母 R，效果如图2-31所示。如图2-32所示，复制更多的文字图层，并将它们放置到新建的组中。

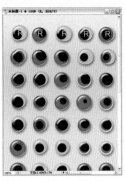

图2-31　输入文字

图2-32　建立组

在所有的按钮图形上添加字母，效果如图2-33所示。至此，本例完成。

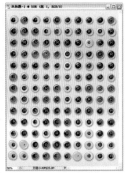

图2-33　所有字母

Design Process

Works 03
Specially Effect
Multicoloured Protechny

制作难度：★★★
制作时间：50分钟
■ 使用功能：色阶命令、线性减淡混合模式、变换命令、色相/饱和度命令
■ 光盘路径：Chapter 1\Works 03\五彩的烟花 .psd

03 Multicoloured Protechny
五彩的烟花

蓝色夜空中盛开的烟花效果属于浪漫景物设计，其特征是颜色柔和，景物结合融洽。在实例中，烟花主要使用画笔工具涂抹而成。本例制作的五彩的烟花效果说明，在简单的图形组合中融入设计者的情感，即可成就完整的作品。

01 新建画布并填充渐变色

执行〝文件＞新建〞命令，在弹出的对话框中，设置参数如图3-1所示。

图3-1　新建画布

选择工具箱中的渐变工具 🔲，在〝渐变编辑器〞中，新建一个渐变，如图3-2所示。

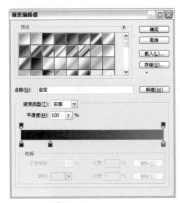

图3-2　编辑渐变

在画布上自上向下拖动，渐变效果如图3-3所示。

图3-3　渐变效果

在〝图层〞面板中，🖰 单击〝创建新图层〞按钮 🔲，如图3-4所示，新建〝图层1〞图层。

图3-4　新建图层

02 为黑色的画布添加白色的杂点

执行〝编辑＞填充〞命令，在弹出的对话框中，设置〝使用〞为黑色，其他设置如图3-5所示，再🖰单击〝确定〞按钮。

图3-5　填充设置

　　如图 3-6 所示，执行"滤镜＞杂色＞添加杂色"命令。在弹出的对话框中，设置"数量"为 5%，设置"分布"为平均分布，选中"单色"复选框，🖱单击"确定"按钮，如图 3-7 所示。

图3-6　添加杂色命令　　图3-7　添加杂色设置

　　为黑色的画布添加了少许白色的杂点，如图 3-8 所示。

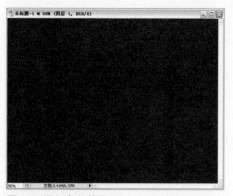

图3-8　添加杂色效果

03 应用高斯模糊滤镜

　　执行"滤镜＞模糊＞高斯模糊"命令。在弹出的对话框中设置"半径"为 1.0 像素，再单击"确定"按钮。效果如图 3-9 所示。

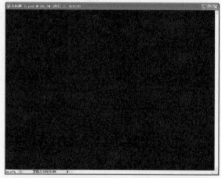

图3-9　高斯模糊效果

　　如图 3-10 所示，执行"图像＞调整＞色阶"命令，调整图像的色阶。

图3-10　色阶命令

　　在对话框中设置参数，如图 3-11 所示。

图3-11　色阶设置

　　如图 3-12 所示，制作了黑夜星空的效果。

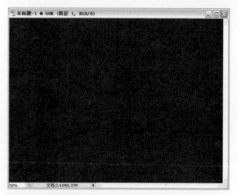

图3-12　黑夜星空效果

在"图层"面板中将"图层1"图层的混合模式改为"线性减淡",如图3-13所示。

图3-13 线性减淡

04 制作自然过渡的星光效果

在"图层"面板中,为"图层1"图层添加图层蒙版,如图3-14所示。

图3-14 新建蒙版

设置前景色为白色,设置背景色为黑色,选择工具箱中的渐变工具。在选项栏中设置为"前景到背景"的线性渐变。在画布上自上向下拖动,渐变效果如图3-15所示。

图3-15 渐变效果

05 设置画笔

选择工具箱中的画笔工具。在选项栏中,设置画笔大小为20,设置"不透明度"为100%。打开"画笔"面板,选择"形状动态"选项,参数设置如图3-16所示。用同样的方法设置其他动态,如图3-17所示。

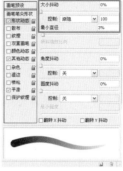

图3-16 形状动态　　图3-17 其他动态

06 在画布中绘制一条白线

设置前景色为白色。在"图层"面板中,新建"图层2"图层,如图3-18所示。

图3-18 新建图层

利用画笔工具在"图层2"图层中绘制一条白线,如图3-19所示。

图3-19 绘制白线

07 复制并旋转白色的线条

在"图层"面板中，将"图层2"图层拖到"创建新图层"按钮 □ 上，进行图层复制，如图3-20所示。

图3-20 复制图层

选中"图层1"图层，执行"编辑>自由变换"命令。将自由变换框的中心点向下移动并把自由变换框逆时针旋转30°，按Enter键确定，得到第二条白线，如图3-21所示。

图3-21 第二条白线

08 进行再次变换

再次复制"图层2"图层。选择移动工具 ►+，再执行"编辑>变换>再次"命令。复制白线的同时再次变换角度，添加第三条白线，如图3-22所示。

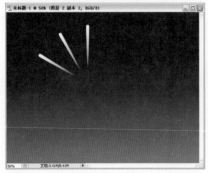

图3-22 第三条白线

用同样的方法添加更多的白色线条。如图3-23所示的是众多白色线条的排列效果。这些线条用来模拟烟花在空中散开的效果。

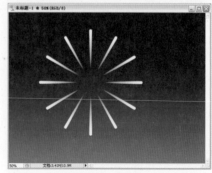

图3-23 添加更多白色线条

09 链接图层并合并图层

在"图层"面板中，将烟花所在的所有图层进行链接。如图3-24所示，按快捷键Ctrl+E，合并链接后的图层。如图3-25所示，合并为"图层2"图层。

图3-24 链接图层　　图3-25 合并后的图层

10 复制烟花图形所在的图层

在"图层"面板中，将"图层2"图层拖到"创建新图层"按钮 □ 上，进行图层复制。如图3-26所示，将"图层2"隐藏。

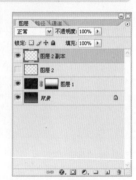

图3-26 复制图层

11 为烟花图形应用高斯模糊滤镜

执行"滤镜>模糊>高斯模糊"命令。在弹出的对话框中，设置"半径"为 7 像素，单击"确定"按钮，效果如图 3-27 所示。烟花图形出现了轻微的模糊。

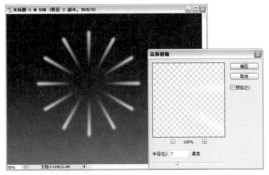

图3-27　高斯模糊

12 修改烟花图形上半部分的颜色

选择工具箱中的矩形选框工具，框选烟花图形的上半部分，效果如图 3-28 所示。

图3-28　选取选区

执行"图像>调整>色相/饱和度"命令。在弹出的对话框中选中"着色"复选框，其他设置如图 3-29 所示，再单击"确定"按钮。

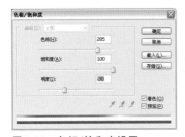

图3-29　色相/饱和度设置

效果如图3-30所示，烟花图形的上半部分变为紫色。执行"选择>取消选择"命令，取消当前选区。

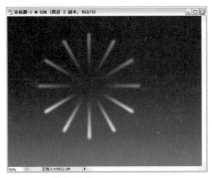

图3-30　紫色效果

13 修改烟花图形下半部分的颜色

选择工具箱中的矩形选框工具，框选烟花图形的下半部分，如图 3-31 所示。

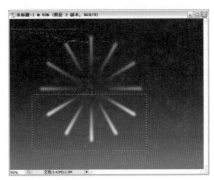

图3-31　选取选区

执行"图像>调整>色相/饱和度"命令。在弹出的对话框中选中"着色"复选框，设置"色相"为 210，设置"饱和度"为 100，设置"明度"为 -30，再单击"确定"按钮，如图 3-32 所示。

图3-32　色相/饱和度设置

效果如图3-33所示，烟花图形的下半部分变成了青色。再执行"选择＞取消选择"命令，取消当前选区。

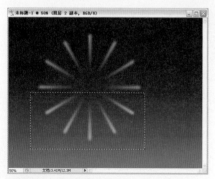

图3-33　青色效果

● 提示

不同颜色的烟花增强了整个图形的立体感。

14　显示"图层2"图层

在"图层"面板中，单击"图层2"图层的眼睛图标，如图3-34所示，显示"图层2"图层。

图3-34　"图层2"图层

如图3-35所示，上色后的烟花图形与白色的图形不能很好地融合。

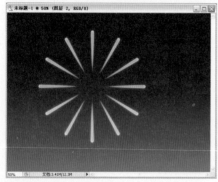

图3-35　当前图像效果

15　复制图层以增强烟花的色彩

在"图层"面板中，将"图层2副本"图层拖到"创建新图层"按钮上，进行图层复制。如图3-36所示，烟花图形的色彩增强了。

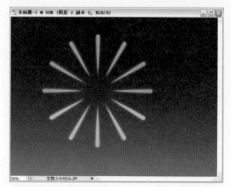

图3-36　增强图形色彩

16　将烟花图案载入选区

在"图层"面板中新建"图层3"图层，如图3-37所示。

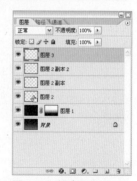

图3-37　新建图层

按住Ctrl键，单击"图层2"图层的缩览图，将烟花图案载入选区，如图3-38所示。

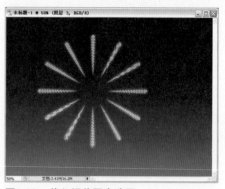

图3-38　载入烟花图案选区

17 收缩当前选区

执行"选择＞修改＞收缩"命令，如图3-39 所示。在弹出的对话框中，设置"收缩量"为 5 像素，再🖱单击"确定"按钮。

图3-39 收缩选区

18 羽化当前选区

如图 3-40 所示，执行"选择＞羽化"命令。

图3-40 羽化命令

在弹出的对话框中，设置"羽化半径"为 2 像素，再单击"确定"按钮。如图 3-41 所示的是当前选区的羽化效果。

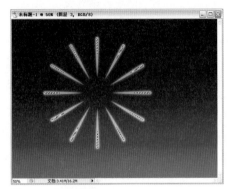

图3-41 羽化选区

19 将当前选区填充白色

执行"编辑＞填充"命令。在弹出的对话框中，设置"使用"为白色，设置完毕后单击"确定"按钮，如图 3-42 所示。

图3-42 填充设置

20 制作烟花的高光效果

执行"选择＞取消选择"命令，取消当前选区。效果如图 3-43 所示，制作了烟花的高光效果，但高光图形过于生硬。

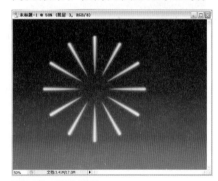

图3-43 高光效果

21 虚化烟花的高光

执行"滤镜＞模糊＞高斯模糊"命令。在弹出的对话框中，设置"半径"为 2 像素，如图 3-44 所示。

图3-44 高斯模糊设置

25

效果如图 3-45 所示，虚化了烟花的高光，烟花效果更加自然。

图3-45　高斯模糊效果

22 渐隐烟花的中间区域

在"图层"面板中选中"图层 2"图层，如图 3-46 所示。单击"添加图层蒙版"按钮 ，为该图层添加图层蒙版。

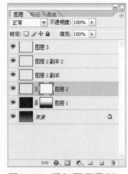

图3-46　添加图层蒙版

设置前景色为黑色，选择工具箱中的渐变工具 。在选项栏中选择"前景到透明"的渐变，设置"类型"为径向渐变。利用渐变工具自烟花的中间向外侧拖动，渐变效果如图 3-47 所示。烟花中心部分变得更暗，同时外侧的高光部分显得更亮。

图3-47　渐变效果

23 合并烟花图层并调整不透明度

在"图层"面板中，将烟花所在的图层进行链接，如图 3-48 所示。按快捷键 Ctrl+E，合并链接的图层。

图3-48　链接图层

合并成"图层 1"图层，将该图层拖到"创建新图层"按钮 上，进行图层复制。将"图层 1 副本"图层隐藏，如图 3-49 所示。

图3-49　复制图层

将"图层 1"图层的不透明度降至 70%，效果如图 3-50 所示。

图3-50　降低不透明度的效果

24 调节烟花的大小

在"图层"面板中显示"图层 1 副本"图层，并确定该图层为选中图层。执行"图像>调整>去色"命令，效果如图 3-51 所示。

图3-51　去色后效果

执行"滤镜>模糊>高斯模糊"命令。如图3-52所示，设置"半径"为2像素，再单击"确定"按钮。

图3-52　高斯模糊设置

执行"编辑>自由变换"命令，然后收缩弹出的自由变换框，大小满意后，按Enter键确定，效果如图3-53所示。

图3-53　自由变换效果

25 调节复制的烟花的颜色

执行"图像>调整>色相/饱和度"命令。在弹出的对话框中，选中"着色"复选框，设置"色相"为210，设置"饱和度"为100，设置"明度"为-10，如图3-54所示。

图3-54　色相/饱和度设置

效果如图3-55所示，烟花变成了青色。

图3-55　烟花变成青色

26 复制青色的烟花并调整不透明度

在"图层"面板中，将青色烟花所在的图层拖到"创建新图层"按钮 上，进行图层复制，并将复制图层的不透明度设置为60%，如图3-56所示。

图3-56　调整不透明度

选择工具箱中的移动工具 ，将复制的烟花移动到到图3-57所示的位置。

图3-57　移动烟花

27 变换烟花的大小

执行"编辑>自由变换"命令，然后放大自由变换框，如图 3-58 所示。大小满意后，按 Enter 键确定。

图3-58 自由变换

28 复制并收缩烟花

在"图层"面板中，继续将青色烟花所在的图层拖到"创建新图层"按钮 ▣ 上，进行图层复制。执行"编辑>自由变换"命令，然后收缩自由变换框。大小满意后，按 Enter 键确定。选择工具箱中的移动工具 ▸+，将图形移动到画布的左下角，效果如图 3-59 所示。

图3-59 移动烟花到画布左下角

29 调节复制的烟花的颜色

在"图层"面板中，继续复制烟花所在的图层，并执行"图像>调整>色相/饱和度"命令。在弹出的对话框中，设置"色相"为 –153，设置"饱和度"为 0，设置"明度"为 0，如图 3-60 所示。

图3-60 色相/饱和度设置

效果如图 3-61 所示，烟花变成黄色。

图3-61 黄色烟花

30 降低图层的不透明度

在"图层"面板中，如图 3-62 所示，将黄色烟花所在图层的不透明度降至 75%。

图3-62 调整不透明度

效果如图3-63所示，黄色烟花更加自然了。

图3-63 降低黄色烟花的不透明度

31　制作绿色烟花

在〝图层〞面板中复制黄色烟花所在的图层。选择工具箱中的移动工具 ，将图形移动到如图3-64所示的位置。

图3-64　移动烟花

执行〝图像>调整>色相/饱和度〞命令。在弹出的对话框中设置相关参数，如图3-65所示。

图3-65　色相/饱和度设置

效果如图3-66所示，黄的烟花变成了绿色的烟花。

图3-66　绿色烟花

32　制作红色的烟花效果

重复步骤31，制作红色烟花，本例最终效果如图3-67所示。

图3-67　最终效果

Design Process

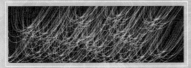

Works 04
Specially Effect
Rise Brushwork

制作难度：★★★
制作时间：40分钟
使用功能：画笔工具、高斯模糊滤镜、径向模糊滤镜、自由变换命令
光盘路径：Chapter 1\Works 04\飞扬的笔触.psd

04 Rise Brushwork
飞扬的笔触

把若干曲线排列组合后，看似凌乱无序，实则有构成面的效果。先制作一个曲线笔触，再无数次复制该笔触。给不同的图层添加不同的效果，叠加后就会形成绚丽多彩的颜色。

01 制作黑色画布

执行"文件>新建"命令，在弹出的对话框中，设置参数如图 4-1 所示。

图4-1 新建画布

执行"编辑>填充"命令。在弹出的对话框中设置参数，如图 4-2 所示。

图4-2 填充设置

效果如图 4-3 所示，画布被填充黑色。

图4-3 填充画布

02 新建图层

在"图层"面板中，单击"创建新图层"按钮，如图 4-4 所示，新建"图层 1"图层。

图4-4 新建图层

03 制作画笔绘制的曲线效果

设置前景色为黄色，选择工具箱中的画笔工具，在选项栏中设置画笔大小为 3px，设置"不透明度"为 100%。选择工具箱中的钢笔工具，在画布中绘制一个曲线路径，效果如图 4-5 所示。

图4-5 绘制曲线

31

在"路径"面板中，单击"用画笔描边路径"按钮，如图4-6所示。

图4-6　路径描边

描边效果如图4-7所示，制作了画笔绘制的曲线效果。

图4-7　描边效果

04 加深曲线两端的颜色

选择工具箱中的加深工具，设置合适的画笔大小与压力值，涂抹曲线图形的两端，效果如图4-8所示。

图4-8　调整颜色

05 复制更多的线条并进行组合

复制更多的线条所在的图层，使用移动工具将复制的线条进行排列组合，如图4-9所示。在"图层"面板中，将一撮线条的所有图层进行链接并合并链接的图层。新建"序列1"图层，将合并后的图层移动到序列组中。

图4-9　复制线条

继续复制更多的线条图形，使用移动工具，将复制的图形移动到合适的位置后进行组合，效果如图4-10所示。

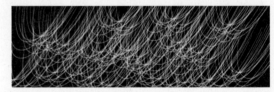

图4-10　复制更多的线条

在"图层"面板中，将"背景"图层以外的图层进行链接并合并，如图4-11所示。将合并后的"序列1"图层进行图层复制。

图4-11　复制图层

06 模糊曲线组合的图形

执行"滤镜>模糊>高斯模糊"命令。在弹出的对话框中设置参数，如图4-12所示。

图4-12　高斯模糊

添加高斯模糊滤镜后，曲线组合的图形模糊了，线条图形的颜色对比增强了，效果如图4-13所示。

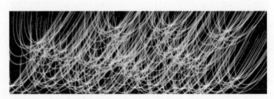

图4-13　调整后效果

07 将彩色线条变为黑白线条

在"图层"面板中将"序列 1"图层拖到"创建新图层"按钮 □ 上，复制图层，如图4-14所示。

图4-14　复制图层

执行"图像>调整>去色"命令，效果如图4-15所示，彩色线条变为黑白线条。

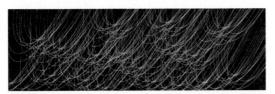

图4-15　去色效果

08 调整图层的混合模式

在"图层"面板中，将黑白线条所在图层的混合模式改为"叠加"，如图4-16所示。

图4-16　叠加模式

09 制作放射性模糊效果

在"图层"面板中，复制黑白线条所在的图层，如图4-17所示，并将其他图层隐藏。

图4-17　隐藏图层

执行"滤镜>模糊>径向模糊"命令，在弹出的"径向模糊"对话框中设置参数，如图4-18所示。

图4-18　径向模糊设置

效果如图4-19所示，制作了放射性模糊效果，使线条的整体感加强。

图4-19　放射性模糊效果

在"图层"面板中，调整图层的混合模式为"强光"，不透明度为60%，以制作发光的线条，效果如图4-20所示。

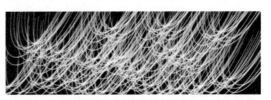

图4-20　发光的线条

10 链接并合并线条所在图层

在"图层"面板中，链接"背景"图层以外的所有图层，如图4-21所示。按快捷键Ctrl+E，将所有图层合并成"序列 1"图层。

图4-21　链接图层

11 复制并粘贴选区内图形

选中"序列1"图层，选择矩形选框工具，在画布的左侧选取长方形选区，如图4-22所示。

图4-22　选取选区

按快捷键Ctrl+J，复制选区内图形的同时新建"图层1"图层。拖动"序列1"图层到"删除图层"按钮上，如图4-23所示。

图4-23　删除图层

12 放大线条

调整画布大小，以显示图像以外的画布。执行"编辑＞自由变换"命令，再放大弹出的自由变换框，如图4-24所示。大小满意后，按Enter键确定。

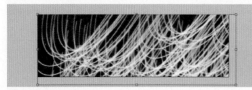

图4-24　自由变换

效果如图4-25所示，线条图形放大了，图像中的线条显得更凌乱。

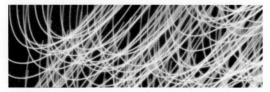

图4-25　放大效果

13 调整线条的颜色

执行"图像＞调整＞曲线"命令。在弹出的对话框中，添加锚点并向下拖动锚点，如图4-26所示。

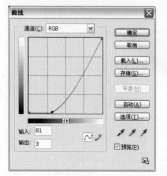

图4-26　曲线调整

可预览图像变化的效果。效果如图4-27所示，线条图形的颜色对比度增强了。

图4-27　对比度增强

14 绘制乱线团

在"图层"面板中，单击"创建新图层"按钮，新建"图层2"图层，如图4-28所示。

图4-28　新建图层

设置前景色为白色，选择工具箱中的画笔工具，设置"画笔大小"为2像素，设置"不透明度"为100%，在画布中绘制乱线团的图形效果，如图4-29所示。

图4-29　线团效果

15　选取正圆选区

在"图层"面板中新建"图层 3"图层，如图 4-30 所示。

图4-30　新建图层

选择工具箱中的椭圆选框工具 ○，在画布中选取一个正圆形选区，如图 4-31 所示。

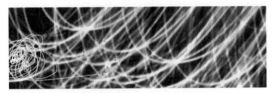

图4-31　选取正圆形选区

16　为椭圆选区描边

执行"编辑>描边"命令。在弹出的对话框中，设置"宽度"为 4 像素，设置"颜色"为白色；设置"位置"为居中，如图 4-32 所示。

图4-32　描边设置

描边效果如图 4-33 所示。再执行"选择>取消选择"命令，取消当前选区。

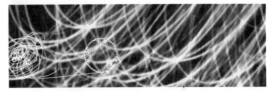

图4-33　描边效果

选择矩形选框工具，再选择椭圆的右侧中间一段，按 Delete 键删除选区中的图像部分。

17　制作白色的细长方形

选择工具箱中的矩形选框工具 ▭，在如图 4-34 所示的位置选取长方形选区。

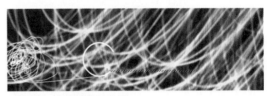

图4-34　选取长方形选区

执行"编辑>填充"命令，在弹出的对话框中设置"使用"为白色，如图 4-35 所示，再单击"确定"按钮。

图4-35　填充设置

如图 4-36 所示，长方形选区填充了白色。

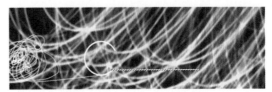

图4-36　填充长方形

18 绘制一个白色的正圆形

选择工具箱中的椭圆选框工具 ○，在如图 4-37 所示的位置选取正圆选区。

图4-37 选取正圆形选区

执行"编辑>填充"命令，设置"使用"为白色。填充效果如图 4-38 所示。

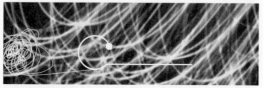

图4-38 填充正圆

如图 4-39 所示，执行"选择 > 取消选择"命令，取消选区。

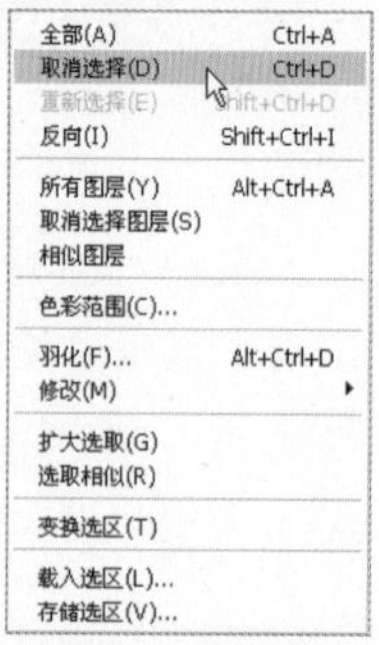

全部(A)	Ctrl+A
取消选择(D)	Ctrl+D
重新选择(E)	Shift+Ctrl+D
反向(I)	Shift+Ctrl+I
所有图层(Y)	Alt+Ctrl+A
取消选择图层(S)	
相似图层	
色彩范围(C)...	
羽化(F)...	Alt+Ctrl+D
修改(M)	▶
扩大选取(G)	
选取相似(R)	
变换选区(T)	
载入选区(L)...	
存储选区(V)...	

图4-39 取消选择

19 旋转并移动图形

执行"编辑>自由变换"命令，然后旋转自由变换框，如图 4-40 所示。角度满意后按 Enter 键确认。

图4-40 旋转图形（1）

在"图层"面板中，复制白色图形所在的"图层 3"图层。执行"编辑>自由变换"命令，然后旋转自由变换框，如图 4-41 所示。

角度满意后按 Enter 键确认。用同样的方法可以复制多个图形。

图4-41 旋转图形（2）

选择工具箱中的移动工具 ▶+，将图形移动到画布的上端，效果如图 4-42 所示。

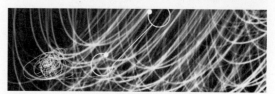

图4-42 移动图形（1）

继续选择最后复制所得的图形。执行"编辑>自由变换"命令，然后旋转自由变换框，如图 4-43 所示。

图4-43 旋转图形（3）

选择工具箱中的移动工具 ▶+，将图形移动到画布的上端，效果如图 4-44 所示。

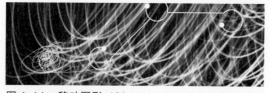

图4-44 移动图形（2）

20 绘制交叉线

在"图层"面板中，单击"创建新图层"按钮 ▣，新建"图层 4"图层。设置前景色为白色，选择工具箱中的直线工具 ＼，设置"粗细"为 4 像素，在如图 4-45 所示的位置绘制斜线。

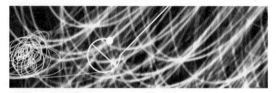

图4-45 绘制斜线（1）

继续在如图 4-46 所示的位置绘制斜线。

图4-46 绘制斜线（2）

21 置入画笔工具的按钮图形

导入附书 CD\Chapter 1\Works 04\ 画笔工具.TIF 图片，放在如图 4-47 所示的位置。

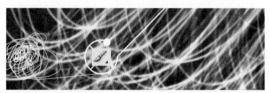

图4-47 添加图像

22 输入文字

选择工具箱中的横排文字工具 T.，在画布中输入文字，并进行旋转变换，效果如图 4-48 所示。

图4-48 添加艺术文字

继续输入文字组合并调整到合适的位置，完成整个图像的制作，效果如图 4-49 所示。至此，本例制作完成。

图4-49 最终效果

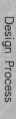

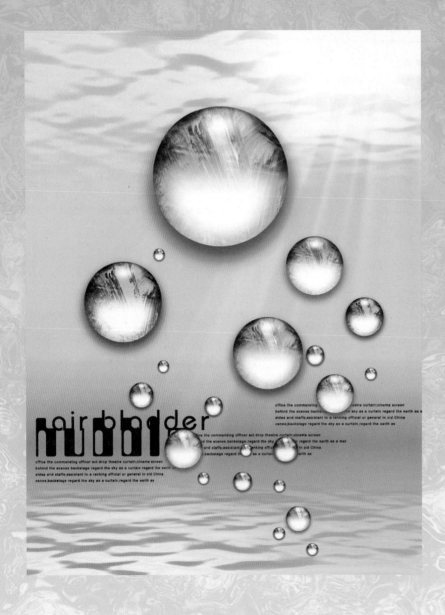

Works 05

Specially Effect

Glittering Bead

■ 制作难度：★★★★
■ 制作时间：100分钟
■ 使用功能：椭圆选框工具、基底凸现滤镜、色彩范围命令、动感模糊滤镜、图层混合模式
■ 光盘路径：Chapter 1\Works 05\晶莹剔透的水珠.psd

05 Glittering Bead
晶莹剔透的水珠

本实例的制作分两步，一是水珠图形的制作与组合；二是海底与水平面的制作。即便是将水珠与背景分割，也不会对构图造成太大的影响。本例的重点是图像的质感效果。

01 准备工作

执行"文件>新建"命令，在弹出的对话框中设置参数，如图5-1所示。

图5-1　新建文件

在"图层"面板中，如图5-2所示，新建"图层1"图层。

图5-2　新建图层

单击"设置前景色"图标，打开"拾色器"对话框，参数设置如图5-3所示。

图5-3　设置前景色

执行"编辑>填充"命令，在弹出的对话框中设置参数，如图5-4所示。效果如图5-5所示，画布被填充了蓝色。

图5-4　填充设置

图5-5　填充前景色

02 将椭圆选区填充为白色

选择椭圆选框工具，在画布中选取一个正圆选区，如图5-6所示。

图5-6　选取选区

执行"选择>羽化"命令。在弹出的对话框中，设置"羽化半径"为25像素。再执行"编辑>填充"命令。在弹出的对话框中，设置"使用"为白色，如图5-7所示。效果如图5-8所示，选区内填充了白色。

100px，设置"不透明度"为15%。新建"图层3"图层，涂抹球体图形的顶端区域，效果如图5-11所示。实际涂抹颜色的区域如图5-12所示。

图5-7 填充设置

图5-8 填充白色效果

图5-11 绘制球体

图5-12 涂抹的区域

03 复制并粘贴选区内图形

选择工具箱中的任意一种选取工具，向上垂直移动当前选区，如图5-9所示。

图5-9 移动选区

按快捷键Ctrl+J，复制并粘贴选区内图形的同时新建"图层 2"图层，如图5-10所示。再删除"图层 1"图层。

图5-10 删除图层

04 绘制球体图形的顶端阴影

设置前景色为蓝色，选择工具箱中的画笔工具 ✐. 。在选项栏中，设置画笔大小为

05 制作球体图形的高光

在"图层"面板中，新建"图层4"图层，如图5-13所示。设置前景色为白色，选择工具箱中的画笔工具 ✐. ，设置合适的笔触大小与压力值。涂抹球体的顶端区域，制作球体的高光，如图5-14所示。

图5-13 新建图层

图5-14 高光效果

06 绘制球体图形的阴影

在"图层"面板中，在"背景"图层的上面新建"图层5"图层，如图5-15所示。选择工具箱中的椭圆选框工具 ◯. ，在画布中选取一个正圆选区，如图5-16所示。执行"选择>羽化"命令，在弹出的对话框中设置"羽化半径"为25 像素。

图5-15 新建图层

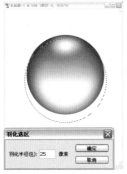

图5-16 选取选区

设置前景色为 #354c6e，执行"编辑>填充"命令。在弹出的对话框中设置参数，如图 5-17 所示。

图5-17 填充设置

效果如图5-18所示，制作了球体图形的阴影效果。如图 5-19 所示，执行"选择>取消选择"命令，取消当前选区。

图5-18 阴影效果

图5-19 取消选择

07 置入素材图像

打开附书CD\Chapter 1\Works 05\水珠[素材].tif 图片，如图 5-20 所示。选择工具箱中的移动工具，将该图片移到画布中的球体上，效果如图5-21 所示。

图5-20 素材

图5-21 置入素材

08 将球体载入选区

在"图层"面板中，如图 5-22 所示，按住 Ctrl 键，单击"图层 2"图层的缩览图，将球体图形载入选区，效果如图 5-23 所示。

图5-22 载入选区操作

图5-23 载入选区

09 反选并删除选区中多余的图形

选中"图层6"图层。如图 5-24 所示，执行"选择>反向"命令。按 Delete 键，清除选区内多余的图形，效果如图 5-25 所示。

图5-24 反向操作

图5-25 删除图形

如图 5-26 所示,执行"选择>取消选择"命令,取消当前选区。

图5-26　取消选择

10 调整图层的混合模式

在"图层"面板中,将"图层6"图层的混合模式设置为"叠加",如图 5-27 所示。效果如图 5-28 所示,素材的图案与按钮融合,制作了晶莹的绿色按钮。

图5-27　叠加模式　　　　图5-28　绿色按钮

11 制作黑色到透明的渐变

新建"图层7"图层,按住键盘的Ctrl键,单击"图层2"图层,如图 5-29 所示。将球体图形再次载入选区,如图 5-30 所示。

图5-29　载入选区操作　　图5-30　载入选区

设置前景色为黑色,选择工具箱中的渐变工具　。如图 5-31 所示,选择"前景到透明"渐变,设置"类型"为线性渐变,自选区的上面向中间拖动,渐变效果如图 5-32 所示。

图5-31　渐变设置　　　　图5-32　渐变效果

12 修改图层的混合模式

将"图层7"图层的混合模式改为"柔光",如图 5-33 所示。效果如图 5-34 所示,按钮的颜色更加亮丽。

图5-33　柔光模式　　　　图5-34　柔光效果

13 新建空白画布

执行"文件>新建"命令,在弹出的对话框中设置参数,如图 5-35 所示。

图5-35　新建画布

14 制作云雾缭绕的效果

采用默认的背景色和前景色。执行"滤镜>渲染>云彩"命令，效果如图5-36所示。

图5-36　云彩效果

执行"滤镜>渲染>分层云彩"命令，效果如图5-37所示。

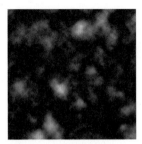

图5-37　分层云彩效果

15 制作水银流动的效果

执行"滤镜>素描>基底凸现"命令。在弹出的对话框中，设置"细节"为3，设置"平滑度"为3，设置"光照"为下，如图5-38所示。

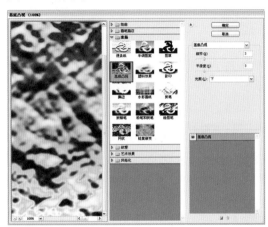

图5-38　基底凸现设置

如图5-39所示，图像有起伏不定的效果，好像水银在流动，增强了画面的质感。

图5-39　基底凸现效果

16 制作图像颜色反相的效果

执行"图像>调整>反相"命令。如图5-40所示，颜色出现了反相的效果。

图5-40　反相效果

17 为背景制作渐变

在"图层"面板中，将"背景"图层拖到"创建新图层"按钮 上，进行图层复制，再选择"背景"图层，如图5-41所示。设置前景色为蓝色，设置背景色为黑色。选择渐变工具 ，再选择"前景到背景"的线性渐变。在"背景"图层上拖动，渐变效果如图5-42所示。

图5-41　"图层"面板

图5-42　制作背景渐变

18 制作图形的透视效果

执行"编辑>自由变换"命令。按住 Ctrl 键，放大图形的上面两个边角，向上收缩图形，如图 5-43 所示，按 Enter 键确认。

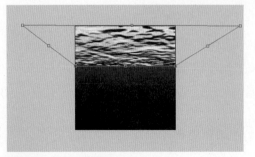

图5-43 自由变换图形

19 调整图层的混合模式

在"图层"面板中将"背景 副本"图层的混合模式改为"线性光"，如图 5-44 所示。效果如图 5-45 所示，制作了海底的水纹效果。

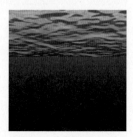

图5-44 线性光模式　　图5-45 水纹效果

20 新建图层蒙版

在"图层"面板中，为"背景 副本"图层添加蒙版，如图 5-46 所示。

图5-46 添加蒙版

21 将图形的衔接处进行半透明处理

设置前景色为白色，设置背景色为黑色，选择工具箱中的渐变工具 。在选项栏中，选择"前景到背景"渐变，设置"类型"为线性渐变，如图 5-47 所示。

图5-47 渐变设置

自图形的 3/4 处向底端拖动，渐变效果如图 5-48 所示。图形的底端自然融入到背景中。

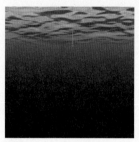

图5-48 渐变效果

22 调整图层的混合模式

在"图层"面板中，继续将"背景 副本"图层拖到"创建新图层"按钮 上，进行图层复制，如图 5-49 所示。将复制的图层的混合模式改为"线性减淡"，其效果如图 5-50 所示。

图5-49 复制图层　　图5-50 线性减淡效果

23 选取一个羽化的椭圆选区

选择工具箱中的椭圆选框工具 ，在选项栏中，设置"羽化"为 100 像素，如图 5-51 所示。

图5-51　椭圆选框工具选项设置

在画布的右上方选取一个椭圆选区，效果如图5-52所示。

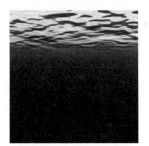

图5-52　拉取椭圆选区

24　制作海底的高光效果

如图5-53所示，执行"选择>反向"命令。如图5-54所示，选择了椭圆选区以外的图像区域。按Delete键，删除选区中的图像。

图5-53　反向命令　　　图5-54　反向后的选区

如图5-55所示，执行"选择>取消选择"命令，取消当前选区。效果如图5-56所示，制作了海底的高光效果。

图5-55　取消选择　　　图5-56　高光效果

25　调整图层的不透明度

在"图层"面板中修改"背景 副本2"图层的"填充"值，如图5-57所示。效果如图5-58所示，海面的光效加强了。

 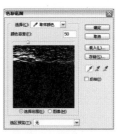

图5-57　调整填充　　　图5-58　光效加强

26　收缩图像中的选区

执行"选择>色彩范围"命令，在弹出的对话框中使用吸管拾取图像中高光区域的颜色，如图5-59所示，再单击"确定"按钮，效果如图5-60所示。

图5-59　色彩范围　　　图5-60　选取图像

如图5-61所示，执行"选择>变换选区"命令。收缩弹出的变换框，如图5-62所示。大小满意后，按Enter键确认。

图5-61　变换选区　　　图5-62　收缩选区

45

27 为当前选区填充白色

在"图层"面板中，单击"创建新图层"按钮 ▢，新建"图层1"图层。执行"编辑>填充"命令，弹出的"填充"对话框如图 5-63 所示，设置"使用"为白色，再单击"确定"按钮，当前选区填充了白色。执行"选择>取消选择"命令，取消当前选区，效果如图 5-64 所示。

图5-63 填充设置

图5-64 填充白色效果

28 制作放射线

执行"滤镜>模糊>动感模糊"命令，在弹出的对话框中设置"角度"为 90 度，设置"距离"为 999 像素，其他设置如图 5-65 所示，然后单击"确定"按钮。效果如图 5-66 所示。

图5-65 动感模糊设置

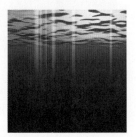

图5-66 模糊效果

在"图层"面板中，在"图层1"图层的下面新建"图层2"图层，如图 5-67 所示。选择工具箱中的油漆桶工具 ◇，再设置前景色为黑色，然后单击画布，将画布填充为黑色。效果如图 5-68 所示，白色线条在黑色画布的衬托下更加清晰。

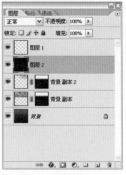

图5-67 新建图层

图5-68 填充黑色效果

在"图层"面板中，将"图层1"与"图层2"进行链接，按 Ctrl+E 键，将两个图层合并为"图层2"，如图 5-69 所示。

图5-69 合并图层

29 加强放射线条的效果

执行"滤镜>模糊>动感模糊"命令，在弹出的对话框中，设置"角度"为 90 度，设置"距离"为 999 像素，再单击"确定"按钮，如图 5-70 所示，效果如图 5-71 所示。

图5-70 动感模糊设置

图5-71 模糊效果

30 调节图像中白色线条的亮度

执行"图像>调整>曲线"命令，在弹出的对话框中添加锚点并向上拖动，如图 5-72 所示。效果如图 5-73 所示。

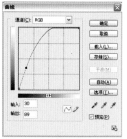

图5-72　曲线调整　　　　图5-73　白线条变亮

31 调整图层的混合模式

在"图层"面板中，如图5-74所示，将"图层2"图层的混合模式改为"滤色"，效果如图5-75所示。图像的黑颜色被清理干净了，只保留白色的线条。

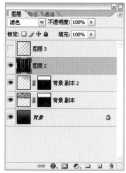

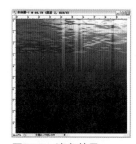

图5-74　滤色模式　　　　图5-75　滤色效果

32 制作阳光照进海底的效果

在"图层"面板中选择"图层1"图层，执行"编辑>自由变换"命令，按住Ctrl键，调整自由变换框，如图5-76所示，形状满意后按Enter键确定。

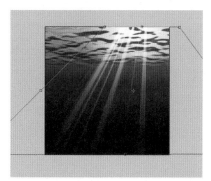

图5-76　自由变换

效果如图5-77所示，制作了阳光照进海底的效果。

图5-77　阳光照进海底效果

33 制作水面的高光

选择椭圆选框工具 ，在画布的右上方选取一个椭圆选区，再执行"选择>羽化"命令，在弹出的对话框中设置"羽化半径"为40像素，再单击"确定"按钮。执行"编辑>填充"命令，如图5-78所示，在弹出的对话框中设置"使用"为白色，再单击"确定"按钮。效果如图5-79所示，选区内填充了白色，制作了水面高光的效果。

图5-78　填充设置　　　　图5-79　水面高光效果

34 新建一个图像文件

执行"文件>新建"命令，在弹出的对话框中设置参数，如图5-80所示，再单击"确定"按钮。

图5-80　新建文件

选择工具箱中的渐变工具，在"渐变编辑器"对话框中，新建"绿色、紫红、蓝色"的渐变，如图5-81所示，自画布的下端向中间拖动，渐变效果如图5-82所示。

图5-81　渐变设置

图5-82　渐变效果

回到制作海底效果的图像，将"背景"图层以外的图层进行链接，如图5-83所示。按Ctrl+E键，合并链接图层。

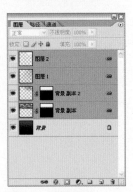

图5-83　链接图层

35 置入海底图像

将合并后的图层移动到新建的画布中，效果如图5-84所示。执行"编辑>自由变换"命令，放大弹出的自由变换框，如图5-85所示。大小满意后，按Enter键确定。

图5-84　置入图像

图5-85　放大图像

36 修改图层的混合模式

如图5-86所示，将"图层1"图层的混合模式改为"叠加"，效果如图5-87所示。

图5-86　叠加模式

图5-87　叠加效果

37 继续置入海底图像中的部分图层

回到制作海底的图像中，在"图层"面板中，如图5-88所示，将"背景"图层的两个副本图层进行链接与合并，并隐藏其他图层，效果如图5-89所示。

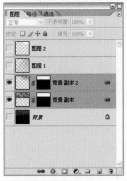

图5-88　链接图层

图5-89　当前图像效果

选择移动工具 ，将该图像移动到新建的画布中，效果如图5-90所示。

图5-90　置入图像

38 垂直翻转置入的图像

执行〝编辑＞变换＞垂直翻转〞命令。效果如图 5-91 所示，当前图像出现了上下颠倒的效果。

图5-91　垂直翻转效果

39 扩大图形的面积

执行〝编辑＞自由变换〞命令，弹出自由变换框。如图5-92所示，调整到合适大小，按 Enter 键确认。

图5-92　放大图形

40 修改图层的混合模式

在〝图层〞面板中，如图 5-93 所示，将〝背景 副本〞图层的混合模式改为〝叠加〞，效果如图 5-94 所示。水面图像暗部的颜色由黑色变为绿色。

图5-93　叠加模式

图5-94　调整效果

41 置入球体图形并调整大小

选择工具箱中的移动工具，将球体图形移动到画布中，并执行〝编辑＞自由变换〞命令，调整图像的大小。如图 5-95 所示。大小满意后，按 Enter 键确认。

图5-95　调整图形大小

42 移动球体图形

选择移动工具，将球体图形移动到合适的位置，效果如图 5-96 所示。

图5-96　移动图形位置

43 复制球体图形

在〝图层〞面板中，继续复制球体所在的图层，并将复制的图形向下移动一些，效果如图 5-97 所示。自由变换复制的图形，效果如图 5-98 所示。

图5-97　复制图形

图5-98　收缩图形

44 复制球体图形并调整颜色

重复上一步操作，再选择移动工具，将复制的图形移动到如图5-99所示的位置。

图5-99 复制图形

执行"图像>调整>色相/饱和度"命令，在弹出的对话框中，如图5-100所示，设置"色相"为-72，设置"饱和度"与"明度"为0。效果如图5-101所示，绿色的球体变为黄色的球体。

图5-100 色相/饱和度　　图5-101 黄色球体

45 再次复制球体图形并调整颜色

复制球体图形所在的图层，并执行"编辑>自由变换"命令，对球体图形进行自由变换。选择移动工具，将该图形移动到如图5-102所示的位置。

图5-102 复制图形

执行"图像>调整>色相/饱和度"命令，在弹出的对话框中，如图5-103所示，设置"色相"为+70，设置完毕单击"确定"按钮。效果如图5-104所示，绿色的球体变为蓝色的球体。

图5-103 色相/饱和度　　图5-104 蓝色球体

46 复制更多的图形并进行排列组合

继续复制一些颜色不同的球体，并对它们进行自由变换，收缩或放大图形，再将这些图形移动到合适的位置，进行排列组合，效果如图5-105所示。

图5-105 排列组合图形

47 设计文字

使用工具箱中的横排文字工具 T.，在画布中输入一些艺术字，并对它们进行合理的排列组合，使版面丰富，效果如图5-106所示。

图5-106 最终效果

Chapter 2　文字特效

本章讲解重点:

- 利用暴皮木板素材制作书法笔触
- 文字与背景融合的真实感表现
- 图像颜色与纹理的处理技巧
- 制作随意的富有生气的文字

挥洒的书法字

木板上暴晒的文字

水珠特效字

Design Process

Works 06
Specially Effect

Handwriting Brushwork

■ 制作难度：★★★
■ 制作时间：50分钟
■ 使用功能：色阶命令、色彩范围命令、图层混合模式、自由变换命令
■ 光盘路径：Chapter 2\Works 06\挥洒的书法字.psd

06 Handwriting Brushwork
挥洒的书法字

可以对身边的景物进行特效处理，将真实的景物转变为设计作品中眩目的效果。本章以实际拍摄的曝晒后暴皮的木板照片为素材，对暴皮木板的动态形体进行修饰、提取，从而成为酷酷的书法笔触效果。

01 打开素材图像并复制图层

打开附书CD\Chapter 2\Work 06\制作挥洒的书法字效果[素材].tif 素材照片，这是一幅暴皮木板的照片，如图6-1 所示。

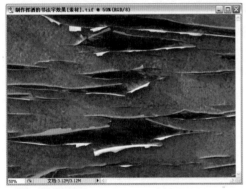

图6-1　素材图像

在"图层"面板中，将"背景"图层拖到"创建新图层"按钮 🔲 上，进行图层复制，如图6-2 所示。

图6-2　复制图层

02 调整图像的颜色

在"背景 副本"图层中，如图6-3 所示，执行"图像>调整>色阶"命令。

图6-3　色阶命令

在弹出的对话框中，如图 6-4 所示，输入色阶的指数分别为 150、0.80、255，设置完毕 🖰 单击"确定"按钮。

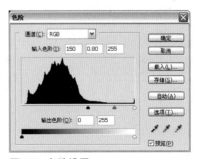

图6-4　色阶设置

效果如图 6-5 所示，图像的亮度降低了，同时对比度增强了，当前图像变得又黑又暗，这就是本例需要的效果。

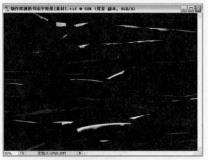

图6-5　黑暗效果

03　为当前图像去色

在"背景 副本"图层中，如图 6-6 所示，执行"图像>调整>去色"命令。

图6-6　去色操作

效果如图 6-7 所示，当前图像失去了颜色信息，变成黑白图像的效果。

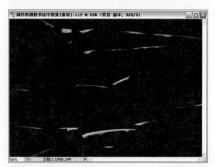

图6-7　黑白图像效果

04　继续增强局部区域的对比度

如图 6-8 所示，执行"图像>调整>亮度/对比度"命令。

图6-8　亮度/对比度命令

在弹出的对话框中设置参数如图6-9所示。

图6-9　亮度/对比度设置

如图 6-10 所示，木削形状更清晰了。

图6-10　局部的对比度增强效果

05　选择图像中散落的图形

执行"选择>色彩范围"命令，在弹出的对话框中，如图 6-11 所示，使用吸管单击图像中白色的图形，并设置"颜色容差"为150，再🖱单击"确定"按钮。

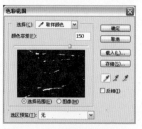

图6-11　色彩范围设置

效果如图6-12所示，图像中白色的色块区域被载入选区。

图6-12　选择了散落的图形

06　为选区填充白色

在"图层"面板中，单击"创建新图层"按钮 ，如图6-13所示，新建"图层1"图层。

图6-13　新建图层

执行"编辑>填充"命令，在弹出的对话框中设置参数，如图6-14所示，再单击"确定"按钮。

图6-14　填充设置

执行"选择>取消选择"命令，取消当前选区，效果如图6-15所示。

图6-15　填充白色

07　复制"背景"图层

在"图层"面板中，将"背景"图层拖到"创建新图层"按钮 上，进行图层复制，并隐藏"图层1"图层，如图6-16所示。

图6-16　复制并隐藏图层

08　增强图像的亮度与对比度

在"背景副本2"图层中，如图6-17所示，执行"图像>调整>色阶"命令。

图6-17　色阶命令

在弹出的对话框中，如图6-18所示，输入色阶的指数分别为0、1.90、50，设置完毕 单击"确定"按钮。

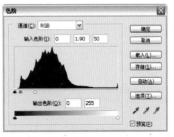

图6-18　色阶设置

效果如图6-19所示，图像的亮度与对比度增强了许多。

图6-19　调整色阶效果

09 将当前图像变为黑白图像的效果

在"背景副本2"图层中，如图6-20所示，执行"图像>调整>去色"命令。

图6-20　去色命令

如图6-21所示，彩色图像变为黑白图像。

图6-21　去色效果

● 提示

去色命令不仅应用于图像特效的制作中，而且在现实的照片处理中也能发挥很大的作用。例如，制作黑白照片效果时，就会使用去色命令。

10 调整图像的亮度与对比度

如图6-22所示，执行"图像>调整>亮度/对比度"命令。

图6-22　亮度/对比度命令

在弹出的对话框中设置"亮度"为0，设置"对比度"为＋80，再🖱单击"确定"按钮。效果如图6-23所示，图像中的黑色纹理线条的颜色更深了。

图6-23　黑色纹理的颜色加深

11 制作墨汁喷溅的效果

在"图层"面板中，将"背景 副本"图层拖到"删除图层"按钮 🗑 上，删除图层，然后修改"背景 副本2"图层的混合模式为"强光"，如图6-24所示。

图6-24　强光模式

效果如图6-25所示，图像中添加了一些纹理，出现了墨汁喷溅的效果。

图6-25　强光效果

12　新建图层

在"图层"面板中，单击"创建新图层"按钮，如图6-26所示，新建"图层2"图层。

图6-26　新建图层

13　为画布填充中黄色

在工具箱中单击"设置前景色"图标，进入"拾色器"对话框，设置颜色为中黄色，如图6-27所示，再单击"确定"按钮。

图6-27　颜色编辑

执行"编辑＞填充"命令，在弹出的对话框中，如图6-28所示，设置"使用"为前景色。为画布填充中黄色。

图6-28　填充设置

14　修改图层的混合模式

在"图层"面板中，如图6-29所示，设置"图层2"图层的混合模式为"柔光"。

图6-29　柔光模式

效果如图6-30所示，叠加黄颜色画布后，图像出现木头纹理的效果。

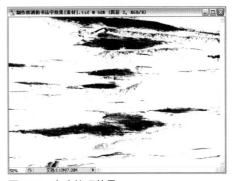

图6-30　木头纹理效果

15　输入艺术文字

为了更清楚地显示特效字的修改效果，在"图层"面板中，将"图层2"图层的混合模式修改为"正常"。选择工具箱中的横排文字工具，输入英文"yes"，设置合适的字体与文字大小，如图6-31所示。输入完毕单击选项栏中的√按钮。

图6-31　输入英文

16 将文字图层转换成普通的编辑图层

在"图层"面板中右击文字所在图层，在弹出的快捷菜单中执行"栅格化文字"命令，如图6-32所示，将文字图层转换成可编辑的图层。在"图层"面板中将文字所在图层进行复制，如图6-33所示，并将复制的副本图层隐藏。

图6-32　栅格化文字　　图6-33　复制图层

17 制作风吹墨水文字后的喷溅效果

如图6-34所示，执行"滤镜>风格化>风"命令。

图6-34　风命令

在弹出的对话框中，如图6-35所示，设置"方法"为大风，设置"方向"为从右。

图6-35　风设置

效果如图6-36所示，制作了风吹墨水字后墨水喷溅的效果。

图6-36　墨水喷溅效果

18 继续加强风滤镜的效果

如果效果不够强烈，就继续执行风滤镜操作，如图6-37所示，或者按快捷键Ctrl+F，快速应用风滤镜。应用3次风滤镜后，效果就可以了。

图6-37　加强风滤镜效果

19 将白色的特效字变成黑色的特效字

如图6-38所示，执行"图像>调整>反相"命令。

图6-38 反相命令

效果如图6-39所示，当前文字的颜色已变为相反的颜色。

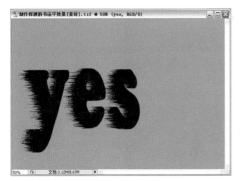

图6-39 反相效果

20 调整图层位置与图层混合模式

在"图层"面板中，将文字所在图层拖到"图层2"图层的下面，如图6-40所示。恢复"图层2"图层的混合模式为"柔光"。效果如图6-41所示，文字变为黑色，并且产生向右穿梭的效果。

图6-40 柔光模式

图6-41 柔光效果

21 显示备份的文字

在"图层"面板中显示文字的副本所在的图层，并确定该副本图层为当前编辑图层。效果如图6-42所示，白色的艺术字后面出现了墨水喷溅的效果，但该效果不够满意，需要继续修改。

图6-42 墨水喷溅效果

22 将文字图形载入选区

在"图层"面板中，按住Ctrl键，单击文字副本所在的图层的缩览图，如图6-43所示。

图6-43 载入选区操作

效果如图6-44所示，将白色的文字图形载入选区。

图6-44 载入文字选区

23 收缩当前的选区

如图6-45所示，执行"选择>修改>收缩"命令，在弹出的对话框中设置"收缩量"为8像素，设置完毕单击"确定"按钮。

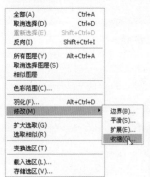

图6-45 收缩选区

效果如图6-46所示，当前选区向内收缩了8像素。

图6-46 收缩选区后的效果

24 删除多余的文字边缘

执行"选择>反向"命令，效果如图6-47所示，当前选区呈反向选择，按Delete键，执行删除操作，删除选区中的图形。

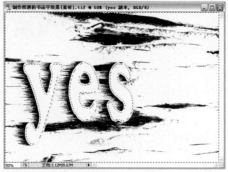

图6-47 反选选区

25 制作艺术浮雕字的效果

执行"选择>取消选择"命令，取消当前选区，效果如图6-48所示。

图6-48 取消选择

选择工具箱中的移动工具，将文字图形向右上方微移，效果如图6-49所示，文字具有艺术浮雕字的效果。

图6-49 移动图形

26 向内收缩图形

在"图层"面板中，显示"图层1"图层，也就是白色线条图形的所在图层，并确定该图层为当前编辑图层，如图6-50所示。

图6-50 "图层"面板

执行"编辑>自由变换"命令，向内收缩弹出的自由变换框，如图6-51所示，大小满意后，按Enter键确定。

图6-51 自由变换

27 将白色线条变为黑色线条

在"图层"面板中，将"图层1"拖到"创建新图层"按钮 □ 上，进行图层复制。执行"图像>调整>反相"命令，再选择工具箱中的移动工具，将黑色的线条图形略微向上移动，效果如图6-52所示。

图6-52 反相效果

28 调整黑色图形的大小

执行"编辑>自由变换"命令，收缩弹出的自由变换框，如图6-53所示，大小满意后按Enter确定。

图6-53 收缩图形

29 复制线条

在"图层"面板中，继续复制"图层1"图层，并将复制的图形与其他图形交织在一起，效果如图6-54所示。

图6-54 复制图形

最后在图像中输入标题文字，至此完成书法艺术字的设计，如图6-55所示。

图6-55 最终效果

Design Process

Works07
Specially Effect

Boarding Insolation

- 制作难度：★★★
- 制作时间：70分钟
- 使用功能：去色命令、涂抹工具、图层混合模式、扭曲滤镜
- 光盘路径：Chapter 2\Works 07\木板上暴晒的文字.psd

07　Boarding Insolation
木板上暴晒的文字

　　制作完整的字体效果时，需要配合图像的使用，这样可以使字体更真实。如果只有简单的图形，不添加渐变效果与滤镜效果，不可能制作出好的字体效果。本例首先制作了破旧、玷污的木板效果，再加入简单的文字就轻松完成了木板暴晒的文字效果。

01　将彩色照片变为黑白照片

　　打开附书 CD\Chapter 2\Works 07\ 制作木板上暴晒的文字效果[素材1].tif 素材照片，如图7-1 所示。

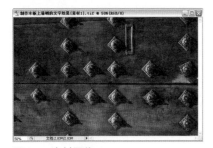

图7-1　素材图像

　　如图 7-2 所示，执行"图像>调整>去色"命令，效果如图 7-3 所示，彩色的照片变为黑白照片的效果。

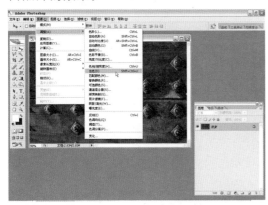

图7-2　去色命令

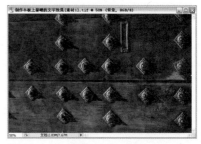

图7-3　去色效果

02　将背景图层变为普通图层

　　在"图层"面板中，双击"背景"图层，在弹出的对话框中，如图 7-4 所示，将所有选项设置为默认值，再单击"确定"按钮，把"背景"图层变为"图层 0"图层。

图7-4　重命名图层

03　将图像局部的图像清理掉

　　在"图层"面板中，单击"添加图层蒙版"按钮 ，如图 7-5 所示，为"图层 0"添加蒙版。

图7-5　添加蒙版

选择矩形选框工具，在图像上选取一个长方形选区，效果如图7-6所示。

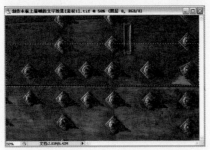

图7-6　绘制选区

设置前景色为黑色，选择工具箱中的渐变工具，再选择"前景到透明"的渐变，如图7-7所示，设置"类型"为对称渐变。

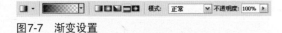

图7-7　渐变设置

自选区的下面向上拖动，渐变效果如图7-8所示，图像中出现了透明底纹。

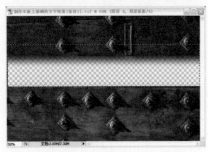

图7-8　渐变效果

若想更加准确地制作黑色的渐变效果，可以参考图7-9所示。

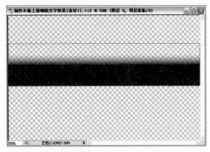

图7-9　图像效果对比

执行"选择>取消选择"命令，取消当前选区。

04　置入一幅素材图像

打开附书CD\Chapter 2\Works 07\制作木板上暴晒的文字效果[素材2].tif素材照片，如图7-10所示。

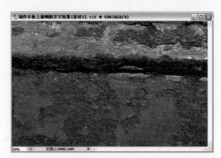

图7-10　素材图像

05　调节图层的混合模式

将新打开的图像拖到步骤3中完成的图像上，新建了"图层1"图层。在"图层"面板中，将"图层1"图层的混合模式修改为"柔光"，如图7-11所示。

图7-11　柔光模式

效果如图7-12所示，制作了沾满油漆的木板效果。

图7-12　木板效果

06　清除照片的颜色信息

在"图层"面板中，将"图层1"图层拖到"创建新图层"按钮上，进行图层复制。

执行"图像>调整>去色"命令，效果如图7-13所示，图像失去了颜色信息，由彩色的图像变为黑白效果图像。

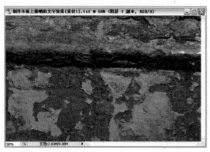

图7-13　去色效果

07　调整图像的明暗度

在"图层1副本"图层中，如图7-14所示，执行"图像>调整>色阶"命令。

图7-14　色阶命令

在弹出的对话框中设置参数，如图7-15所示，再单击"确定"按钮。

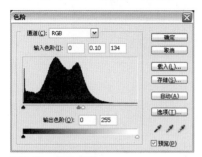

图7-15　色阶设置

● 提示

调整图像的明暗对比时，还可以使用曲线命令、阈值命令等。

效果如图7-16所示，制作出了单色图案肌理的效果。

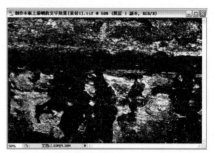

图7-16　调整色阶效果

08　颠倒图像中的黑白色

在"图层1副本"图层中，如图7-17所示，执行"图像>调整>反相"命令。

图7-17　反相命令

效果如图7-18所示，图像中的颜色出现了颠倒，白色变为黑色，黑色变为白色。

图7-18　反相效果

09　选取图像中黑色的区域

执行"选择>色彩范围"命令，弹出的对话框如图7-19所示，使用吸管单击图像中的黑色区域，并设置"颜色容差"为200，设置完毕后单击"确定"按钮。

图7-19 色彩范围设置

效果如图7-20所示，选取了黑色区域。

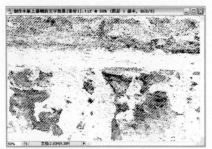

图7-20 选取黑色区域

10 将当前选区填充黑色

在"图层"面板中，将"图层1副本"图层拖到"删除图层"按钮 🗑 上，再单击"创建新图层"按钮 🖿，如图7-21所示，新建"图层2"图层。执行"编辑>填充"命令，在弹出的对话框中，设置"使用"为黑色，然后单击"确定"按钮。如图7-22所示，执行"选择>取消选择"命令，取消当前选区。

图7-21 新建图层　　图7-22 取消选择

效果如图7-23所示，制作了木板上的混合物的颗粒效果。

图7-23 混合物的颗粒效果

11 改变图像的大小

如图7-24所示，执行"编辑>自由变换"命令。

图7-24 自由变换

向下压缩弹出的自由变换框，如图7-25所示，大小满意后，按Enter键确定。

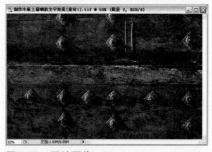

图7-25 压缩图像

12 在画布中输入英文标题

选择工具箱中的横排文字工具 T.，在字符面板中设置参数，如图7-26所示。

图7-26 设置参数

输入英文单词 art，如图 7-27 所示。

图7-27 输入文字

13 修改文字所在图层的混合模式

在"图层"面板中，如图 7-28 所示，将文字所在图层的混合模式修改为"叠加"。

图7-28 叠加模式

效果如图 7-29 所示。英文标题自然融入到了木板中，但效果还不够明显。

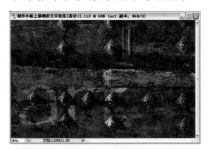

图7-29 文字融入木板效果

14 栅格化文字

在"图层"面板中，将文字所在图层拖到"创建新图层"按钮 🔲 上，进行图层复制，如图 7-30 所示。

图7-30 复制图层

右击"art 副本"图层，在弹出的快捷菜单中执行"栅格化文字"命令，如图 7-31 所示，将文字副本所在的图层变为普通图层。

图7-31 栅格化文字

● 提 示

为了方便修改白色的文字，在"图层"面板的"art 副本"图层下面新建一个临时图层并填充黑色。完成抖动的文字效果之后再删除该图层。

15 制作抖动的文字效果

确认当前编辑图层为"art 副本"图层，选择工具箱中的涂抹工具 👆，设置合适的笔触大小，设置压力值为 50%，涂抹当前文字，效果如图 7-32 所示。

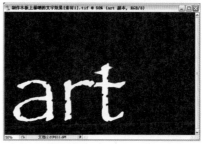

图7-32 涂抹文字（1）

继续涂抹文字，注意不要横向拉动，这样会使文字倾斜，应该左右或上下交替拖动，效果如图 7-33 所示。

图7-33 涂抹文字（2）

继续认真地涂抹所有的英文字母，效果如图 7-34 所示。

图7-34　涂抹文字（3）

在"图层"面板中，将临时建立的黑色背景图层拖放到"删除图层"按钮 🗑 上，进行图层删除。

16　调节图层的混合模式

在"图层"面板中，将文字副本所在图层的混合模式改为"叠加"，效果如图 7-35 所示。两个文字所在的图层叠加在一起，从而使颜色更强烈。

图7-35　叠加效果

继续调整一下文字所在图层的不透明度。在"图层"面板中，设置 art 图层的"不透明度"为 60%，效果如图 7-36 所示。

图7-36　修改不透明度效果

在"图层"面板中，如图 7-37 所示，将"图层 3"图层拖到最上面。

图7-37　调整图层位置

效果如图 7-38 所示，制作的玷污图形的颜色变得更黑，范围变得更广。

图7-38　玷污图形更黑更大

● 提 示

特效图像一般由多种纹理叠加组成，在"图层"面板中调整图层的位置即可。在本例中，将玷污的黑色杂点图形所在的图层移动到"图层"面板的最上端，该图层会对整个图像的效果产生影响。

17　新建空白图层

在"图层"面板中，单击"创建新图层"按钮 🔲，如图 7-39 所示，新建"图层 4"图层。

图7-39　新建图层

18 在画布中绘制样式图形

在"拾色器"对话框中设置颜色为深红色，如图7-40所示。

图7-40　颜色编辑

选择工具箱中的自定形状工具，在选项栏中单击"填充像素"按钮，再选择"形状"为手形，如图7-41所示。

图7-41　自定形状工具设置

使用自定形状工具，在如图7-42所示的位置绘制一个手图形。

图7-42　绘制手形

在选项栏中，选择位置相反的手形，再在画布中绘制手图形，效果如图7-43所示。

图7-43　绘制相反的手形

在"图层"面板中，如图7-44所示，将"图层4"图层的混合模式修改为"柔光"。

图7-44　柔光模式

效果如图7-45所示，该图形融入到图像中，制作了血手印的特效。

图7-45　柔光效果

19 选取一个长方形选区

在"图层"面板中，单击"创建新图层"按钮，如图7-46所示，新建"图层5"图层。

图7-46　新建图层

选择矩形选框工具，在图像中的空隙处选取一个长方形选区，效果如图7-47所示。

图7-47　选取长方形选区

20 将选区填充白色

执行"编辑>填充"命令,在弹出的对话框中,设置"使用"为白色,如图7-48所示,再单击"确定"按钮。

图7-48 填充设置

效果如图7-49所示,矩形选区填充了白色。

图7-49 填充白色

如图7-50所示,执行"选择>取消选择"命令,取消画布中的选区。

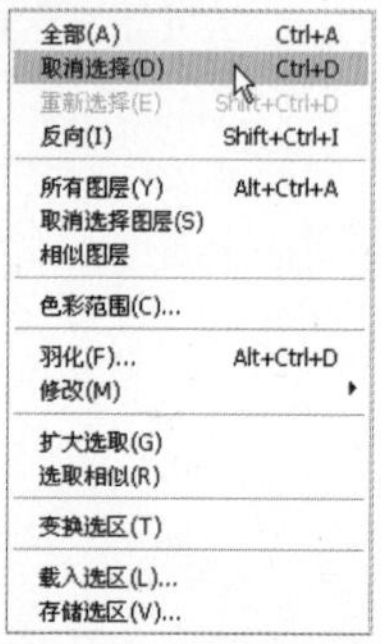

图7-50 取消选择

21 赋予图形内阴影效果

在"图层"面板中,单击"添加图层样式"按钮,在弹出的菜单中执行"内阴影"命令。在弹出的对话框中,设置"不透明度"为100%,设置"距离"为8像素,设置"阻塞"为4%,设置"大小"为10像素,如图7-51所示,设置完毕后单击"确定"按钮。

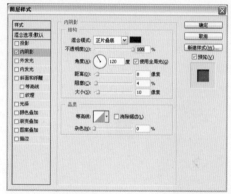

图7-51 内阴影设置

效果如图7-52所示,长方形被赋予了内阴影的效果,有了立体感。

图7-52 内阴影效果

22 输入文字并载入选区

选择工具箱中的横排文字工具,在选项栏中设置合适的字体,然后在画布中输入数字1208,如图7-53所示。输入完毕后单击选项栏中的按钮确认。

图7-53 输入数字

在"图层"面板中,右键单击1208图层,在弹出的快捷菜单中执行"栅格化文字"命令,将文字图层变为普通图层,如图7-54所示。继续按住Ctrl键,单击1208图层,如图7-55所示。

复制图层...
删除图层
编组到新建智能对象图层中
链接图层
选择链接图层
选择相似图层
栅格化文字
创建工作路径
转换为形状
水平
垂直

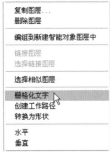

图7-54　栅格化文字

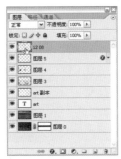

图7-55　载入选区操作

文字图形被载入了选区，如图7-56所示。

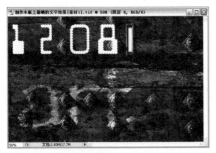

图7-56　文字载入选区

23 制作渐变的文字效果

设置前景色为白色，设置背景色为灰色，选择渐变工具，再选择“前景到背景”的渐变，设置“类型”为线性渐变。在选区中自上向下拖动，渐变效果如图7-57所示。

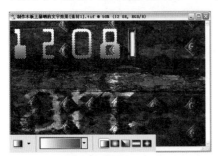

图7-57　制作渐变效果

24 修改图层的混合模式

如图7-58所示，执行“选择>取消选择”命令，取消当前选区。

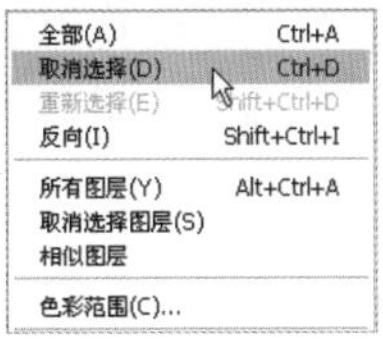

全部(A)　Ctrl+A
取消选择(D)　Ctrl+D
重新选择(E)　Shift+Ctrl+D
反向(I)　Shift+Ctrl+I
所有图层(Y)　Alt+Ctrl+A
取消选择图层(S)
相似图层
色彩范围(C)...

图7-58　取消选择

在“图层”面板中，如图7-59所示，将1208图层的混合模式改为“叠加”。

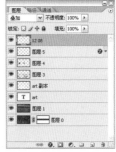

图7-59　叠加模式

效果如图7-60所示，数字融入木板纹理中，隐约可见。

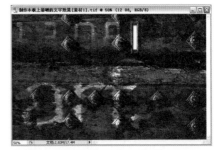

图7-60　叠加效果

在“图层”面板中，单击“创建新图层”按钮，如图7-61所示，新建“图层6”图层。

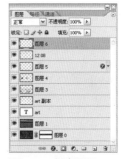

图7-61　新建图层

25 绘制一个深红色的长方形

选择矩形选框工具，在画布中选取一个长方形选区，效果如图7-62所示。

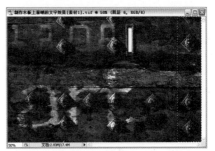

图7-62　选取长方形选区

设置前景色为深红色，执行"编辑>填充"命令，在弹出的对话框中，设置"使用"为前景色。填充效果如图7-63所示。

图7-63 填充深红

执行"选择>取消选择"命令，取消当前选区。

26 在图像中输入文字

选择工具箱中的横排文字工具 **T.**，设置字体为Arial，在画布的右侧输入文字。输入完毕，执行"编辑>自由变换"命令，再旋转文字到合适的角度，按Enter键确定，效果如图7-64所示。

图7-64 输入文字

继续输入两排说明文字，并进行旋转变换，效果如图7-65所示，最后输入符号"？"完成图像中的文字输入，如图7-66所示。

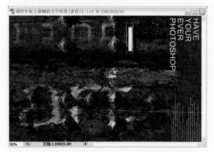

图7-65 输入文字

图7-66 输入符号

27 制作三根白色的线条

在"图层"面板中，单击"创建新图层"按钮 ，如图7-67所示，新建"图层7"图层。

图7-67 新建图层

绘制长方形选区并填充白色。再将当前选区向右移动，如图7-68所示。

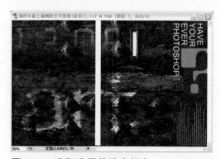

图7-68 选取选区并填充颜色

再绘制一个长方形，效果如图7-69所示。

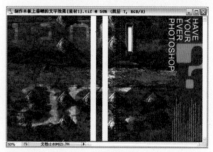

图7-69 第2个白色长方形

用同样的方法绘制第 3 个长方形。执行"选择>取消选择"命令，取消当前选区，效果如图 7-70 所示。

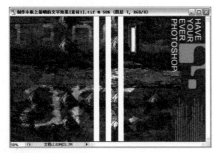

图7-70　三个白色长方形

28　扭曲白色的线条图形

如图 7-71 所示，执行"滤镜>扭曲>切变"命令。

图7-71　切变命令

● 提示

对竖向图形可使用切变命令，如果是横向图形，需要将该图形旋转90°后再使用切变操作。

在弹出的对话框中，在直线路径上添加锚点，并仔细地调整曲线，如图 7-72 所示。最后单击"确定"按钮。

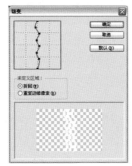

图7-72　切变设置

效果如图7-73所示，白色矩形图形出现了波浪动态的效果。

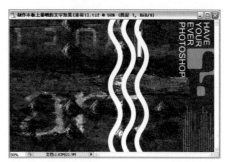

图7-73　切变效果

29　修改图层的混合模式

在"图层"面板中将"图层7"图层的混合模式修改为"柔光"，如图 7-74 所示。

图7-74　柔光模式

效果如图 7-75 所示，扭曲线条的颜色变暗，木板的相应区域显示出来，这样白色的扭曲图形与木板结合为一体。

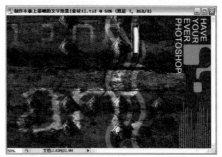

图7-75　柔光效果

30　移动图形

选择工具箱中的移动工具，将变暗的扭曲图形移到画布的右侧，使右侧的两组文字和问号成为一个相对独立的部分，又不影响图像的整体效果，如图 7-76 所示。

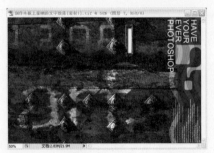

图7-76 移动图形

31 调整图层的位置

在"图层"面板中,如图 7-77 所示,将"图层 3"图层拖动到顶端。

图7-77 调整图层位置

效果如图 7-78 所示,黑色的玷污图形覆盖了更多文字图形,使文字若隐若现,从而模拟因暴晒而失去色彩的文字效果。

图7-78 黑色玷污图形遮住了更多文字

32 复制玷污图形

在"图层"面板中,将"图层 3"图层拖到"创建新图层"按钮 上,进行图层复制,如图 7-79 所示。

图7-79 复制图层

在"图层 3 副本"图层中,如图 7-80 所示,收缩并旋转自由变换玷污图形,大小与角度满意后,按 Enter 键确定。

图7-80 自由变换图形

至此,木板上暴晒的文字效果已经完成,如图 7-81 所示。

图7-81 最终效果

The Lens Rays
镜头光晕滤镜

镜头光晕滤镜是制作景物照片时经常应用的，在颜色较深的照片中应用效果更佳。该滤镜的特点是效果明显、模拟光照效果佳，但参数值不宜过大，否则会使镜头光晕过强，造成照片像素的损坏。

01 打开素材

打开附书CD\Chapter 2\TIP\使用镜头光晕渲染天空[素材].tif图片。在"图层"面板中，将背景图层进行复制。

复制图层

02 添加镜头光晕效果

执行"滤镜>渲染>镜头光晕"命令，将光晕放置在照片中的太阳区域上，单击"确定"按钮。继续添加镜头光晕，这次将光晕放置在太阳的斜对角区域。

镜头光晕（1）

镜头光晕（2）

亮度模式

03 调整图层的混合模式

观察效果，发现虚拟的镜头光不够真实，所以将"背景 副本"图层的混合模式改为"亮度"，从而模拟真实的镜头光晕效果。

最终效果

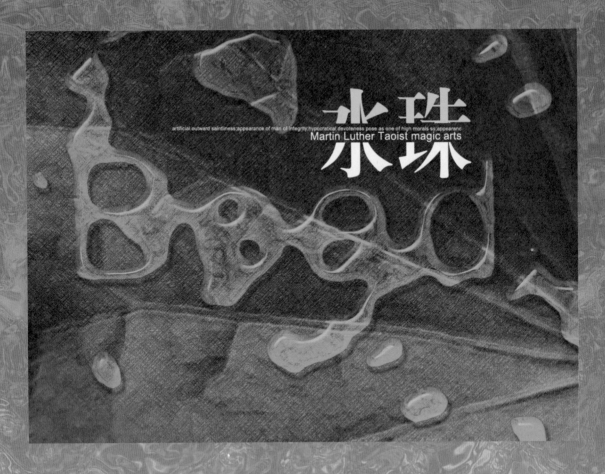

artificial outward saintliness;appearance of man of integrity;hypocratical devoteness pose as one of high morals ss;appearanc
Martin Luther Taoist magic arts

水珠

Design Process

Works 08
Specially Effect

Bead Effect

- 制作难度：★★★★
- 制作时间：120分钟
- 使用功能：强化边缘滤镜、铬黄滤镜、成角的线条滤镜、光照效果滤镜、图层样式
- 光盘路径：Chapter 2＼Works 08＼水珠特效字.psd

08 Bead Effect
水珠特效字

该实例包括两种比较经典的效果。一是图像颜色与纹理的处理，这样文字叠加背景图像后，效果更加自然；二是制作了比较随意的文字效果，漂亮的字体与图像巧妙结合，表达了文字的生气，从而与整幅图像产生共鸣。

01 打开素材

打开附书 CD\Chapter 2\Works 08\ 水珠特效字效果[素材].tif 照片，如图 8-1 所示。

图8-1　素材图像

在"图层"面板中，将"背景"图层拖到"创建新图层"按钮 🖿 上，进行图层复制，如图 8-2 所示。

图8-2　复制图层

02 赋予叶片发光的纹理效果

执行"滤镜>画笔描边>强化的边缘"命令，在弹出的对话框中设置参数，如图 8-3 所示，再单击"确定"按钮。

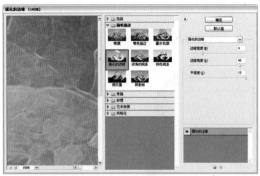

图8-3　强化边缘设置

如图 8-4 所示，模拟了叶片上发光的纹理。

图8-4　强化边缘效果

在"图层"面板中，如图 8-5 所示，将"背景 副本"图层的混合模式改为"柔光"。

图8-5　柔光模式

效果如图8-6所示，荷叶的脉络比较柔和，使效果更真实。

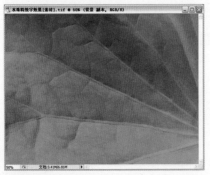

图8-6　柔光效果

03 制作水银流动的叶脉效果

在"图层"面板中将"背景 副本"图层拖到"创建新图层"按钮 上，复制图层，如图8-7所示，并将该图层的混合模式改为"正常"。

图8-7　复制图层

执行"滤镜>素描>铬黄"命令，在弹出的对话框中设置相关参数，如图8-8所示。预览图像的效果合适后单击"确定"按钮。

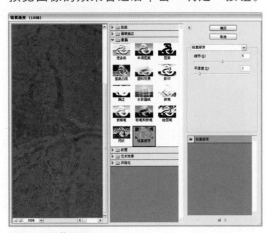

图8-8　铬黄设置

效果如图8-9所示，制作了水银纹理的特效，用来模拟叶脉。

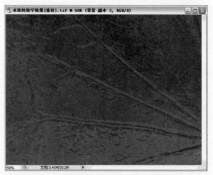

图8-9　水银纹理效果

04 让叶片的纹理更清晰

在"图层"面板中，将"背景 副本2"图层的混合模式修改为"叠加"，效果如图8-10所示，叶片的纹理更加清晰。

图8-10　纹理更清晰

05 为画布添加黑白相间的杂点效果

在"图层"面板中，单击"创建新图层"按钮 ，如图8-11所示，新建"图层1"图层。

图8-11　新建图层

执行"编辑>填充"命令，在弹出的对话框中设置"使用"为白色。在"图层1"图层中，如图8-12所示，执行"滤镜>杂色>添加杂色"命令。

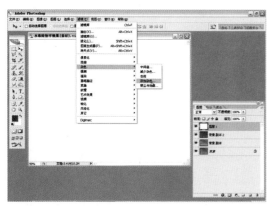

图8-12　添加杂色命令

在弹出的对话框中设置参数，如图8-13所示，然后单击"确定"按钮。

图8-13　添加杂色设置

效果如图8-14所示，白色画布添加了许多黑白相间的杂点。

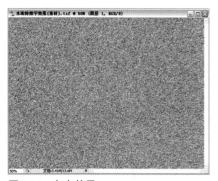

图8-14　杂点效果

06　制作交叉的黑白线条效果

确认当前编辑图层为"图层1"图层。执行"滤镜>画笔描边>成角的线条"命令。在弹出的对话框中，如图8-15所示，设置"方向平衡"为100，设置"描边长度"为25，设置"锐化程度"为5，预览图像变化的效果满意后单击"确定"按钮。

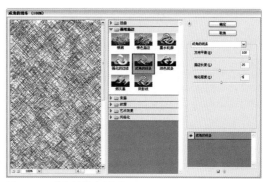

图8-15　成角的线条设置

效果如图8-16所示，制作了交叉的黑白线条的效果。

图8-16　黑白线条效果

07　赋予图像光照效果

执行"滤镜>渲染>光照效果"命令，在弹出的对话框中，设置光照源。如图8-17所示，选择"纹理通道"为红，其他所有数值为默认，最后单击"确定"按钮。

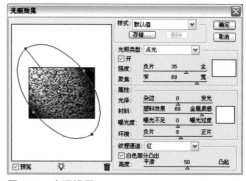

图8-17　光照设置

效果如图8-18所示，不仅赋予图像光照效果，而且增强了画布的纹理效果。

图8-18　光照效果

08　添加柔光效果

在"图层"面板中，将"图层1"图层的混合模式修改为"柔光"，效果如图8-19所示，制作的交叉线纹理与荷叶图像结合在一起。

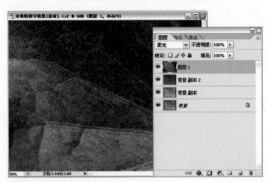

图8-19　柔光效果

09　修改过深过暗的纹理效果

在"图层"面板中，将"图层1"图层的"不透明度"降至70%，效果如图8-20所示，交叉的线条纹理的颜色降低了。

图8-20　调整不透明度

10　输入主题文字

在"图层"面板中，如图8-21所示，新建"图层2"图层，再将该图层填充为白色，如图8-22所示。

图8-21　新建图层

图8-22　填充设置

选择工具箱中的横排文字工具 T.，在"字符"面板中，设置字体与文字的大小等，如图8-22所示。

图8-23　"字符"面板

设置完毕后在画布中输入主题文字，单击选项栏中的 ✔ 按钮确定输入，如图8-24所示。

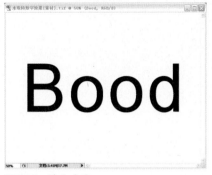

图8-24　输入文字

11　制作烟雾的特殊效果

在"图层"面板中确认当前编辑图层为"图层2"图层。在工具箱中确认前景色为白色，背景色为黑色。执行"滤镜＞渲染＞云

彩"命令，效果如图8-25所示，制作了烟雾
的特效。

图8-25　云彩渲染效果

在"图层"面板
中，将文字所在图层与
"图层2"图层进行链
接，再按Ctrl+E键，合
并链接图层，如图8-26
所示，合并为"图层
2"图层。

图8-26　合并图层

12 制作水墨字的效果

采用默认前景色和背景色。执行"滤镜>
素描>图章"命令，弹出如图8-27所示的对
话框。设置"明/暗平衡"为25，设置"平
滑度"为35。效果如图8-28所示。

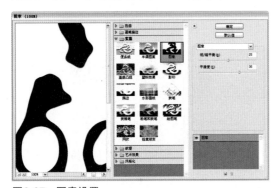

图8-27　图章设置

图8-28　图章效果

13 将黑色的特效字载入选区

执行"选择>色彩范围"命令，再使用
吸管单击图像中的水墨字，然后设置"颜色容
差"为100，再单击"确定"按钮，效果
如图8-29所示，图像中所有黑色的图形都被载
入选区中。

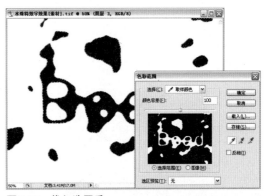

图8-29　载入选区后

14 为选区填充黑色

在"图层"面板
中，将当前的"图层
2"图层删除。单击
"创建新图层"按钮
，如图8-30所示，
新建"图层2"图层。

图8-30　新建图层

执行"编辑＞填充"命令，在弹出的对话框中设置"使用"为黑色，再单击"确定"按钮，效果如图8-31所示。最后执行"选择＞取消选择"命令，取消选择。

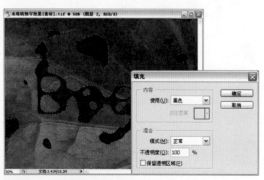

图8-31　填充黑色

15　复制墨点图形

选择工具箱中的矩形选框工具，在如图8-32所示的位置上选取一个长方形选区，再选择移动工具，按住Alt键，移动选区即可复制该图形再把复制的图形移动到如图8-33所示的位置。

图8-32　选取选区

图8-33　复制图形

16　删除多余的墨点图形

选择工具箱中的矩形选框工具，在如图8-34所示的位置选取一个长方形选区，按Delete键，将当前选区中的图形删除，效果如图8-35所示。

图8-34　选取选区

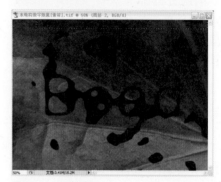

图8-35　删除图形

17　增加当前图形的面积

执行"编辑＞自由变换"命令，放大弹出的自由变换框，如图8-36所示，大小满意后，按Enter键确定。

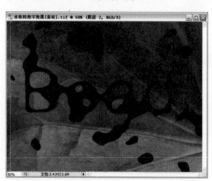

图8-36　自由变换

18 将水墨字图形载入选区

在"图层"面板中,如图8-37所示,按住Ctrl键,单击"图层2"图层。

图8-37 载入选区操作

效果如图8-38所示,"图层2"图层中的水墨字图形被载入了选区。

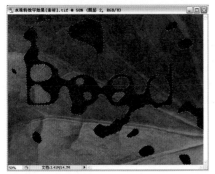

图8-38 载入选区

19 为当前选区填充绿色

在"拾色器"中设置前景色为#068705,如图8-39所示,再单击"确定"按钮。

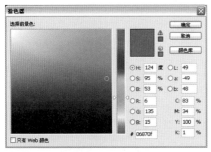

图8-39 颜色编辑

执行"编辑>填充"命令,在弹出的对话框中设置"使用"为前景色,再单击"确定"按钮,效果如图8-40所示,选区填充了绿色。执行"选择>取消选择"命令,取消当前选区。

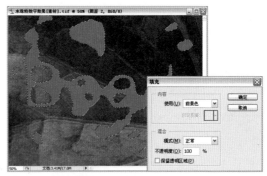

图8-40 填充绿色

20 赋予图形浮雕效果

在"图层"面板中单击"添加图层样式"按钮 ，在弹出的菜单中执行"斜面和浮雕"命令。在弹出的对话框中设置相关参数,其中"阴影模式"的颜色为淡黄色,其他设置如图8-41所示。效果如图8-42所示。

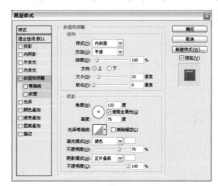

图8-41 斜面和浮雕设置

图8-42 浮雕效果

21 赋予图形内发光效果

选择"等高线"选项,设置等高线的样式。如图8-43所示,设置"范围"为25%。

图8-43　等高线设置

选择"内发光"选项，设置"不透明度"为 50%，设置"杂色"为 0%，设置"颜色"为深绿色，设置"阻塞"为 10%，设置"大小"为 40 像素，如图 8-44 所示。效果如图 8-45 所示。

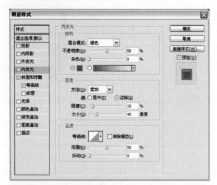

图8-44　内发光设置

图8-45　内发光效果

22　赋予图形内阴影效果

选择"内阴影"选项，如图 8-46 所示，设置相关参数。效果如图 8-47 所示，图形的左侧面出现了深绿色的内阴影效果。

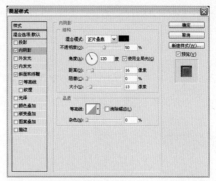

图8-46　内阴影设置

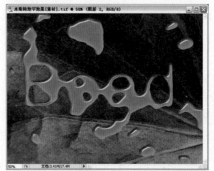

图8-47　内阴影效果

23　制作图形外侧轮廓线效果

选择"描边"选项，如图 8-48 所示，设置"大小"为 1 像素，设置"位置"为外部，设置"不透明度"为 40%，设置"颜色"为深绿色。

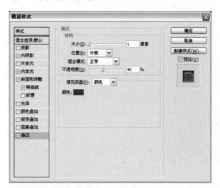

图8-48　描边设置

24　赋予图形投影效果

选择"阴影"选项，再设置"阴影颜色"为绿色，选择一个系统自带的等高线样式，其他设置如图 8-49 所示。效果如图 8-50 所示。

状载入选区，如图 8-52 所示。

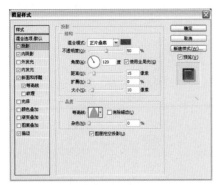

图8-49　投影设置

图8-52　载入选区

按 Ctrl+J 键，复制并粘贴图形，复制的图形粘贴到"图层 3"图层中，如图 8-53 所示。

图8-53　复制图层

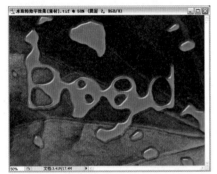

图8-50　投影效果

在"图层"面板中，将"图层 2"图层的混合模式修改为"叠加"，效果如图 8-51 所示。制作了叶片上的水珠字特效，但是字体的效果不够明显，需要继续调整。

26　调整图层的位置与混合模式

在"图层"面板中，将"图层 3"图层拖到最上面，修改该图层的混合模式为"强光"，如图 8-54 所示。

图8-54　调整图层位置

效果如图 8-55 所示。图形叠加后，水珠字的纹理增强了许多。

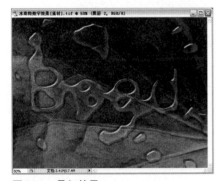

图8-51　叠加效果

25　制作文字形状的叶脉图像

在"图层"面板中，确定当前编辑图层为"背景 副本"图层。按住 Ctrl 键，单击"图层 2"图层的缩览图，将艺术字的形

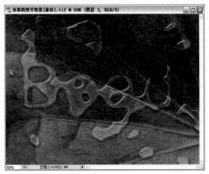

图8-55　水珠字的纹理增强了

27 为文字图形的选区填充白色

在"图层"面板中，新建"图层4"图层，再按住Ctrl键，单击"图层3"图层的缩览图，如图8-56所示。

图8-56　新建图层

执行"编辑>填充"命令，在弹出的对话框中，设置"使用"为白色，再单击"确定"按钮，效果如图8-57所示。

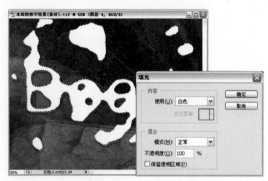

图8-57　填充白色

28 制作云雾字的效果

确认当前背景色和前景色为默认设置。执行"滤镜>渲染>云彩"命令，效果如图8-58所示，制作了云雾字的效果。

图8-58　云雾字效果

29 制作水银字的效果

执行"滤镜>素描>铬黄"命令，在弹出的对话框中设置相关参数，如图8-59所示，再单击"确定"按钮。

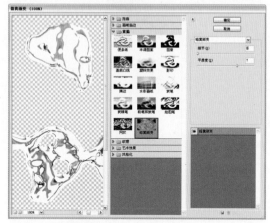

图8-59　铬黄设置

如图8-60所示，制作了水银流动的文字效果。最后取消选区。

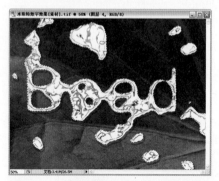

图8-60　水银字效果

30 调整图层的混合模式

在"图层"面板中，如图8-61所示，将"图层4"图层的混合模式改为"柔光"。

图8-61　柔光模式

效果如图 8-62 所示，图形叠加后水珠变亮，纹理更丰富。

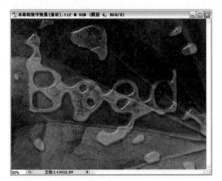

图8-62 柔光效果

31 设计文字

选择工具箱中的横排文字工具 **T.**，设置字体为汉仪粗宋简，设置字体颜色为白色，如图 8-63 所示。在画布中输入汉字"水珠"，输入完毕单击 ✔ 按钮。

图8-63 输入文字

在"图层"面板中，右键单击文字所在的图层，在弹出的菜单中执行"栅格化文字"命令，将文字图层变为可编辑的普通图层。

选择工具箱中的矩形选框工具 **□**，在文字的中间选取一个矩形选区，并按 Delete 键删除。用同样的方法，在文字的上半部分绘制矩形选区。然后将"水珠"二字上半部分的颜色调整为青色，如图 8-64 所示。

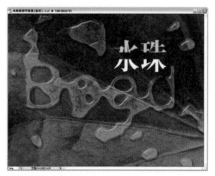

图8-64 调整颜色

最后在文字的中间输入英文说明，完成图像的设计，效果如图 8-65 所示。

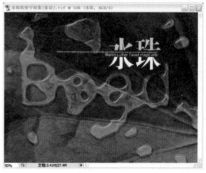

图8-65 最终效果

Scenic become canvas
为风景照片添加绘画效果

在处理数码照片的过程中，为风景照片增加油画质感是常用技巧之一，这需要灵活应用 Photoshop 的各种滤镜，并熟练掌握图层间混合模式的调整。在这里应用了几种不同的特效与图层混合模式完成照片的改造。

01 添加成角的线条滤镜效果

打开附书CD\Chapter 2\TIP\将照片制作成绘画作品[素材]图片，在"图层"面板中将"背景"图层复制两次。在"背景 副本"图层中添加成角的线条滤镜效果。

成角的线条滤镜效果

02 添加玻璃滤镜效果

将"背景 副本"图层的混合模式改为"柔光"。在"背景 副本 2"图层中添加玻璃滤镜效果。

玻璃滤镜效果

03 调整图层的混合模式

在"图层"面板中，将"背景 副本 2"图层的混合模式改为"叠加"，最后将所有图层合并。

调整图层混合模式

04 添加纹理滤镜效果

执行"滤镜 > 纹理 > 纹理化"命令，在弹出的对话框中设置"纹理"为画布，设置"缩放"为200%，设置凸现为2，设置"光照"为右下，再单击"确定"按钮。

纹理化滤镜

Chapter 3　图像特效

调色盘与水融合的效果

日晒后的墙皮

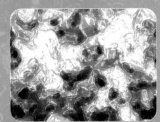

冰质感

叶片化石

裱膜后的铜版画

撕裂后的彩色喷染画

本章讲解重点：

■ 撕裂效果和喷染画效果的表现

■ 冰质感效果的表现

■ 巧用实物纹理表现叶片化石效果

■ 图像融合技术

■ 把特写照片组合为日晒墙皮效果

■ 利用动感的素材制作静态的铜版画

INSUFFLATION
paper horse burned at funeral

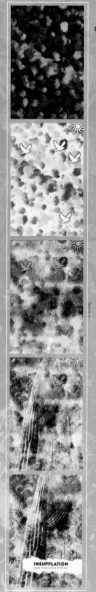

Works 09
Specially Effect

Laniate Paper

■ 制作难度：★★★★
■ 制作时间：70分钟
■ 使用功能：反相命令、自定形状工具、干画笔滤镜、图层混合模式、定义图案命令
■ 光盘路径：Chapter 3\Works 09\撕裂后的彩色喷染画.psd

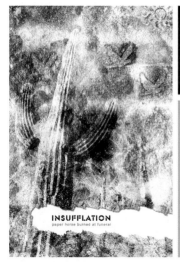

09 Laniate Paper
撕裂后的彩色喷染画

本实例的效果包括撕裂后效果和喷染画效果。首先要制作使用喷枪绘制的图像特效，根据实例步骤操作，就可轻松简单完成；然后制作适用于任何图像设计的撕裂纸张的效果。

01 制作图像的反相效果

打开附书CD\Chapter 3\Works 09\撕裂后的彩色喷染画[素材].tif 素材图像，如图9-1所示。

图9-1　素材图像

执行"图像 >调整 > 反相"命令，效果如图9-2所示。图像的颜色变为相反的颜色。

图9-2　反相效果

02 在画布的右上角绘制太阳图形

在"图层"面板中，单击"创建新图层"按钮，如图9-3所示，新建"图层 1"图层。

图9-3　新建图层

选择工具箱中的自定形状工具，在选项栏"自定形状"拾色器中选择一个太阳的图形，如图9-4所示。

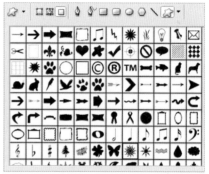

图9-4　图案样式

确定前景色为白色，在画布的右上角绘制太阳图形，效果如图9-5所示。

图9-5　绘制太阳图案

03　为太阳图形赋予阴影效果

在"图层"面板中，单击"添加新图层样式"按钮，在弹出的菜单中执行"投影"命令，如图9-6所示。

图9-6　选择图层样式

在弹出的"图层样式"对话框中，设置"不透明度"为75%，设置"角度"为120度，选中"使用全局光"复选框和"图层挖空投影"复选框，设置"距离"为0像素，设置"扩展"为25%，设置"大小"为20像素，如图9-7所示，再单击"确定"按钮。

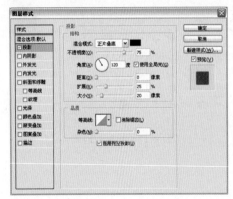

图9-7　投影设置

效果如图9-8所示，太阳图形的下面出现了投影，增强了该图形的立体感。

图9-8　投影效果

04　绘制带有阴影效果的飞鸽图形

继续选择自定形状工具，在"自定形状"拾色器中选择飞鸽图形，如图9-9所示。

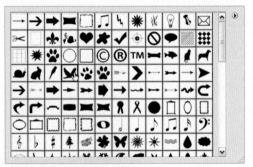

图9-9　选择飞鸽图案

在画布中绘制飞鸽图形，注意当前编辑图层为"图层1"图层，效果如图9-10所示。飞鸽图形直接赋予了投影效果。继续绘制更多的飞鸽图形，效果如图9-11所示。

图9-10　绘制飞鸽图形　　图9-11　绘制更多图案

05　绘制喷染画效果

打开附书 C D \ Chapter 3\Works 09\ 撕裂后的彩色喷染画 效果[素材].tif 素材图 片，如图 9-12 所示。

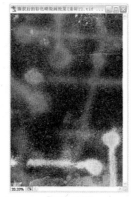

图9-12　素材图像

选择工具箱中的移动工具 ，将该图片移 动步骤 4 的画布中。在"图层"面板中，如 图 9-13 所示，将"图层 2"图层的混合模式 改为"强光"。效果如图 9-14 所示，图像出 现了喷染画的效果。

图9-13　强光模式

图9-14　喷染画效果

06　绘制失去颜色后的图像效果

打开附书 C D \ Chapter 3\Works 09\ 撕裂后的彩色喷染画 效果[素材3].tif素材图 片，如图 9-15 所示。

图9-15　素材图像

如图 9-16 所示，执行"图像>调整>去 色"命令。

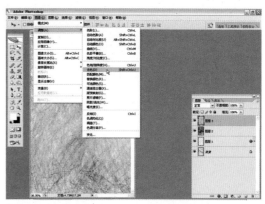

图9-16　去色命令

效果如图 9-17 所 示，以绿色为主色调 的图像变为黑白图像 的效果。

图9-17　去色效果

07　将黑白图像与其他图像叠加

选择工具箱中的移动工具 ，将黑白图像 移动到总画布中。在"图层"面板中，如图 9-18 所示，将"图层 3"图层的混合模式改 为"点光"，效果如图 9-19 所示。

图9-18　点光模式

图9-19　点光效果

08 置入水彩纹理纸效果的图像

打开附书 C D \ Chapter 3\Works 09\ 撕裂后的彩色喷染画效果[素材].tif 素材图片，如图 9-20 所示。选择工具箱中的移动工具，将黑白图像移动到总画布中。

图9-20 素材图像

09 修改图层的混合模式

在"图层"面板中，如图 9-21 所示，将"图层 4"图层的混合模式修改为"叠加"，效果如图 9-22 所示，颜色与纹理更加丰富了。

图9-21 叠加模式

图9-22 叠加效果

在"图层"面板中，单击"添加蒙版"按钮，为"图层 4"图层添加蒙版，如图 9-23 所示。

图9-23 添加蒙版

选择工具箱中的渐变工具，设置前景色为白色、背景色为黑色，选择"前景到背景"过渡，"类型"为线性渐变，如图 9-24 所示。

图9-24 渐变设置

自下而上拖动，渐变效果如图 9-25 所示。观察渐变后的颜色走向，效果如图 9-26 所示，图像的底部区域被渐隐。

图9-25 拖动渐变

图9-26 渐变效果

10 置入一幅风景照片

打开附书 C D \ Chapter 3\Works 09\ 撕裂后的彩色喷染画效果[素材].tif 风景照片，如图 9-27 所示。

图9-27 素材图像

选择工具箱中的移动工具，将该照片移动到总画布中来。

11 为照片制作凝结颜色的特效

执行"滤镜＞艺术效果＞干画笔"命令，弹出的对话框如图 9-28 所示。设置"画笔大小"为3，设置"画笔细节"为6，设置"纹理"为1，设置完毕🖱单击"确定"按钮。

图9-28　干画笔设置

效果如图9-29所示，风景照片被赋予了色彩凝结后的干画笔效果。

图9-29　干画笔效果

在"图层"面板中，如图9-30所示，将风景照片所在的"图层5"图层的混合模式改为"叠加"。效果如图9-31所示，风景照片中的景物变得模糊，同时显示下面的图层。

图9-30　叠加模式

图9-31　叠加效果

12　置入一幅纹理素材图像

打开附书CD\Chapter 3\Works 09\撕裂后的彩色喷染画效果[素材6].tif纹理素材，如图9-32所示。

图9-32　素材图像

选择工具箱中的移动工具➤，将该图像移动到总画布中。

13　修改图像的混合模式

在"图层"面板中，如图9-33所示，将"图层5"图层的混合模式修改为"柔光"，效果如图9-34所示，图像的颜色更丰富了，纹理更细腻了。

图9-33　柔光模式

图9-34　柔光效果

14　绘制一个白色的矩形图形

在"图层"面板中，🖱单击"创建新图层"按钮，如图9-35所示，新建"图层7"图层。选择工具箱中的矩形选框工具，在画布中选取一个长方形选区，效果如图9-36所示。

图9-35　新建图层

图9-36　选取选区

执行"编辑>填充"命令，在弹出的对话框中，如图9-37所示，设置"使用"为白色，再单击"确定"按钮。效果如图9-38所示，长方形选区内填充了白色。

图9-37　填充设置

图9-38　填充了白色

如图9-39所示，执行"选择>取消选择"命令，取消当前选区。

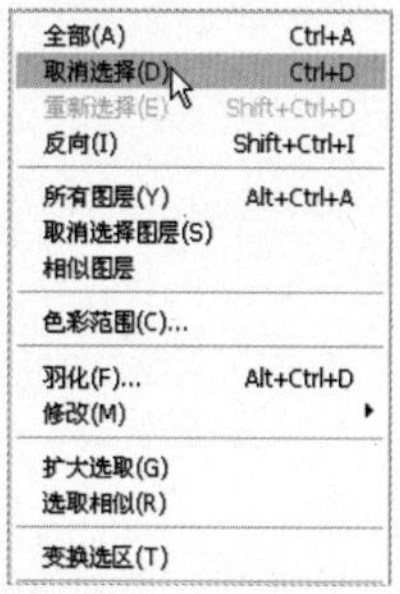

图9-39　取消选择

15 使用画笔工具涂抹图形

选择工具箱中的画笔工具，在选项栏中，如图9-40所示，设置画笔大小为50px，设置"不透明度"为100%。使用画笔在矩形图形边缘涂抹自由的笔触，效果如图9-41所示。继续将矩形图形涂抹成凌乱无序的自由图形，效果如图9-42所示。

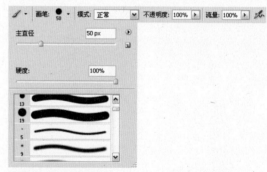

图9-40　画笔设置

图9-41　画笔涂抹（1）

图9-42　画笔涂抹（2）

16 使用橡皮擦工具修改图形的边缘

选择工具箱中的橡皮擦工具，在选项栏中，设置"画笔"为30px，再设置"不透明度"为100%。设置完毕后使用橡皮擦工具修改图形的边缘，效果如图9-43所示。

图9-43　擦除边缘

17 选取矩形选区

选择工具箱中的矩形选框工具，将图像放大为700%时，选取一个正方形选区，如图9-44所示。

在"图层"面板中，单击"创建新图层"按钮 ，如图9-45所示，新建"图层8"图层。

图9-44　选取正方形选区

图9-45　新建图层

18 定义当前图案

执行"编辑＞填充"命令，在弹出的对话框中设置参数，如图9-46所示。效果如图9-47所示，选区内填充了灰色。

图9-46　填充设置

图9-47　填充灰色

选择工具箱中的矩形选框工具 ，在如图9-48所示的位置选一个选区。

图9-48　选取选区

如图9-49所示，执行"编辑＞定义图案"命令。在弹出的对话框中，输入图案的名称，输入完毕后单击"确定"按钮。

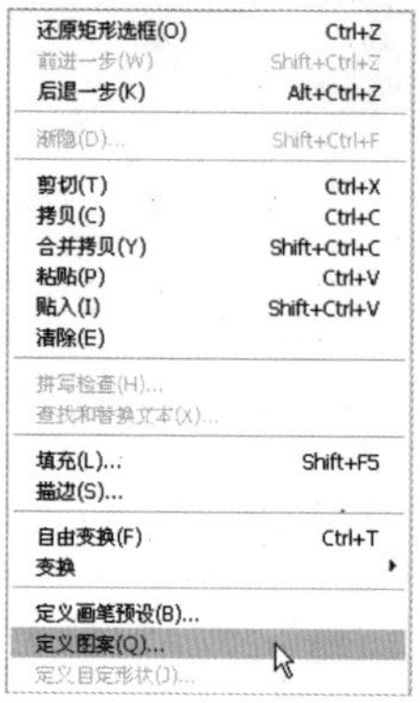

图9-49　定义图案

19 载入选区并填充

在"图层"面板中，将"图层8"图层删除。如图9-50所示，按住Ctrl键，单击"图层7"图层的缩览图，如图9-51所示，将自由形状的图形载入选区。

图9-50　载入选区操作

图9-51　载入选区

执行"编辑＞填充"命令，在弹出的对话框中，选择"使用"为图案，再选择设置好的图案，然后单击"确定"按钮。效果如图9-52所示，选区内填充了设置好的连续图案。

图9-52　填充图案

执行"选择＞取消选择"命令，取消当前选区。

20 调整图形的亮度

如图9-53所示，执行"图像>调整>亮度/对比度"命令，在弹出的对话框中，设置"亮度"为+80，设置"对比度"为0，设置完毕后🖱单击"确定"按钮。

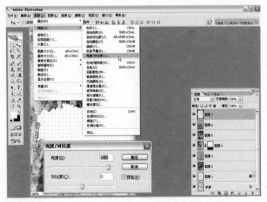

图9-53 亮度/对比度设置

效果如图9-54所示，降低了图形的颜色深度。

图9-54 调整亮度效果

21 赋予图形内阴影效果

在"图层"面板中，🖱单击"添加图层样式"按钮，在弹出的菜单中执行"内阴影"命令，如图9-55所示。

图9-55 选择图层样式

在弹出的对话框中，设置"距离"为5像素，设置"阻塞"为0%，设置"大小"为8像素，如图9-56所示，最后🖱单击"确定"按钮。

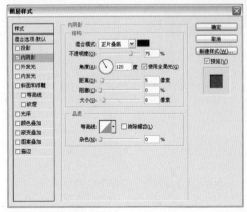

图9-56 内阴影设置

效果如图9-57所示，图形赋予了阴影的效果，这样就制作了画布的撕纸效果。

图9-57 撕裂效果

22 输入标题文字

选择横排文字工具 T.，在画布中🖱单击并输入标题文字，满意后单击✓按钮，确定文字的输入。效果如图9-58所示，撕裂后的彩色喷染画效果设计完毕。

图9-58 最终效果

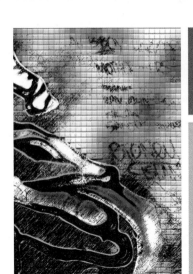

Ceramic Tile Effect
瓷砖上的绘画效果

将拍摄的墙壁喷画制作成绘画般边缘发光的效果，并将图像的背景制作成瓷砖的效果。

01 打开素材

打开附书CD\Chapter 3\TIP\制作瓷砖上的绘画作品[素材].tif 图片。

素材图像

在"图层"面板中，将"背景"图层拖到"创建新图层"按钮 上，进行图层复制。隐藏"背景 副本"图层的预览，并确定当前编辑图层为"背景"图层。

当前图层

02 添加滤镜效果

执行"滤镜>素描>绘画笔"命令，在弹出的对话框中设置参数，再单击"确定"按钮。

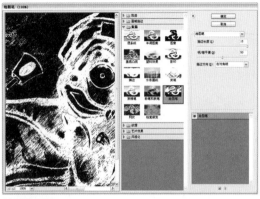

绘图笔设置

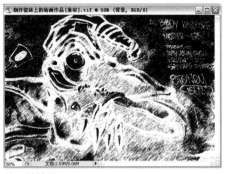

绘画笔效果

继续执行"图像>调整>反相"命令，图像的黑白颜色出现了颠倒的现象。在"图层"面板中，打开"背景 副本"图层的预览，并确定该图层为当前编辑图层。

反相效果

03 继续添加滤镜效果

　　执行"滤镜>画笔描边>强化的边缘"命令，在弹出的"强化的边缘"对话框中设置"边缘宽度"为2，设置"边缘亮度"为50，设置"平滑度"为15，再🖱单击"确定"按钮。

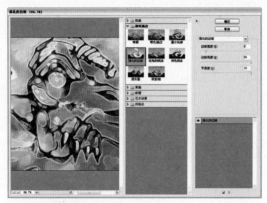

强化的边缘设置

　　在"图层"面板中，将"背景　副本"图层的混合模式改为"点光"。这样图像中的亮部会更亮，暗部会更暗，明暗对比增强。

点光效果

04 为选区添加滤镜效果

　　利用钢笔工具 ✒ 选取图像中怪物以外的区域，并将路径转变为浮动的选区。

绘制选区

　　在"图层"面板中，🖱单击"创建新图层"按钮 ◰，新建"图层 1"图层，确定前景色为黑色，背景色为白色，并执行"滤镜>渲染>云彩"命令。

云彩渲染效果

　　执行"滤镜>纹理>拼缀图"命令，在弹出的对话框中设置"方形大小"为10，设置"凸现"为8，再单击"确定"按钮。

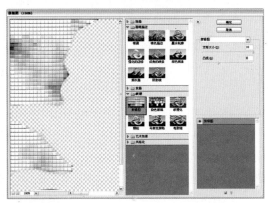

拼缀图设置

若想让图像更好地融合，在"图层"面板中，将"图层1"图层的混合模式改为"正片叠底"。

正片叠底模式

图像的背景产生了瓷砖纹理的效果。

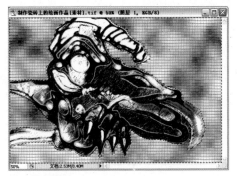

瓷砖纹理效果

执行"选择>取消选择"命令，取消当前选区，完成效果的制作。

最终效果

mix COLORS

It's common to mix him up with his brother; they're twin brothers
Don't mix up those papers
You mix flour, yeast and water to make bread
His wife mixed him a hot drink
If you mix up those data we shan't find the one we need quickly.

Design Process

Works 10
Specially Effect
Pallette And Water

■ 制作难度：★★★
■ 制作时间：60分钟
■ 使用功能：图层蒙版、图层混合模式、玻璃滤镜、亮度／对比度命令
■ 光盘路径：Chapter 3\Works 10\调色盘与水同化的创意.psd

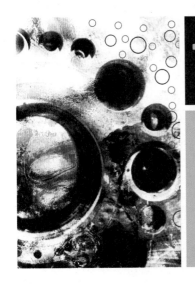

10　Pallette And Water
调色盘与水融合的效果

以景物拟人的手法在设计中也经常用到。本例将轴承图像拟定的是调色板图像，加入与水相近的图像后，再进行图形间的组合排列。

01　打开一副冰块的照片

打开附书CD\Chapter 3\Works 10\制作调色盘与水同化的创意[素材 1].tif，如图10-1所示。

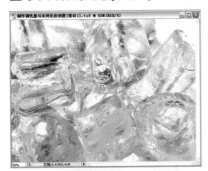

图10-1　素材图像

02　置入机械素材照片

打开附书 CD\Chapter 3\Works 10\ 制作调色盘与水同化的创意[素材 2].tif，如图10-2所示。再将该图像移动到总画布中来。

图10-2　素材图像

03　隐藏图像的局部显示

在"图层"面板中单击"添加图层蒙版"按钮，为"图层 1"图层添加蒙版，如图 10-3 所示。

图10-3　添加蒙版

设置前景色为白色，设置背景色为黑色。选择工具箱中的渐变工具，在选项栏中选择"前景到背景"的渐变，再设置"渐变类型"为线性渐变，自画布的中间向右侧拖动。渐变效果如图 10-4 所示，图像右侧显示冰块，左侧为齿轮。

图10-4　制作渐变

04 将机械转盘与背景图像融合

在"图层"面板中，如图10-5所示，将"图层1"图层的混合模式修改为"强光"。

图10-5 强光模式

如图10-6所示，两副图像融合在一起。

图10-6 强光效果

05 为机械转盘赋予喷溅水的材质

打开附书CD\Chapter 3\Works 10\制作调色盘与水同化的创意[素材3].tif图片，如图10-7所示。

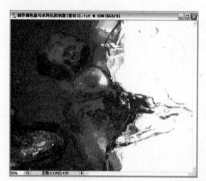

图10-7 素材图像

选择工具箱中的移动工具，将该图像移动到总画布中来，再修改图层的混合模式为"叠加"，效果如图10-8所示。

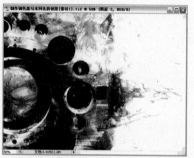

图10-8 叠加效果

06 置入图像并调整图层混合模式

打开附书CD\Chapter 3\Works 10\制作调色盘与水同化的创意[素材4].tif图片，如图10-9所示。再将素材移到总画布中来。

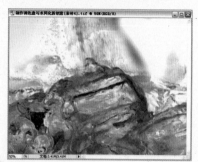

图10-9 素材图像

如图10-10所示，将"图层3"图层的混合模式修改为"线性光"。

图10-10 线性光模式

效果如图10-11所示，图像的亮部更亮，暗部更暗。

图10-11 线性光效果

07　涂抹过亮的图像区域

在"图层"面板中单击"添加图层蒙版"按钮 ⬚，如图10-12所示，为"图层3"图层添加蒙版。

图10-12　添加蒙版

选择画笔工具 ✐，在选项栏中设置"主直径"为100像素的虚边笔触，设置"不透明度"为80%，再涂抹颜色过亮或者是图案过乱的地方，效果如图10-13所示。

图10-13　画笔涂抹

使用画笔工具 ✐，涂抹位于图像左上角与右下角的局部区域，效果如图10-14所示。

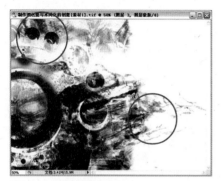

图10-14　清理区域（1）

继续将孔眼图像内的图案清理干净，效果如图10-15所示。

图10-15　清理区域（2）

08　观察当前图像效果

涂抹完毕后，为了图像修改得更准确，隐藏其他图层，如图10-16所示，可以看到清除掉的图像，效果如图10-17所示，仅仅保留齿轮图形表面的水质感图像。

图10-16　清理的图像对比

图10-17　当前效果

09　绘制图像被玻璃隔离的效果

在"图层"面板中，将"背景"图层拖到"创建新图层"按钮 ⬚ 上，复制图层，并将复制的"背景 副本"图层移到顶部。

如图 10-18 所示，执行"滤镜>扭曲>玻璃"命令。

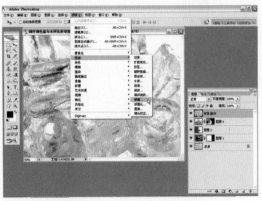

图10-18　玻璃命令

在弹出的对话框中，如图 10-19 所示，设置"扭曲度"为 9，设置"平滑度"为 3，设置"纹理"为磨砂，设置"缩放"为 100%，再预览图像变化的效果。效果满意后🖱️单击"确定"按钮。

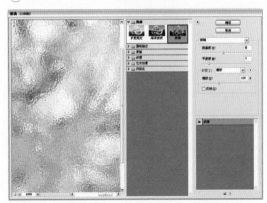

图10-19　玻璃设置

如图 10-20 所示，出现了玻璃隔离图像后的效果。

图10-20　玻璃隔离图像效果

🔟 修改图层的混合模式

在"图层"面板中，将"背景 副本"图层的混合模式修改为"叠加"，如图 10-21 所示。

图10-21　叠加模式

效果如图 10-22 所示，齿轮图像的颜色略微偏黄，亮度与对比度也增强了。

图10-22　叠加效果

1️⃣1️⃣ 置入最后一幅素材图像

打开附书 CD\Chapter 3\Works 10\ 制作调色盘与水同化的创意[素材5].tif素材照片，如图 10-23 所示。

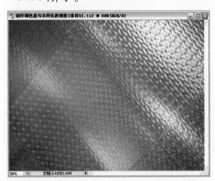

图10-23　素材图像

将该图像移动到总画布中来。

12　增强图像的纹理

在"图层"面板中，如图10-24所示，将"图层5"图层的混合模式修改为"叠加"。

图10-24　叠加模式

效果如图10-25所示，图像的纹理增加了，图像的颜色变得更加鲜艳。

图10-25　叠加效果

13　选取一个正圆选区

在"图层"面板中，如图10-26所示，单击"创建新图层"按钮，新建"图层6"图层。

图10-26　新建图层

选择工具箱中的椭圆选框工具，在如图10-27所示的位置选取一个正圆选区，以与齿轮图像部分的图形图案保持形状一致。

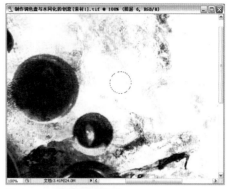

图10-27　选取正圆选区

14　制作黑色的圆圈图形

执行"编辑>描边"命令，在弹出的"描边"对话框中，如图10-28所示，设置"宽度"为2，设置"颜色"为黑色，设置"位置"为居外，其他设置保持默认值，再单击"确定"按钮。

图10-28　描边设置

描边效果如图10-29所示，绘制了一个黑色的圆圈图形。

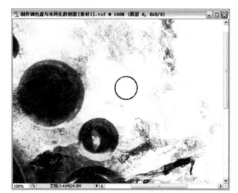

图10-29　描边效果

执行"选择>取消选择"命令，取消当前选区。

15 复制并变换黑色圆圈图形

在"图层"面板中，复制黑色圆圈所在的"图层 6"图层，使用移动工具 ┿ 将圆圈图形向外略微移动一些，效果如图 10-30 所示。

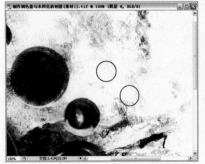

图10-30 复制图形

执行"编辑>自由变换"命令，收缩弹出的自由变换框，如图 10-31 所示，大小满意后，按 Enter 键确定。

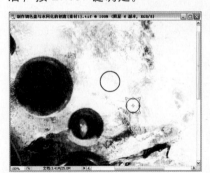

图10-31 收缩图形

16 复制更多的圆圈图形并组合

下面要复制更多的图形进行组合排列，组合的形状是一个倾斜的三角形，效果如图 10-32 所示。

图10-32 复制更多的图形

17 合并链接图层

在"图层"面板中，将黑色圆圈图形所在的图层进行链接，如图 10-33 所示，按 Ctrl+E 键，合并链接图层，将链接图层合并为"图层 6"图层，如图 10-34 所示。

图10-33 链接图层　　图10-34 合并链接图层

18 复制黑色圆圈图形的组合

在"图层"面板中，将"图层 6"图层拖到"创建新图层"按钮 ┒ 上，进行图层复制，如图 10-35 所示。

图10-35 复制图层

选择移动工具 ┿，将复制的图形组合移动到画布的右下方，效果如图 10-36 所示。

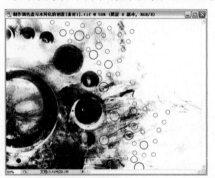

图10-36 移动图形组合

19　选取15个以上的圆点选区

在"图层"面板中，单击"创建新图层"按钮，新建"图层7"图层。选择工具箱中的椭圆选框工具 ○ ，在选项栏中，单击"添加到选区"按钮，在画布中选取一些正圆选区，形状要小于黑色的圆圈图形。

20　制作灰色圆点的图形组合

执行"编辑＞填充"命令，在弹出的对话框中设置"使用"为50%灰色。将正圆选区填充为白色。执行"选择＞取消选择"命令，取消当前浮动的选区。效果如图10-37所示，制作了灰色圆点的图形组合。

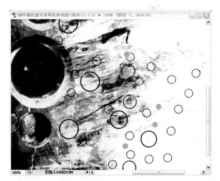

图10-37　灰色圆点图形组合

21　将灰色图形变为黑色图形

在"图层"面板中，将"图层7"图层拖到"创建新图层"按钮 □ 上，进行图层复制，如图10-38所示。

图10-38　复制图层

如图10-39所示，执行"图像＞调整＞亮度/对比度"命令。在弹出的对话框中，设置"亮度"为－100，设置"对比度"为＋100，再单击"确定"按钮。

图10-39　亮度/对比度设置

如图10-40所示，灰色图形变为黑色图形。

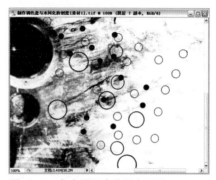

图10-40　灰色图形变为黑色图形

22　移动黑色图形

选择工具箱中的移动工具 ▶ ，将黑色的图形向画布的右侧移动，效果如图10-41所示。

图10-41　移动图形

23　将圆点图形组合载入选区

在"图层"面板中，新建"图层8"图层，如图10-42所示。按住Ctrl键，单击"图层7"图层的缩览图。

图10-42　载入选区操作

效果如图 10-43 所示，将圆点的图形组合载入选区。

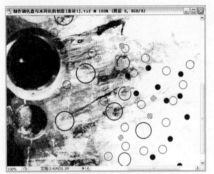

图10-43　载入选区

24 为当前圆点选区填充黄色

在"拾色器"对话框中设置前景色为黄色（#fddd47），如图 10-44 所示。

图10-44　颜色编辑

执行"编辑>填充"命令，在弹出的"填充"对话框中设置"使用"为前景色。效果如图 10-45 所示，图形选区内填充了黄色。

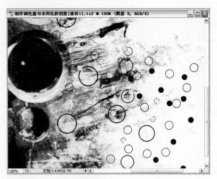

图10-45　填充黄色

25 移动当前圆点图形的位置

执行"选择>取消选择"命令，取消当前选区。选择移动工具 ，将黄色的圆点图形移动到画布的右下角，如图 10-46 所示。

图10-46　移动黄色圆点图形

26 输入标题文字

选择工具箱中的横排文字工具 T.，在画布的右上方输入英文标题，字体颜色为天蓝色。最后输入一段英文说明，完成最后的图像设计，效果如图 10-47 所示。

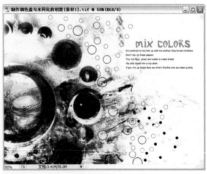

图10-47　最终效果

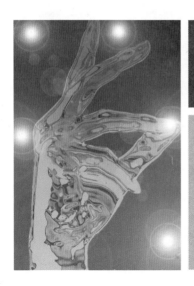

Mauley Change Liquid Effect
真实的手的液体效果

　　该例有两个技术点，一个是关于如何将真实的手变为液体的手效果，另一个就是前面所讲授的制作白色的光晕效果。本例的重点是铬黄渐变滤镜与查找边缘滤镜的应用。

01 新建一个空白画布

　　执行"文件＞新建"命令，在弹出的对话框中设置参数，再🖱单击"确定"按钮，新建一个空白画布。

新建画布

02 填充画布

　　设置前景色为蓝色，设置背景色为深蓝色，选择渐变工具▤，使用"前景到背景"的渐变，自下而上拖动。

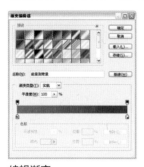

编辑渐变

渐变效果

03 置入一幅手的素材照片

　　打开附书ＣＤ\Chapter 3\TIP\将真实的手制作成液体效果[素材].tif素材照片。

素材图像

　　选择工具箱中的移动工具▶，将"手"图像移动到画布中来。

置入图像

04 制作水银特效

　　在"图层"面板中复制"图层1"图层，再执行"滤镜＞素描＞铬黄"命令。在弹出的"铬黄渐变"对话框中，设置"细节"为3，设置"平滑度"为10，再🖱单击"确定"按钮。然后将"图层1"图层的混合模式改为"叠加"，真实的手变为抽象的图像。

铬黄设置

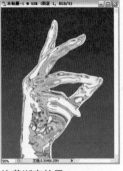
铬黄渐变效果

05 反相效果

在"图层"面板恢复"图层1副本"图层的预览。执行"滤镜>风格化>查找边缘"命令，继续执行"图像>调整>反相"命令。

查找边缘效果

反相效果

06 将图像载入选区并粘贴到通道中

在"图层"面板中，按住Ctrl键，单击"图层1副本"图层的缩览图。将"手"图像载入选区。再执行"编辑>拷贝"命令。

载入选区

在"通道"面板中，单击"创建新通道"按钮，新建Alpha1通道，再执行"编辑>粘贴"命令，"手"图像粘贴到通道中。

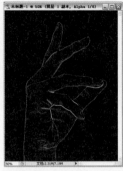
粘贴图像

07 载入通道中的图形

在"图层"面板中新建"图层2"图层。执行"选择>载入选区"命令，在弹出的"载入选区"对话框中设置"通道"为Alpha1，其他设置保持默认值，再🖱单击"确定"按钮。Alpha1通道中的图形被载入选区。

载入选区设置

08 将当前选区填充白色

执行"编辑>填充"命令，在弹出的对话框中设置"使用"为白色，再单击"确定"按钮。

填充白色

执行"选择>取消选择"命令，取消当前选区。

09 制作高斯模糊效果

执行〝滤镜 > 模糊 > 高斯模糊〞命令，在弹出的对话框中设置〝半径〞为1.9像素。图形出现了模糊的效果。

高斯模糊效果

在〝图层〞面板中，将所有图层合并为〝背景〞图层，并将该图层拖到〝创建新图层〞按钮 🔲 上，进行图层复制。

复制图层

10 在图像中点缀光晕

执行〝滤镜 > 渲染 > 镜头光晕〞命令，在弹出的对话框中设置相关参数，再单击〝确定〞按钮。

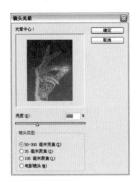
镜头光晕设置

镜头光晕效果

11 调整图层的混合模式

在〝图层〞面板中，将〝背景 副本〞图层的混合模式改为〝亮度〞，这样红色的光晕未经色彩调整就变为白色的光晕效果。

亮度模式　　　　　　白色光晕效果

12 增添更多的光晕效果

执行〝滤镜 > 渲染 > 镜头光晕〞命令，在弹出的对话框中，增添一个光晕点，设置〝亮度〞为100%，再选择〝镜头类型〞为〝50-300毫米变焦〞，预览效果合适后单击〝确定〞按钮。可用同样的方法酌情添加更多光晕以丰富图像。

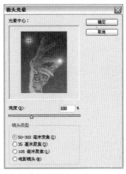
镜头光晕设置

最终效果

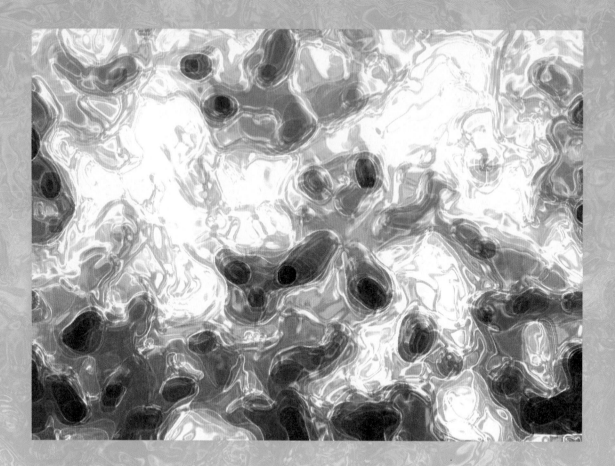

Design Process

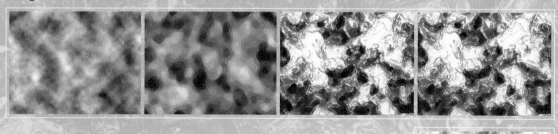

Works 11
Specially Effect

Ice Texture

- 制作难度：★★★
- 制作时间：30分钟
- 使用功能：分层云彩滤镜、晶格化滤镜、绘画涂抹滤镜、铬黄滤镜、图层混合模式
- 光盘路径：Chapter 3\Works 11\冰质感.psd

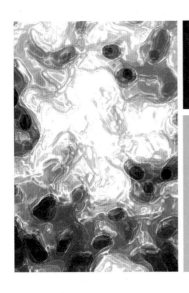

11 Ice Texture 冰质感

　　本例的冰质感效果晶莹透亮通过本例可以知道，效果不能刻意去制作，真正的特效是一种随机的创作，和实际生活有密切关系，需要从周围的环境寻找素材。本实例的滤镜参数设置仅供参考，希望读者不要盲目简单模仿。

01 制作云雾特殊效果

　　执行"文件>新建"命令，在弹出的对话框中设置参数，如图11-1所示，再单击"确定"按钮，新建一个空白的画布。

图11-1　新建画布

　　执行"滤镜>渲染>云彩"命令，效果如图11-2所示。

图11-2　云彩渲染效果

　　继续执行"滤镜>渲染>分层云彩"命令，效果如图11-3所示。

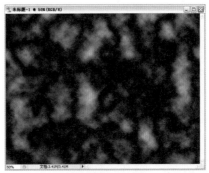

图11-3　分层云彩效果

　　执行"滤镜>分层云彩"命令，调整云雾变化的效果，效果如图11-4所示。

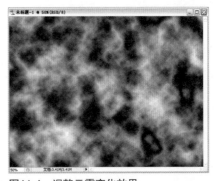

图11-4　调整云雾变化效果

02 凝结云雾成色块效果

　　如图11-5所示，执行"滤镜>像素化>晶格化"命令，在弹出的对话框中设置"单元格大小"为25，如图11-6所示。

i15

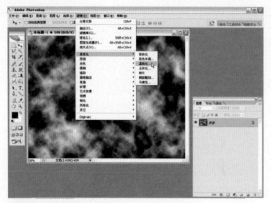

图11-5　晶格化命令

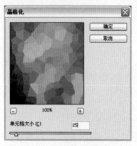

图11-6　晶格化设置

效果如图 11-7 所示，云雾凝结成块状。

图11-7　云雾凝结成块效果

03 制作液体融合的效果

执行"滤镜>艺术效果>绘画涂抹"命令，弹出的对话框如图 11-8 所示。在该对话框中设置"画笔大小"为 50，设置"锐化程度"为 1，设置"画笔类型"为火花，再预览图像变化的效果。效果满意后单击"确定"按钮。

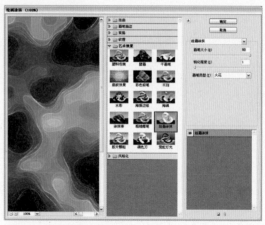

图11-8　绘画涂抹设置

效果如图 11-9 所示，制作了云雾融合在一起的效果。

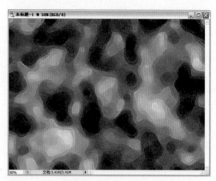

图11-9　云雾融合效果

04 制作水银流动的效果

在"图层"面板中，将"背景"图层拖到 按钮上，进行图层复制，如图 11-10 所示。

图11-10　复制图层

执行"滤镜>素描>铬黄"命令，在弹出的对话框中，如图 11-11 所示，设置相关参数，再单击"确定"按钮，效果如图 11-12 所示，图像出现了水银流动的效果。

图11-11　铬黄设置

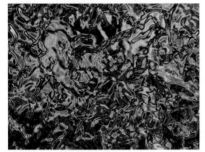

图11-12　铬黄效果

05　制作冰块的初期效果

在"图层"面板中，如图11-13所示，将"背景 副本"图层的混合模式改为"颜色减淡"。

图11-13　颜色减淡模式

如图11-14所示的是冰块的初期效果。

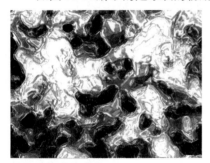

图11-14　初期效果

06　为画布填充上中黄色

在"图层"面板中，单击"创建新图层"按钮，如图11-15所示，新建"图层 1"图层。

图11-15　新建图层

在"拾色器"对话框中设置颜色，如图11-16所示，最后单击"确定"按钮。

图11-16　颜色编辑

执行"编辑>填充"命令，为画布填充前景色。

07　调整图层的混合模式

在"图层"面板中，如图11-17所示，将"图层 1"图层的混合模式调整为"柔光"。

图11-17　柔光模式

柔光效果如图11-18所示，制作了金属效果的质感。

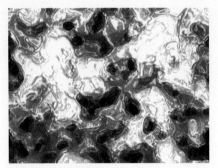

图11-18　柔光效果

08 调整冰块的颜色

在"图层"面板中新建"图层2"图层,然后选择渐变工具 ▣ ,再在选项栏中设置从黄到蓝的渐变,然后在画布中自上向下拖动,渐变效果如图11-19所示。

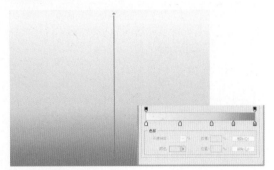

图11-19　添加渐变效果

在"图层"面板中,如图11-20所示,将"图层2"图层的混合模式改为"柔光"。

图11-20　柔光模式

效果如图11-21所示,制作了调整颜色后的冰块效果。

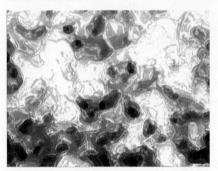

图11-21　调色效果

09 设置更多的图层模式

可以尝试更多的图层模式的调整。在"图层"面板中,如图11-22所示,将"图层2"图层的混合模式改为"色相"。

图11-22　色相模式

效果如图11-23所示,冰块的颜色变得更加亮丽。

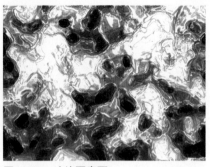

图11-23　冰块更亮丽

Image Simplification
使图像单纯化

在特效设计中，经常把真实的照片制作为简单的平面图形效果，下面介绍 5 种常用的方法，分别是阈值命令、色调分离命令、木刻滤镜、便条纸滤镜与撕边滤镜。

● 利用阈值使图像单纯化

执行"图像>调整>阈值"命令，在弹出的对话框中设置"阈值色阶"为 2 8，再单击"确定"按钮。

● 利用色调分离使图像单纯化

执行"图像>调整>色调分离"命令，在弹出的对话框中设置"色阶"为 3，再单击"确定"按钮。

● 利用木刻滤镜使图像单纯化

执行"滤镜>艺术效果>木刻"命令，在弹出的对话框中设置"色阶数"为 6，设置"边缘简化度"为 2，设置"边缘逼真度"为 2，再单击"确定"按钮。

● 利用便条纸滤镜使图像单纯化

执行"滤镜>素描>便条纸"命令，在弹出的对话框中设置"图像平衡"为 25，设置"粒度"为 0，设置"凸现"为 0，再单击"确定"按钮。

● 利用撕边滤镜使图像单纯化

执行"滤镜>素描>撕边"命令，在弹出的对话框中设置"图像平衡"为 25，设置"平滑度"为 11，设置"对比度"为 10，再单击"确定"按钮。

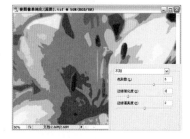

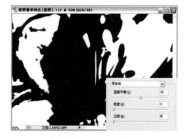

LAMINAE

The clause in contract

LAMINAE PETRIFICATION

Design Process

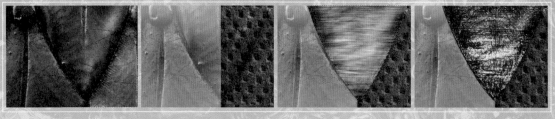

Works 12
Specially Effect

Lamina Petrifaction

- 制作难度：★★★
- 制作时间：50分钟
- 使用功能：钢笔工具、塑料包装滤镜、动感模糊滤镜、变化命令、图层混合模式
- 光盘路径：Chapter 3\Works 12\叶片化石.psd

12 Lamina Petrifaction
叶片化石

　　本例的铜板浮雕的局部放大显示为足够大时，发现了叶片的形状，而且图像版式的分割方式很完整，加入一些特效滤镜的应用后，制作了叶片化石的创意作品，希望读者学习与借鉴。

01 把钢笔路径转换为选区

　　打开附书 CD\Chapter 3\Works 12\ 制作叶片化石的效果[素材1].tif素材，如图12-1所示。

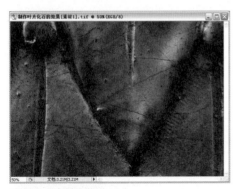

图12-1　素材图像

　　选择工具箱中的钢笔工具 ，在图像中绘制钢笔路径，效果如图 12-2 所示。

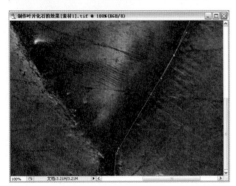

图12-2　绘制路径（1）

　　如图 12-3 所示，绘制完钢笔路径后，在路径开始处的锚点上单击，形成闭合路径。

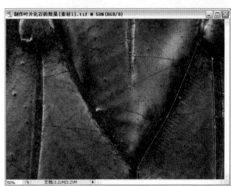

图12-3　绘制路径（2）

　　在"路径"面板中，按住 Ctrl 键，单击工作路径，效果如图 12-4 所示，画布中的钢笔路径变为选区。

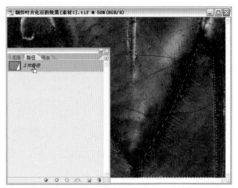

图12-4　路径转换为选区

02 调整选区内的颜色

执行"图像>调整>色相／饱和度"命令，在弹出的对话框中，选中"着色"复选框，其他设置如图 12-5 所示，再单击"确定"按钮。

图12-5　色相/饱和度设置

效果如图 12-6 所示，选区内的黑白图像变成黄色的图像。

图12-6　黄色图像效果

如图 12-7 所示，执行"选择>取消选择"命令，取消当前选区。

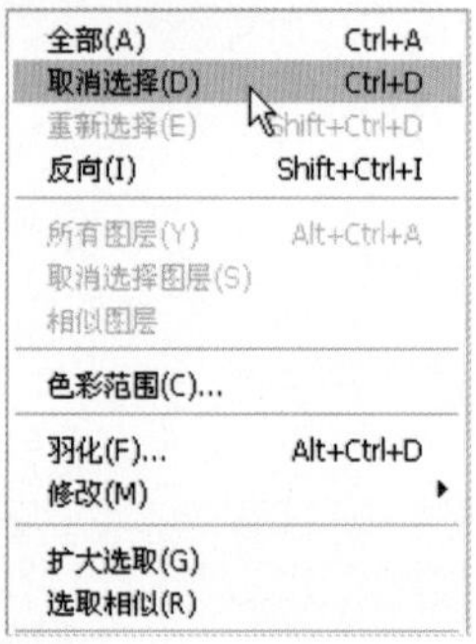

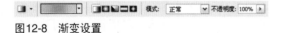

图12-7　取消选择

03 为画布填充渐变色

选择工具箱中的渐变工具 ▣，设置绿、紫、蓝的过渡渐变，如图 12-8 所示，设置"渐变类型"为线性渐变。

图12-8　渐变设置

在"图层"面板中，🖱单击"创建新图层"按钮 ▣，新建"图层 1"图层。利用渐变工具在画布中自下向上拖动，渐变效果如图 12-9 所示。

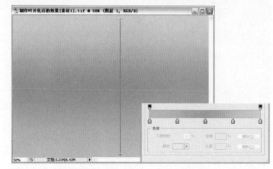

图12-9　制作渐变

在"图层"面板中，如图 12-10 所示，将"图层 1"图层的混合模式改为"强光"。

图12-10　强光模式

04 置入一幅素材图像

打开附书 C D \ Chapter 3\Works 12\ 制作叶片化石的效果 [素材 2].tif 素材图像，如图 12-11 所示。

图12-11　素材图像

选择移动工具 ▸♣，将该图像移动到总画布中，放置在如图 12-12 所示的位置。

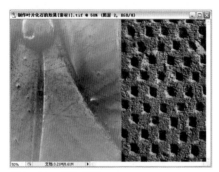

图12-12　置入图像

05　调整图层的混合模式

在"图层"面板中，将"图层 2"图层的混合模式调整为"正片叠底"，如图12-13所示，并调整"不透明度"为85%。

图12-13　正片叠底模式

效果如图12-14所示，石孔图像自然地与其他图像融合在一起。

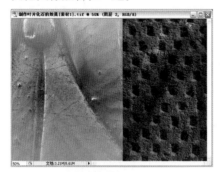

图12-14　正片叠底效果

06　把钢笔路径转换为选区

在"图层"面板中，将"图层 1"图层与"图层 2"图层的预览关闭。确定当前编辑图层为"背景"图层。选择工具箱中的钢笔工具，在图像中心的区域绘制钢笔路径，如图12-15所示。

图12-15　绘制路径

在"路径"面板中，按住Ctrl键单击工作路径，将路径转换为选区，如图12-16所示。

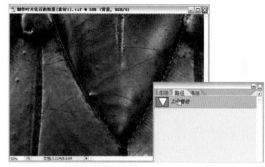

图12-16　路径转换为选区

07　复制并粘贴选区中的图像

按Ctrl+J键，执行粘贴并复制选区操作。在"图层"面板中，重新显示"图层 1"和"图层 2"图层预览，如图12-17所示，同时确定当前编辑图层为"图层 3"图层。

图12-17　复制图形

08　绘制立体的浮雕效果

执行"滤镜>艺术效果>塑料包装"命令，在弹出的对话框中，如图12-18所示，设置"高光强度"为20，设置"细节"为12，设置"平滑度"为7，设置完毕单击"确定"按钮。

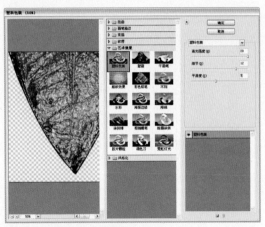

图12-18　塑料包装设置

　　塑料包装效果如图 12-19 所示，这样在图像中间类似叶片的区域添加了立体浮雕效果。

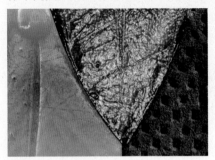

图12-19　立体浮雕效果

09 复制图形并将该图形载入选区

　　在"图层"面板中，复制"图层 3"图层，效果如图 12-20 所示。

图12-20　复制图层

　　按住 Ctrl 键，单击"图层 3 副本"图层的缩览图，如图 12-21 所示，将复制的图形载入选区。

● **提示**

　　执行"选择＞载入选区"命令同样可以将复制的图形载入选区。

图12-21　载入选区

10 绘制黑白线条交错的木纹效果

　　执行"滤镜＞模糊＞动感模糊"命令，在弹出的对话框中设置参数，如图 12-22 所示，再 🖰 单击"确定"按钮。

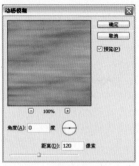

图12-22　动感模糊设置

　　动感模糊效果如图 12-23 所示，制作了横向的黑白线条交错的木纹效果。

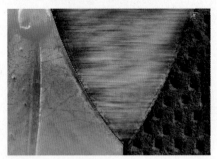

图12-23　木纹效果

11 增强图像的颜色对比

　　如图 12-24 所示，执行"图像＞调整＞亮度／对比度"命令。在弹出的"亮度／对比度"对话框中设置"亮度"为 0，设置"对比度"为＋35，设置完毕单击"确定"按钮。

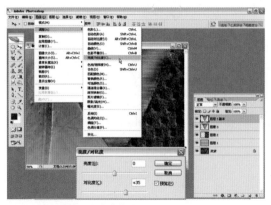

图12-24　亮度/对比度设置

效果如图12-25所示,图像中的纹理增强了,局部颜色加深了。

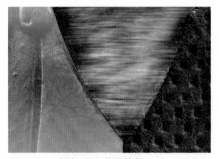

图12-25　颜色对比增强效果

12 调整选区内图像的颜色

执行"图像>调整>变化"命令,在弹出的对话框中,单击"加深黄色"与"加深红色"选项,如图12-26所示,并单击"较暗"选项,设置完毕单击 🖱"确定"按钮。

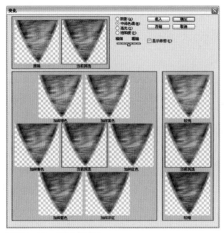

图12-26　变化设置

效果如图12-27所示,黑白的图像增添了黄色。

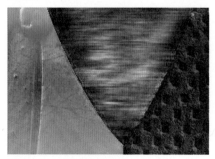

图12-27　添加黄色效果

13 继续加深图像的颜色和深度

执行"图像>调整>亮度/对比度"命令,在弹出的对话框中,设置"亮度"为－30,设置"对比度"为＋30,设置完毕 🖱 单击"确定"按钮,效果如图12-28所示。

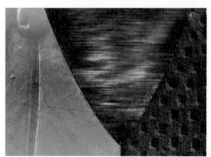

图12-28　亮度/对比度调整

14 调整图层的混合模式

在"图层"面板中,将"图层3 副本"图层的混合模式改为"叠加",效果如图12-29所示,为黑白图像赋予金属质感的效果。

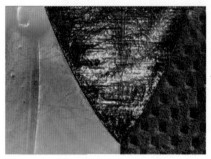

图12-29　叠加模式

125

15 制作色谱的渐变效果

在"图层"面板中新建"图层4"图层，效果如图12-30所示。

图12-30　新建图层

选择工具箱中的渐变工具，选择"色谱"渐变，设置"渐变类型"为线性渐变，如图12-31所示。

图12-31　渐变设置

在选区中自上向下拖动，渐变效果如图12-32所示。

图12-32　渐变效果

16 应用塑料包装滤镜

执行"滤镜>艺术效果>塑料包装"命令，在弹出的对话框中，如图12-33所示，设置参数，再单击"确定"按钮。

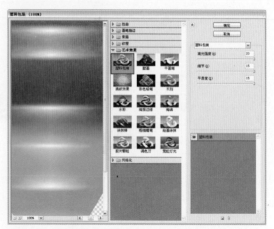

图12-33　塑料包装设置

效果如图12-34所示，为渐变的图像赋予塑料包装特效。

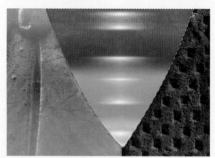

图12-34　塑料包装效果

17 调整图层的混合模式

在"图层"面板中，将"图层4"图层的混合模式改为"叠加"。效果如图12-35所示，为图形赋予五颜十色的效果，由于颜色过于强烈需要进一步调整。

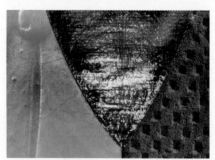

图12-35　叠加模式

如图12-36所示，执行"选择>取消选择"命令，取消当前选区。

18 添加图层蒙版并进行涂抹

在"图层"面板单击"添加图层蒙版"█️按钮，为"图层4"图层添加蒙版，如图12-36所示。

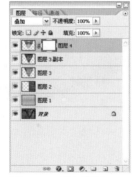

图12-36　添加蒙版

选择工具箱中的画笔工具 ✐，在选项栏中，设置如图12-37所示。

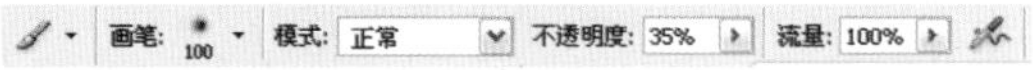

图12-37　画笔设置

设置完毕，在画布中进行涂抹，效果如图12-38所示。

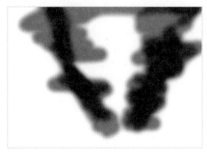

图12-38　涂抹的笔触参考

效果如图12-39所示，应用蒙版的遮挡功能，图像的颜色调整完毕。

图12-39　颜色调整后效果

19 置入一幅岩石图像

打开附书CD\Chapter 3\Works 12\ 制作叶

片化石的效果[素材3].tif 素材照片，如图12-40所示。选择工具箱中的移动工具 ✛，将该图像移动到总画面中。

图12-40　素材图像

在"图层"面板中，该素材所在图层位于"图层3"图层和"图层3副本"图层之间。将该图层的混合模式改为"叠加"，效果如图12-41所示。

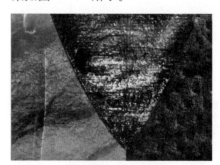

图12-41　叠加效果

20 输入文字

选择工具箱中的横排文字工具 T.，设置合适的字体并在画布的下面输入英文，输入完毕单击 ✔ 按钮，效果如图12-42所示。

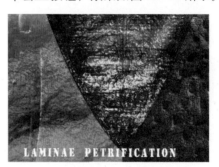

图12-42　输入文字

21 将文字图层变为编辑图层

在"图层"面板中，右键单击新建的文字图层，如图 12-43 所示，在弹出的菜单中，执行"栅格化文字"命令，如图 12-44 所示，文字图层变为编辑图层。

图12-43 栅格化文字 图12-44 转换文字图层

22 反相选区内图像

选择工具箱中的矩形选框工具，从文字的中间位置向左拖动，选取长方形选区，效果如图 12-45 所示。

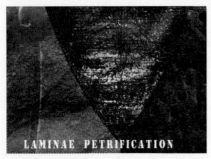

图12-45 选取选区

执行"图像 > 调整 > 反相"命令，效果如图 12-46 所示，白色文字出现了颜色颠倒，变为黑色文字。

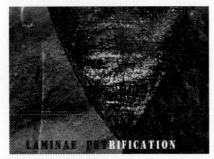

图12-46 反相效果

23 继续制作反相效果

使用矩形选框工具，继续在文字的中间区域选取长方形选区，效果如图 12-47 所示。

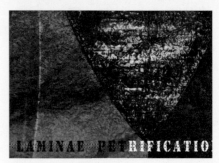

图12-47 选取更多选区

执行"图像 > 调整 > 反相"命令，效果如图 12-48 所示，白文字变为黑色文字。

图12-48 更多反相效果

如图 12-49 所示，执行"选择 > 取消选择"命令，取消当前选区。

图12-49 取消选择

24 制作反相文字效果

选择工具箱中的横排文字工具 T.，设置合适的字体与文字大小，设置颜色为白色，在标题文字的中间输入英文，输入完毕单击 ✓ 按钮。在"图层"面板中，右键单击新建的文字图层，在弹出的菜单中执行"栅格化文字"命令，将文字图层变为编辑图层。

选择工具箱中的矩形选框工具□，在文字的前半段位置上选取长方形选区，并执行"图像>调整>反相"命令。执行"选择>取消选择"命令，取消当前选区，效果如图12-50所示。

图12-50　反相文字

25 输入更多的文字

为了使图像版式更加饱满，继续在图像中输入一些文字，并有顺序地进行组合，效果如图12-51所示，至此完成最终的图像设计。

图12-51　最终效果

Works 13

Specially Effect

Film Drypoint

- 制作难度：★★★
- 制作时间：50分钟
- 使用功能：拷贝与粘贴命令、水平翻转命令、亮度/对比度命令、动感模糊滤镜
- 光盘路径：Chapter 3\Works 13\裱膜后的铜版画.psd

13 Film Drypoint
裱膜后的铜版画

特效作品更多讲究感觉，在本实例中制作瀑布场景时就给动态的瀑布一个限定的画布并和整体颜色搭配，制作了静静的平面壁画效果。如果以咆哮怒吼的江水为素材，也可以采用本例的特效设计思路。

01 打开背景照片

打开附书ＣＤ\Chapter 3\Works 13\制作裱膜后的铜版画效果[素材1].tif钢板照片，如图13-1所示。

图13-1　素材图像

02 绘制图像的相反颜色

打开附书 CD\Chapter 3\Works 13\ 制作裱膜后的铜版画效果[素材2].tif 图像，如图13-2所示。添加反相效果，如图13-3所示。

图13-2　素材图像

图13-3　反相效果

在"图层"面板中，将"图层1"图层的混合模式改为"叠加"，如图13-4所示。效果如图13-5所示，制作了水彩颜料喷溅在钢板上的效果。

图13-4　叠加模式　　　　图13-5　叠加效果

03 打开素材图像并绘制选区

打开附书ＣＤ\Chapter 3\Works 03\制作裱膜后的铜版画效果[素材3].tif照片。选择套索工具 ，在瀑布周围的区域选取自由选区，如图13-6所示。

图13-6　选取选区

04 羽化选区并置入选区

执行"选择>羽化"命令，在弹出的变换框中，设置"羽化半径"为20像素，再单击"确定"按钮。选择工具箱中的移动工具 ，将瀑布图像移动到画布中，效果如图 13-7 所示。

图13-7 置入图像

05 放大并水平翻转图像

执行"编辑>自由变换"命令，右键单击自由变换框，执行"水平翻转"命令，如图 13-8 所示。继续放大图像，大小满意后，按 Enter 键确定，效果如图 13-9 所示。

图13-8 自由变换

图13-9 放大效果

06 修改图层的混合模式

在"图层"面板中，将"图层2"图层的混合模式改为"叠加"，如图 13-10 所示。

图13-10 叠加模式

效果如图 13-11 所示，瀑布图像融入到背景图像中。

图13-11 叠加效果

07 选取并移动图像

打开附书 CD\Chapter 3\Works 13\ 制作裱膜后的铜版画效果[素材4].tif素材，选择套索工具 ，在照片中的瀑布区域绘制自由选区，如图 13-12 所示。执行"选择>羽化"命令，在弹出的对话框中设置"羽化半径"为5。选择移动工具 ，将选区内图像移动到画布中，效果如图 13-13 所示。

图13-12 选取选区

图13-13 置入图像

08 将彩色照片变为黑白照片

执行"图像>调整>去色"命令，效果如图 13-14 所示，将彩色图像变为黑白图像。

图13-14 去色效果

09　放大瀑布图像的尺寸

执行"编辑>自由变换"命令，放大弹出的自由变换框，如图 13-15 所示，效果满意后按 Enter 键确定。在"图层"面板中，单击"添加图层蒙版"按钮 ◻ ，如图 13-16 所示，为"图层 3"图层添加蒙版。

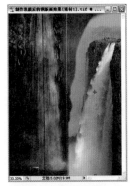

图13-15　自由变换　　图13-16　添加蒙版

10　虚化图像生硬的边缘效果

设置前景色为黑色，选择画笔工具 ✐，在选项栏中设置画笔大小为 100px，设置"不透明度"为 60%。涂抹过于生硬的图像边缘，效果如图 13-17 所示。继续将图像的外侧边缘虚化，效果如图 13-18 所示。

图13-17　涂抹图像　　图13-18　虚化效果

在"图层"面板中，将"图层 3"图层的混合模式改为"叠加"。

11　渐变填充画布

在"图层"面板中，新建"图层 4"图层，如图 13-19 所示，并将"图层 1"图层的预览关闭。选择工具箱中的渐变工具 ◼ ，使用"黄色、粉红、紫红"的过渡渐变，自上而下拖动渐变效果如图 13-20 所示。

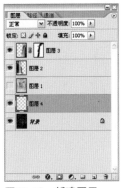

图13-19　新建图层　　图13-20　制作渐变

12　调整图层的混合模式

在"图层"面板中，将"图层 4"图层的混合模式改为"叠加"。效果如图 13-21 所示，黄色、粉红、紫红的渐变增强了图像的颜色。

图13-21　渐变效果

13　将石头图像载入选区

打开附书 C D \ Chapter 3\Works 13\ 制作裱膜后的铜版画效果[素材5].tif素材照片。选择工具箱中的套索工具 ◹，选取照片中的石头图像，效果如图 13-22 所示。

图13-22　选取选区

14 将石头图像置入画布中

选择工具箱中的移动工具 ，将该图像移动到画布中，效果如图 13-23 所示。

图13-23　置入图像

执行"图像>调整>色相/饱和度"命令，在弹出的对话框中选中"着色"复选框，设置"色相"为210，设置"饱和度"为70，设置"明度"为5，如图 13-24 所示，再单击"确定"按钮。效果如图 13-25 所示，石头图像的颜色被调整为青蓝色。

图13-24　色相/饱和度　　图13-25　青蓝色效果

15 对石头图像进行半透明处理

在"图层"面板中，如图 13-26 所示，为"图层5"图层新建蒙版。

图13-26　添加蒙版

设置前景色为黑色，选择工具箱中的画笔工具 ，设置合适的画笔大小与不透明度，涂抹石头图像的上面，如图 13-27 所示。

图13-27　绘制区域

利用画笔工具进行半透明图像处理后的效果如图 13-28 所示。

图13-28　半透明效果

16 调整图层的位置

在"图层"面板中，如图 13-29 所示，将石头图像所在的"图层5"图层拖放到"图层1"图层的上方，效果如图 13-30 所示，图像的局部效果增强了。

图13-29　调整图层位置　　图13-30　局部效果增强

17 复制钢板图像的局部区域

在"图层"面板中，如图 13-31 所示，确定当前编辑图层为"背景"图层。选择工具箱中的矩形选框工具 ，在画布中选取一个矩形选区，效果如图 13-32 所示。

图13-31　当前图层

图13-32　选取选区

按 Ctrl+J 键，执行复制并粘贴操作，如图 13-33 所示，将复制的图像粘贴到"图层 6"图层，效果如图 13-34 所示。

图13-33　复制图层

图13-34　复制的图形

18 制作图像虚化与半透明的过渡效果

在"图层"面板中，单击"添加图层蒙版"按钮 ，如图 13-35 所示，为"图层 6"图层添加蒙版。

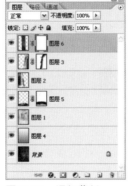

图13-35　添加蒙版

设置前景色为黑色，设置背景色为白色，选择工具箱中的渐变工具 ，使用"前景到背景"的渐变，在画布中横向拖动，渐变效果如图13-36 所示。

图13-36　制作渐变

在"图层"面板中，将"图层 6"图层进行复制，如图 13-37 所示，再将复制的图形移动到画布的右侧。继续使用渐变工具 ，自上而下拖动，渐变效果如图 13-38 所示，进行图像的半透明处理。

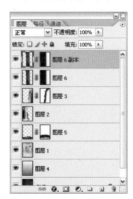

图13-37　复制图层

图13-38　制作渐变

19 在画布中输入文字

使用工具箱中的横排文字工具 T，在画布中输入文字，效果如图 13-39 所示。

继续制作条形码，效果如图 13-40 所示。继续在画布中输入说明文字，效果如图 13-41 所示。

图13-39　输入文字

图13-40　制作条形码　　　图13-41　输入说明文字

20 制作云雾图像的效果

在"图层"面板中，单击"创建新图层"按钮，如图13-42所示，新建"图层7"图层。设置前景色为白色，设置背景色为灰色，执行"滤镜>渲染>云彩"命令，效果如图13-43所示。

图13-42　新建图层　　　　图13-43　云彩渲染效果

继续执行"滤镜>渲染>分层云彩"命令，效果如图13-44所示。再次使用分层云彩滤镜，效果如图13-45所示。

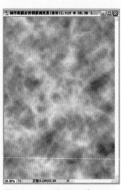

图13-44　分层云彩（1）　　图13-45　分层云彩（2）

21 为图像添加杂色

执行"滤镜>杂色>添加杂色"命令，在弹出的对话框中，如图13-46所示，设置参数，再🖰单击"确定"按钮。效果如图13-47所示，添加了许多黑白相间的杂点效果。

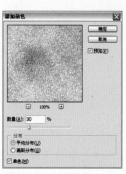

图13-46　添加杂色设置　　图13-47　杂点效果

22 增强图像的条纹效果

执行"滤镜>模糊>动感模糊"命令，在弹出的对话框中设置参数，如图13-48所示，再🖰单击"确定"按钮。效果如图13-49所示，制作了条纹的图像效果。

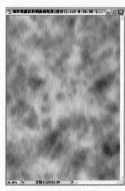

图13-48　动感模糊设置　　图13-49　条纹效果

23 调整图像的颜色深度

执行"图像>调整>亮度/对比度"命令，在弹出的对话框中，设置"亮度"为-35、设置"对比度"为+40，再🖰单击"确定"按钮，如图13-50所示。效果如图13-51所示。

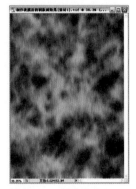

图13-50　亮度/对比度　　图13-51　颜色变化

在"图层"面板中把"图层 7"图层的混合模式改为"叠加",如图 13-52 所示。效果如图 13-53 所示。

图13-52　叠加模式　　图13-53　叠加效果

24 置入素材图像

打开附书 CD\Chapter 3\Works 13\ 制作裱膜后的铜版画效果[素材6].tif 素材图,如图 13-54 所示。

选择工具箱中的移动工具 ⊕,将素材图像移动到画布中。

图13-54　素材图像

25 修改图层的混合模式

在"图层"面板中,如图 13-55 所示,将"图层 8"图层的混合模式改为"叠加",效果如图 13-56 所示,制作了图像的塑料表膜效果。至此,本例效果制作完成。

图13-55　叠加模式　　图13-56　最终效果

Design Process

Works 14

Specially Effect

Solarization Wall

■ 制作难度：★★★

■ 制作时间：50分钟

■ 使用功能：拷贝与粘贴命令、亮度/对比度命令、色阶命令、贴入命令

■ 光盘路径：Chapter 3\Works 14\ 日晒后的墙皮 .psd

14 Solarization Wall
日晒后的墙皮

本例将拍摄的特写照片进行组合，制作有破坏、狂燥的视觉感的作品。如果将本例的设计元素应用到其他图像设计中，再赋予独特的创意都能实现完成的作品。

01 叠入素材

打开附书 CD\Chapter 3\Works 14\ 制作日晒后的墙皮效果[素材 1].tif 素材图像，如图14-1 所示。

图14-1　素材图像

02 调整图层的混合模式

在"图层"面板中，复制"背景"图层。如图 14-2 所示，将"背景 副本"图层的混合模式改为"柔光"。

图14-2　柔光模式

效果如图 14-3 所示，图层的混合效果更柔和，右上角的图像变亮。

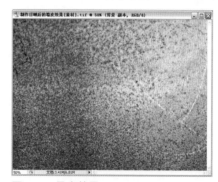

图14-3　柔光效果

由于颜色过强烈，将不透明度设置为50%。效果如图 14-4 所示，画布的颜色调节完毕。

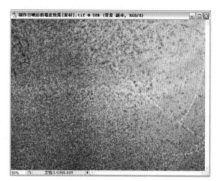

图14-4　调整不透明度效果

● 提示

混合模式的快捷键①

正常＝Alt＋Shift＋N
溶解＝Alt＋Shift＋I
变暗＝Alt＋Shift＋K
正片叠底＝Alt＋Shift＋M
颜色加深＝Alt＋Shift＋B
线性加深＝Alt＋Shift＋A
变亮＝Alt＋Shift＋G
滤色＝Alt＋Shift＋S
颜色减淡＝Alt＋Shift＋D
线性减淡＝Alt＋Shift＋W
叠加＝Alt＋Shift＋O
柔光＝Alt＋Shift＋F
强光＝Alt＋Shift＋H
亮光＝Alt＋Shift＋V

03 打开一幅素材图像

打开附书 CD\Chapter 3\Works 14\ 制作日晒后的墙皮效果[素材2].tif图片，这是油漆破裂的墙壁，如图 14-5 所示。

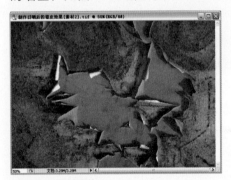

图14-5　素材图像

04 选取选区与羽化选区

选择工具箱中的套索工具 🅿.或者是多边形套索工具 🅿.，在曝晒爆皮的墙壁处选取多边形选区，效果如图 14-6 所示。执行＂选择＞羽化＂命令，在弹出的对话框中，设置＂羽化半径＂为 25 像素，设置完毕后🖱️单击＂确定＂按钮。

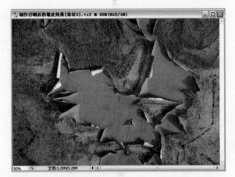

图14-6　选取选区

05 将曝晒的墙壁置入画布中

选择工具箱中的移动工具 ▸₊，将曝晒的墙壁移动到画布中，效果如图 14-7 所示。

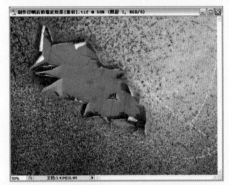

图14-7　粘贴图像

06 调整图形的大小与角度

执行＂编辑＞自由变换＂命令，旋转与缩小弹出的自由变换框，如图 14-8 所示，最后按 Enter 键确定。

图14-8　自由变换

07 将图形移动到合适的位置

选择工具箱中的移动工具 ➤ ，将缩小后的图形移动到画布的左上方，如图 14-9 所示。

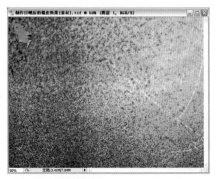

图14-9 移动图像

执行 "图像>调整>亮度／对比度" 命令，在弹出的对话框中设置参数，再单击 "确定" 按钮。如图 14-10 所示，图像的颜色加深了。

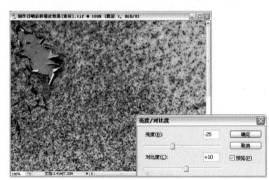

图14-10 亮度/对比度调整

08 选取破裂的墙壁区域

继续回到油漆破裂的墙壁图像中，利用套索工具 ○ 选取一个自由选区，如图 14-11 所示。

图14-11 选取自由选区

执行 "选择>羽化" 命令，如图 14-12 所示。在弹出的对话框中，设置 "羽化半径" 为 25 像素，如图 14-13 所示，设置完毕 🖰 单击 "确定" 按钮。

图14-12 羽化命令　　图14-13 羽化设置

09 将曝晒的墙壁置入画布

选择工具箱中的移动工具 ➤ ，将曝晒的墙壁移动到画布中。执行 "编辑>自由变换" 命令，旋转与缩小弹出的自由变换框，如图 14-14 所示。最后按 Enter 键确定。

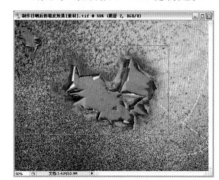

图14-14 调整后大小

10 将图形移动到合适的位置

选择移动工具 ➤ ，将缩小后的图形移动到画布的左上方，如图 14-15 所示。

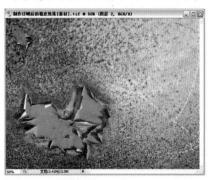

图14-15 移动图形

11 调整图形的颜色与对比度

执行"图像>调整>色阶"命令，在弹出的对话框中，如图14-16所示，设置"输入色阶"为33、100、222，设置完毕🖱单击"确定"按钮。

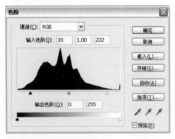

图14-16　色阶设置

效果如图14-17所示，图像的颜色加深了，对比度也增强了。

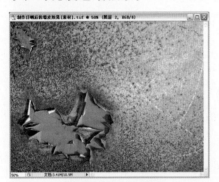

图14-17　调整颜色与对比度效果

12 选取图像内部区域

选择魔棒工具 ✎，在选项栏中设置"容差"为32，再单击破裂墙壁图像的内部，如图14-18所示，将图形载入选区。

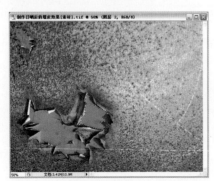

图14-18　选择区域（1）

继续使用魔棒工具，在选项栏中，单击"添加到选区"按钮，并单击其他未被选择的区域，效果如图14-19所示，将其他区域选中。

图14-19　选择区域（2）

13 打开一幅破旧的木板照片

打开附书 CD\Chapter 3\Works 14\ 制作日晒后的墙皮效果[素材4].tif，这是一幅破旧的木板照片，如图14-20所示。

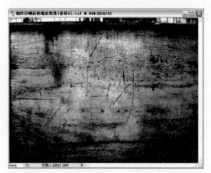

图14-20　素材图像

14 将整个图像载入选区

执行"选择>全部"命令，效果如图14-21所示，整个图像被载入选区。

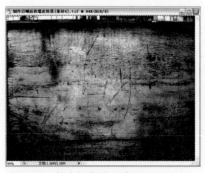

图14-21　整个图像载入选区

15 粘贴破旧的木板照片

回到总画布中，执行"编辑>贴入"命令，效果如图 14-22 所示，破旧的木板图像粘贴到指定的区域内。

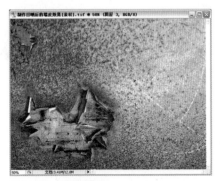

图14-22 粘贴图像

使用移动工具 ⊕，将该图形移到合适的位置，同时图层蒙版遮挡了图像的其他区域。

16 修改图层的混合模式

在"图层"面板中，如图 14-23 所示，将破旧的木板所在"图层 3"图层的混合模式改为"线性光"。

图14-23 线性光模式

效果如图 14-24 所示，破旧的木板与破裂墙皮叠加后，图像的纹理与颜色对比增强了。

图14-24 混合效果

17 调整图层的不透明度

在"图层"面板中，将破旧的木板所在的"图层 3"图层的"不透明度"改为 50%，效果如图 14-25 所示，木板的纹理颜色变模糊，表明木板位于墙皮下面。

图14-25 调整不透明度

18 将破裂墙皮的内部图像载入选区

在"图层"面板中，如图 14-26 所示，按住 Ctrl 键，单击"图层 3"图层的蒙版。

图14-26 载入选区操作

效果如图 14-27 所示，图像被载入选区。

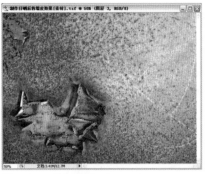

图14-27 载入选区

19 置入素材

打开附书 CD\Chapter 3\Works 14\ 制作日晒后的墙皮效果[素材 5].tif，这是一幅纹理图像，如图 14-28 所示。

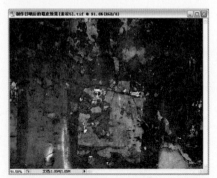

图14-28　素材图像

执行"选择 > 全部"命令，其效果如图 14-29 所示。

图14-29　全选图像

20 粘贴图像

回到总画布中，执行"编辑 > 贴入"命令。效果如图 14-30 所示，玷污的墙壁图像粘贴到指定的区域内。

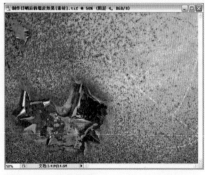

图14-30　粘贴图像

使用移动工具 ![move]，将该图形移动到合适的位置，同时图层蒙版遮挡了图像的其他区域。

21 修改图层的混合模式

在"图层"面板中，如图 14-31 所示，将玷污的墙壁所在"图层 4"图层的混合模式改为"线性光"，设置不透明度为 50%。

图14-31　线性光模式

效果如图 14-32 所示，玷污的墙壁图像的纹理融入破旧的木板图像中，制作了长满青苔的木板效果。

图14-32　线性光效果

● 提示

混合模式的快捷键②

线性光＝Alt＋Shift＋J
点光＝Alt＋Shift＋Z
实色混合＝Alt＋Shift＋L
差值＝Alt＋Shift＋E
排除＝Alt＋Shift＋X
色相＝Alt＋Shift＋U
饱和度＝Alt＋Shift＋T
颜色＝Alt＋Shift＋C
亮度＝Alt＋Shift＋Y

22　在画布中制作文字组合

选择工具箱中的横排文字工具 T.，随意设置字体（粗大型）与合适的文字大小，在画布中输入英文，输入完毕单击 ✓ 按钮确定。继续将文字图层进行复制，并重叠在一起，效果如图 14-33 所示。

图14-33　输入文字

在"图层"面板中，将三个文字的所在图层进行链接，按 Ctrl＋E 键，合并链接图层，将三个图层合并成一个图层。

23　添加墙壁的涂抹文字效果

在"图层"面板中，将文字图层的混合模式改为"柔光"。效果如图 14-34 所示，制作了墙壁上的涂抹文字效果。

图14-34　柔光模式

24　清理掉不需要的文字边缘

在"图层"面板中，单击"添加图层蒙版"按钮 ◙，为文字图层添加一个图层蒙版，如图 14-35 所示。

设置前景色为黑色，选择工具箱中的画笔工具 ✐，设置合适的笔触大小与不透明度，涂抹文字与墙壁交界处。

图14-35　添加蒙版

效果如图 14-36 所示，清理掉了多余的文字边缘。

图14-36　涂抹效果

25　复制文字所在的图层

在"图层"面板中，复制文字所在的图层，并对文字的左下角进行清理，效果如图 14-37 所示。

图14-37　复制文字图层

在"图层"面板中，将复制的文字图层的混合模式改为"柔光"，效果如图 14-38 所示，文字自然融入到画布中。

图14-38 柔光模式

26 输入文字并调整混合模式

选择工具箱中的横排文字工具 **T.**,设置合适的字体与颜色,在画布中输入英文,输入完毕,单击选项栏中的 ✔ 按钮确定,效果如图14-39 所示。

图14-39 输入文字

在图层面板中将该文字图层的混合模式改为"叠加",设置不透明度为60%,效果如图 14-40 所示,文字图形融入破裂的墙壁中。

图14-40 叠加效果

继续在画布中输入英文,再将该图层转换为普通图层,并对多余的区域进行清理,效果

如图 14-41 所示。

图14-41 编辑文字

在"图层"面板中将图层的混合模式改为"叠加",设置"不透明度"为60%,效果如图 14-42 所示。

图14-42 叠加图层

27 输入更多的文字并调整混合模式

选择横排文字工具,设置字体为 Arial,设置文字颜色为白色,设置文字大小为极小,在画布中随意输入成行成列的文字,输入完毕单击 ✔ 按钮确定,效果如图 14-43 所示。

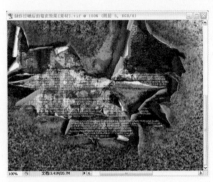

图14-43 输入成行文字

在"图层"面板中,将该文字图层的混

合模式改为"柔光",效果如图 14-44 所示。

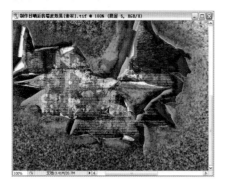

图14-44　柔光效果

28　置入一幅素材图像

打开附书 CD\Chapter 3\Works 14\ 制作日晒后的墙皮效果[素材3].tif,这是一幅破裂的木板图像,选择工具箱中多边形套索工具 ,在曝晒爆皮的木板处选取多边形选区,效果如图 14-45 所示。

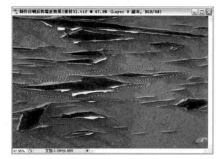

图14-45　选取选区

执行"选择>羽化"命令,如图 14-4 所示。在弹出的对话框中,设置"羽化半径"为 15 像素,如图 14-46 所示,设置完毕 单击"确定"按钮。

全部(A)	Ctrl+A
取消选择(D)	Ctrl+D
重新选择(E)	Shift+Ctrl+D
反向(I)	Shift+Ctrl+I
所有图层(Y)	Alt+Ctrl+A
取消选择图层(S)	
相似图层	
色彩范围(C)...	
羽化(F)	Alt+Ctrl+D
修改(M)	▶
扩大选取(G)	
选取相似(R)	

羽化选区　羽化半径(R): 15 像素　确定　取消

图14-46　羽化设置　　图14-47　羽化命令

选择工具箱中的移动工具 ,将曝晒的墙壁移动到画布中,效果如图 14-48 所示。

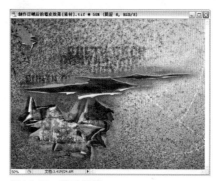

图14-48　移动图像

执行"编辑>自由变换"命令,旋转与缩小弹出的自由变换框,如图 14-49 所示,再按 Enter 键确定。

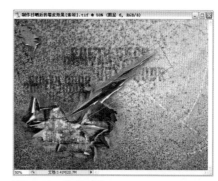

图14-49　旋转图像

29　将图形移动到合适的位置

选择移动工具 ,将缩小后的图形移动到画布的左上方,如图 14-50 所示。

图14-50　移动图像

30 调整图形的亮度与对比度

执行"图像>调整>亮度/对比度"命令，在弹出的对话框中设置"对比度"为＋30，再单击"确定"按钮，效果如图 14-51 所示，图像的颜色增强了。

图14-51　亮度/对比度调整

31 调整图层的混合模式

在"图层"面板中，将划裂的木板图形的所在"图层 6"图层的混合模式修改为"强光"，效果如图 14-52 所示。

图14-52　强光模式

32 旋转并缩小木板图形

在"图层"面板中，将"图层 6"图层拖到"创建新图层"按钮 □ 上，进行图层复制。在"图层 6 副本"图层中，执行"编辑>自由变换"命令，旋转并缩小弹出的自由变换框，如图 14-53 所示，角度与大小满意后，按 Enter 键确定。这样就通过复制得到了又一个裂缝。

图14-53　旋转变换

33 移动划裂的木板图形

选择工具箱中的移动工具 ▶+，将该划裂的木板图形移动到如图 14-54 所示的位置。

图14-54　移动图像

34 自由变换复制的图形

在"图层"面板中，复制"图层 6"图层。执行"编辑>自由变换"命令，旋转并缩小弹出的自由变换框，角度与大小满意后，按 Enter 键确定。选择移动工具 ▶+，将图形移动到如图 14-55 所示的位置。

图14-55　复制图形

在特效制作过程中，效果是随机变化的，即使图像步骤相符，很可能由于颜色模式或滤镜变化不同引起效果不同，下面增强破裂的墙皮的颜色对比。

35　调整墙皮颜色

在"图层"面板中，选择破裂墙壁的所在"图层 2"图层，如图 14-56 所示。

图14-56　当前图层

执行"图像>调整>亮度/对比度"命令，在弹出的对话框中，设置"对比度"为 +25，再单击"确定"按钮，效果如图 14-57 所示。

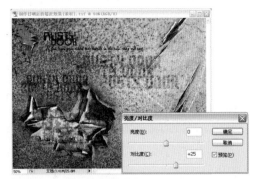

图14-57　亮度/对比度调整

36　输入文字

最后输入一些个性化的文字，以丰富版式的设计，效果如图 14-58 所示，图像设计完毕。

图14-58　输入艺术文字

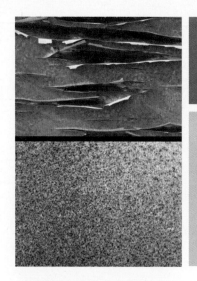

Composite Pattern
图层的混合模式

　　下面简单介绍一下常用的图层混合模式，并附有效果参考。熟练掌握图层的混合模式会在特效作品制作过程中发挥重大作用。

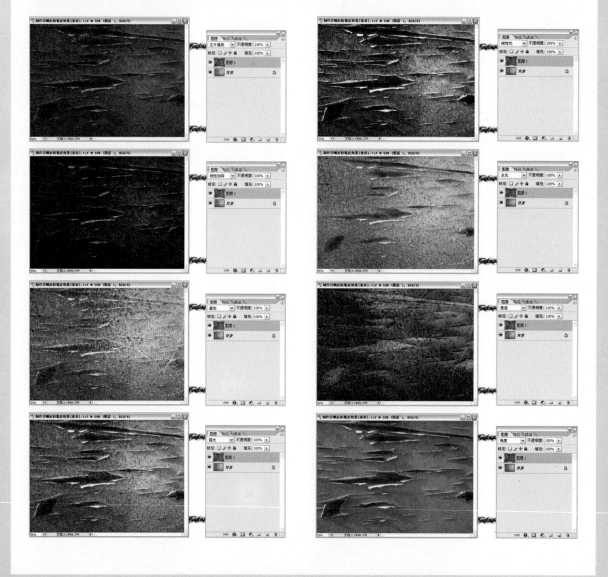

04

Chapter 4　照片合成

多个车辆的尾灯

本章讲解重点：

- 为有缺陷的照片制作成特殊的艺术效果
- 普通照片的艺术合成
- 为照片增添景物
- 利用多种素材合成特效图像效果

睡在鸟巢中的台球

破旧的木窗

超级的士

Design Process

Works 15
Specially Effect

Voiture Taillight

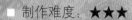

- 制作难度：★★★
- 制作时间：40分钟
- 使用功能：照亮边缘滤镜、动感模糊滤镜、色阶命令、画笔工具、图层混合模式
- 光盘路径：Chapter 4\Works 15\多个车辆的尾灯 .psd

15 Voiture Taillight
多个车辆的尾灯

在特效设计中，设计师会用很多看似有缺陷的照片作素材。把这些素材照片中的某些效果进行简单的处理，效果也往往胜于烦琐的特效设计，而且效率更好,效果更棒。

本实例就是将拍摄有缺陷的照片进行特效处理，制作了光辉闪耀的美丽都市夜景。

01 打开素材

打开附书CD\Chapter 4\Works 15\制作多个车辆的尾灯效果[原图].tif 素材，如图15-1所示。

图15-1 素材图像

在"图层"面板中，将"背景"图层拖到"创建新图层"按钮 上，进行图层复制，如图15-2所示。

图15-2 复制图层

02 为图像赋予发光边缘的效果

执行"滤镜＞风格化＞照亮边缘"命令，在弹出的对话框中，如图15-3所示，设置"边缘宽度"为2，设置"边缘亮度"为10，设置"平滑度"为3，再单击"确定"按钮。

图15-3 照亮边缘设置

效果如图15-4所示，为图像赋予发光边缘的效果。

图15-4 发光边缘效果

03 绘制动感模糊的图像效果

执行"滤镜 > 模糊 > 动感模糊"命令,在弹出的对话框中,如图 15-5 所示,设置参数,再单击"确定"按钮。

图15-5 动感模糊设置

效果如图 15-6 所示,"背景副本"图层中的图像出现了动感模糊的效果。

图15-6 动感模糊效果

04 调整图层的混合模式

在"图层"面板中,将"背景 副本"图层的混合模式改为"线性减淡","背景"图层上的图像就会显示出来。效果如图 15-7 所示,图像中出现了动感的线条效果,图像整体变暗,两侧有了明显的黑色部分。

图15-7 线性减淡效果

05 打开一幅素材图像

如图 15-8 所示,打开附书 CD\Chapter 4\Works 15\制作多个车辆的尾灯效果[素材].tif素材图像。选择工具箱中的移动工具,将该图像移动到画布中。

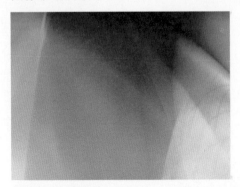

图15-8 素材图像

06 调整图层的混合模式

在"图层"面板中,如图 15-9 所示,将"图层 1"图层的混合模式改为"亮光"。

图15-9 柔光模式

效果如图 15-10 所示,图像的亮度增强了,颜色鲜艳了。

图15-10 柔光效果

07 调整图像的暗部颜色

在"图层"面板中选择"背景 副本"图层。执行"图像>调整>色阶"命令,在弹出的对话框中,如图15-11所示,向左拖动灰色滑块,设置完毕单击"确定"按钮。

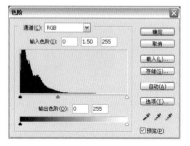

图15-11　色阶设置

效果如图15-12所示,照片中暗部的颜色亮度被增强了,局部隐藏的图像也显示出来。

图15-12　调整色阶效果

在"图层"面板中,新建"图层2"图层,注意该图层的位置如图15-13所示。

图15-13　新建图层

08 绘制汽车尾灯所在的位置

在工具箱中单击"设置前景色"图标,在弹出的"拾色器"对话框中设置前景色

(#142dfd),如图15-14所示,最后单击"确定"按钮。

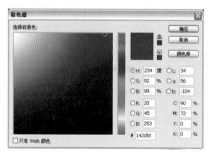

图15-14　颜色编辑

选择工具箱中的画笔工具 ✎,然后在选项栏中设置合适的画笔大小与压力值,再在汽车的尾灯区域内涂抹,效果如图15-15所示。

图15-15　绘制车灯

09 调整尾灯的颜色为紫色

在"图层"面板中,将"图层2"图层的混合模式改为"滤色",如图15-16所示。

图15-16　滤色模式

● 提　示

在"图层"面板中改变"图层2"图层的不透明度,会得到不同效果的紫色。

效果如图 15-17 所示，涂抹的颜色自然叠加在汽车尾灯上，尾灯的颜色变为紫色。

图15-17　滤色效果

10 调整尾灯光的颜色为青色

在"图层"面板中，复制"图层 2"图层。在"图层 2 副本"图层中，执行"图像>调整>色相/饱和度"命令，在弹出的对话框中，如图 15-18 所示，设置"色相"为 -30，其他设置为默认值，设置完毕单击"确定"按钮。

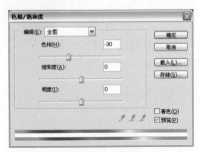

图15-18　色相/饱和度设置

效果如图 15-19 所示，汽车尾灯光由紫色变为青色。

图15-19　调整后效果

11 绘制动感的灯光效果

执行"滤镜>模糊>动感模糊"命令，在弹出的对话框中，设置"角度"为 90°，设置"距离"为 30 像素，单击"确定"按钮后，效果如图 15-20 所示，制作了竖向的动感灯光效果。

图15-20　动感模糊效果

在"图层"面板中，将"图层 2"拖放到复制按钮上进行图层复制，如图 15-21 所示。

图15-21　复制图层

继续执行"滤镜>模糊>动感模糊"命令，在弹出的对话框中设置参数，单击"确定"按钮后，效果如图 15-22 所示，制作了横向的动感灯光效果。

图15-22　动感模糊效果

12　链接并合并图层

在"图层"面板中，将"图层 2"图层及其副本图层进行链接，如图 15-23 所示。

图15-23　链接图层

按 Ctrl+E 键，合并链接图层，将链接的3个图层合并成"图层 2"图层，如图 15-24 所示，并将该图层的混合模式设置为"滤色"。

图15-24　滤色模式

效果如图 15-25 所示，制作了幽蓝的汽车尾灯光效果。

图15-25　滤色效果

13　拉长灯光的照射效果

在"图层"面板中，复制"图层 2"图层。继续执行"滤镜>模糊>动感模糊"命令，在弹出的对话框中，设置"角度"为90°、设置"距离"为250像素，单击"确定"按钮后，效果如图 15-26 所示，灯光效果被竖向拉长了。

图15-26　动感模糊效果

14　竖向模糊灯光图形

在"图层"面板中，复制"图层 2 副本"图层，如图 15-27 所示。继续执行"滤镜>模糊>动感模糊"命令，在弹出的对话框中设置"角度"为90°，设置"距离"为400像素，如图 15-28 所示，设置完毕单击"确定"按钮。

图15-27　复制图层　　　　图15-28　动感模糊设置

效果如图 15-29 所示，灯光效果被竖向拉长，而且灯光的强度也增大了。

图15-29　竖向模糊灯光效果

15 复制图层增强汽车尾灯亮度

在"图层"面板中复制"图层2副本2"图层并将"图层2"图层的三个副本进行链接，再合并为"图层2副本4"图层。如图15-30所示，设置该图层的混合模为"强光"。

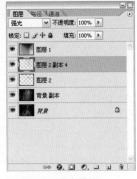

图15-30 强光模式

效果如图15-31所示，图像中的汽车尾灯的光效增强了。

图15-31 强光效果

16 输入主题文字

选择工具箱中的横排文字工具 **T.**，设置合适的字体与大小，在画布中输入英文标题，输入完毕单击选项栏上的 ✓ 按钮确定，效果如图15-32所示。

图15-32 输入主题文字

17 制作发光的笑脸图形和文字

新建图层，并绘制一个卡通图形，效果如图15-33所示。

图15-33 绘制卡通图形

在"图层"面板中，单击"添加图层样式"按钮 ⚫，在弹出的菜单中执行"外发光"命令。在弹出的对话框中设置参数如图15-34所示，最后 单击"确定"按钮。

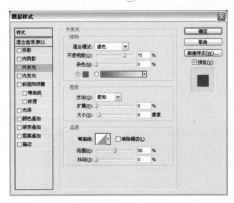

图15-34 外发光设置

效果如图15-35所示，笑脸图形出现了红色的底光效果。

图15-35 底光效果

输入文字并将文字图层变为普通图层，复制两个文字图层并分别添加动感模糊效果，其角度为0°与90°。将模糊后的图层的混合模式改为"强光"，效果如图15-36所示。

图15-36　发光字特效

18　输入附属的文字说明

选择工具箱中的横排文字工具 T.，在画布的左上方输入英文说明，效果如图15-37所示。

图15-37　输入说明文字

19　添加更多的图像特效

在"图层"面板中，确定当前编辑图层为"背景 副本"图层。如图15-38所示，执行"图像>调整>反相"命令。

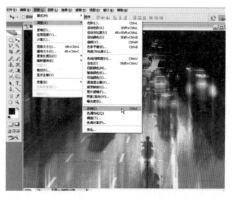

图15-38　反相命令

效果如图15-39所示，制作了白天道路上车水马龙的场景效果。

图15-39　最终效果

Works 16
Specially Effect
Bird's Nest Billiards

■ 制作难度：★★★

■ 制作时间：40分钟

■ 使用功能：水彩画纸滤镜、木刻滤镜、绘画涂抹滤镜、亮度/对比度命令、图层混合模式

■ 光盘路径：Chapter 4\Works 16\睡在鸟巢中的台球.psd

16 Bird's Nest Billiards
睡在鸟巢中的台球

在设计中我们要保持灵感无处不在，即使是简单的物体，如果将它们联系在一起，可能会有意想不到的效果。本实例就是将再普通不过的台球图像进行特效处理并放置在丛林照片中，不需要复杂的滤镜应用，就制作了意味深长的作品。

01 置入素材

打开附书CD\Chapter4\Works16\睡在鸟巢中的台球效果[素材1].tif素材，如图16-1所示。

图16-1　素材图像

02 复制图层

将"背景"图层复制三个图层副本，如图16-2所示。确定当前编辑图层为"背景　副本"图层，并将其他副本图层的隐藏。

图16-2　复制图层

03 为画布赋予水彩画纸的纹理

执行"滤镜>素描>水彩画纸"命令，在弹出的对话框中，如图16-3所示，设置"纤维长度"为50，设置"亮度"为60，设置"对比度"为60，再单击"确定"按钮。

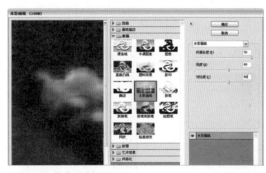

图16-3　水彩画纸设置

效果如图16-4所示，制作了水彩画纸的纹理效果，画面变得模糊。

图16-4　水彩画纸效果

04 修改图层的混合模式

在"图层"面板中，如图 16-5 所示，将"背景 副本"图层的混合模式改为"正片叠底"，效果如图 16-6 所示，制作了玷污图像后的布纹。

图16-5　正片叠底模式　　图16-6　正片叠底效果

05 调节图层的不透明度

由于图像的颜色过于浑浊，在"图层"面板中，如图 16-7 所示，将"背景 副本"图层的"不透明度"降至 60%，效果如图 16-8 所示，制作了暗淡灯光照射台球的效果。

图16-7　调整不透明度　　图16-8　暗淡灯光效果

06 制作台球图像的木刻画效果

在"图层"面板中，打开"图层副本 2"图层的预览，如图 16-9 所示，确定该图层为当前编辑图层。

图16-9　当前图层

执行"滤镜>艺术效果>木刻"命令，在弹出的对话框中，设置"色阶数"为 8，设置"边缘简化度"为 4，设置"边缘逼真度"为 2，如图 16-10 所示，设置完毕单击"确定"按钮。

图16-10　木刻设置

效果如图 16-11 所示，制作了台球图像的木刻画效果。

图16-11　木刻画效果

07 制作油画颜料涂抹成块的效果

执行"滤镜>艺术效果>绘画涂抹"命令，在弹出的对话框中，如图 16-12 所示，设置"画笔类型"为简单，设置"画笔大小"为 35，设置"锐化程度"为 0，设置完毕单击"确定"按钮。

图16-12　绘画涂抹设置

效果如图16-13所示，赋予图像油画颜料涂抹成块的效果。

图16-13　绘画涂抹效果

08 调节图层的混合模式

在"图层"面板中，如图16-14所示，将"背景 副本2"图层的混合模式改为"线性光"。效果如图16-15所示，图像出现了鲜明的球体颜色，同时绿色的桌布变为黑色。

图16-14　线性光模式　　图16-15　线性光效果

09 调整图层的不透明度

由于颜色过于强烈，在图层面板中将"背景 副本2"图层的"不透明度"降至75%，如图16-16所示。效果如图16-17所示，露出台球图像的数字号码。

图16-16　调整不透明度　　图16-17　不透明度降低

10 打开图层预览并调整不透明度

在"图层"面板中，打开"背景 副本3"图层的预览，确定该图层为当前编辑图层，如图16-18所示。将图层的不透明度降至20%，效果如图16-19所示。

图16-18　调整不透明度　　图16-19　不透明度降低

11 拼合所有图层

执行"文件>另存为"命令，在弹出的对话框中，为图像命名后单击"保存"按钮。在"图层"面板中，单击右侧的小三角按钮，在弹出的菜单中，如图16-20所示，执行"拼合图像"命令，如图16-21所示，所有图层合并成"背景"图层。

图16-20　拼合图层　　图16-21　合并图层

12 调整图像的亮度和对比度

执行"图像>调整>亮度/对比度"命令，设置"亮度"为−15，设置"对比度"为+10，单击"确定"按钮后效果如图16-22所示，增强了画布的颜色对比。

选择工具箱中的矩形选框工具 ，在白色的球体上选取一个选区，效果如图16-23所示。

图16-22　增强对比　　图16-23　选取选区

选择工具箱中的移动工具 ，将该图像移动到总画布中。

15 制作丛林中的台球效果

如图16-27所示，为景物图像的所在"图层 1"图层添加蒙版，再选择画笔工具 ，设置如图16-28所示。

图16-27　添加蒙版

13 清理掉画布中的白色球体图形

执行"编辑>填充"命令，在弹出的对话框中，设置"使用"为黑色，设置完毕单击"确定"按钮，效果如图16-24所示。如图16-25所示，执行"选择>取消选择"命令，取消当前选区。

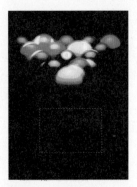

图16-24　填充黑色

图16-28　画笔设置

涂抹该图像下的台球图像，如图16-29所示。将台球图像显示出来，而且有隐藏在丛林中效果，效果如图16-30所示。

图16-29　涂抹（1）　　图16-30　涂抹（2）

图16-25　取消选择

14 将素材图像置入画布

打开附书ＣＤ\Chapter 4\Works 16\睡在鸟巢中的台球效果[素材2].tif素材图像，如图16-26所示。

图16-26　素材图像

16 快速绘制一个放大镜图形

在"图层"面板中，如图16-31所示，新建"图层 2"图层。

图16-31　新建图层

设置前景色为白色，选择自定形状工具 。在选项栏中，如图16-32所示，单击"填充像素"按钮，并选择一个放大镜的图形。

图16-32　自定形状工具设置

在画布中绘制放大镜的图形，效果如图16-33所示。

图16-33　绘制图案

17　调整放大镜图形的混合模式

在"图层"面板中，如图16-34所示，将"图层2"图层的混合模式改为"柔光"。效果如图16-35所示。

图16-34　柔光模式

图16-35　柔光效果

选择移动工具 ，将放大镜图形移动到如图16-36所示的位置。

图16-36　移动图形

选择工具箱中的横排文字工具 ，设置合适的字体与文字大小，在画布中输入英文标题，输入完毕单击 ✓ 按钮确定，效果如图16-37所示。

图16-37　输入文字

18　输入图像中辅助的英文段落

选择横排文字工具 ，设置合适的字体与文字的大小，在画布中输入英文说明，输入完毕单击 ✓ 按钮确定，效果如图16-38所示。

图16-38　输入说明文字

19　置入一幅素材图像

打开附书CD\Chapter4\Works16\睡在鸟巢中的台球效果[素材3].tif素材，如图16-39所示。

图16-39　素材图像

选择工具箱中的移动工具 ，将该图像移动到总画布中，放置在如图16-40所示的位置。

图16-40　置入图像

20 调整台球图像的颜色

还可以制作写实的景物效果。选择"背景"图层。执行"图像>调整>色相/饱和度"命令，在弹出的对话框中，设置如图 16-41 所示，设置完毕单击"确定"按钮。

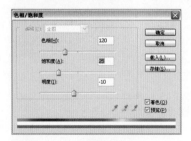

图 16-41　色相/饱和度设置

继续执行"图像>调整>亮度/对比度"命令。在弹出的对话框中设置"亮度"为 −60，设置"对比度"为 +40，最后单击"确定"按钮，如图 16-42 所示。效果如图 16-43 所示。

图 16-42　亮度/对比度　　图 16-43　最终效果

Figure Compges
为人物照片美容

利用图像特效可以为人物照片美容，不仅可以将照片处理为艺术的绘画图像，还可以保留五官及头发的化妆效果。下面就讲解为人物照片美容的技巧。

01 添加便条纸滤镜效果

打开附书CD\Chapter 4\TIP\为人物照片美容[素材].tif 图像，复制两次"背景"图层。在"背景"图层中执行"滤镜>便条纸"命令，添加便条纸滤境效果。然后选择"背景副本"图层。

02 添加滤镜效果并调整混合模式

执行"滤镜>素描>撕边"命令，在弹出的对话框中设置参数，再单击 "确定"按钮。修改"背景副本"图层的混合模式为"线性加深"。修改"背景 副本 2"图层，的混合模式为"线性光"。

素材图像

复制图层

撕边设置

线性加深模式

便条纸设置

当前图层

线性光模式

最终效果

Works 17

Specially Effect

Scruffy Window

- 制作难度：★★★★
- 制作时间：80分钟
- 使用功能：图层蒙版、自定形状工具、图层混合模式、自由变换命令
- 光盘路径：Chapter 4\Works 17\破旧的木窗.psd

17 Scruffy Window
破旧的木窗

本章技术点为二点，一是通过图像的叠加组合制作破旧的木窗效果，与原照片形成鲜明的对比；二是增添一些场景中的景物效果，可以尝试多制作一些景物，并比较制作前后的照片。

01 打开木窗素材照片

打开附书CD\Chapter 4\Works 17\制作破旧的木窗效果[素材1]tif照片，效果如图17-1所示。

图17-1　素材图像

02 为木窗图像赋予材质

打开附书CD\Chapter 4\Works 17\制作破旧的木窗效果[素材2].tif，这是一幅金属纹理的质感图像，如图17-2所示。

图17-2　素材图像

选择工具箱中的移动工具 ⊕，将该图像移动到木窗图像中。

如图17-3所示，将"图层1"图层的混合模式改为"柔光"，效果如图17-4所示。

图17-3　柔光模式　　　图17-4　柔光效果

如图17-5所示，将"图层1"图层的"不透明度"为70%，效果如图17-6所示，制作了木窗的深旧的环境色。

图17-5　调整不透明度　　图17-6　深旧的环境色

03 打开素材

打开附书CD\Chapter 4\Works 17\制作破旧的木窗效果[素材 3].tif，如图 17-7 所示。

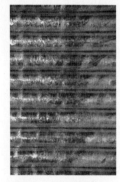

图17-7 素材图像

选择工具箱中的移动工具 ，将该图像移动到木窗图像中。

04 调整图层的混合模式

在"图层"面板中，如图 17-8 所示，将"图层 2"图层的混合模式改为"柔光"，效果如图 17-9 所示，增强了图像的纹理效果。

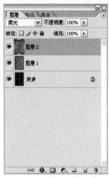

图17-8 柔光模式　　　图17-9 柔光效果

05 打开破损的纹理素材

打开附书CD\Chapter 4\ Works 17\ 制作破旧的木窗效果[素材 4].psd，这是一幅破损的纹理图像，如图 17-10所示。

图17-10 置入图像

选择工具箱中的移动工具 ，将该图像移动到木窗图像中。如图 17-11 所示，将"图层 3"图层的混合模式改为"叠加"，效果如图 17-12 所示。

图17-11 叠加模式　　　图17-12 叠加效果

06 置入素材图像

打开附书 CD\ Chapter 4 \Works 17\制作破旧的木窗效果[素材5].tif素材照片，如图 17-13 所示。

图17-13 素材图像

选择工具箱中的移动工具 ，将该图像移动到木窗图像中。 在"图层"面板中，如图 17-14 所示，将"图层 4"图层的混合模式改为"叠加"，效果如图 17-15 所示。

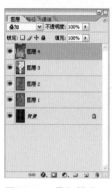

图17-14 叠加模式　　　图17-15 叠加效果

07 置入素材

打开附书CD\ Chapter 4\ Works 17\制作破旧的木窗效果[素材6].tif 素材照片,如图 17-16 所示。将该图像移动到木窗图像中,放置在如图 17-17 所示的位置。

图17-16　素材图像

图17-17　置入图像

如图 17-18 所示,将"图层 5"图层的混合模式改为"柔光",效果如图 17-19 所示,制作了木窗被人为划裂的效果。

图17-18　柔光模式

图17-19　柔光效果

08 虚化置入图像生硬的边缘

在"图层"面板中,单击"添加蒙版"按钮 ▣ ,如图 17-20 所示为"图层 5"添加蒙版。

图17-20　添加蒙版

设置前景色为黑色,选择工具箱中的画笔工具 ✎ ,如图 17-21 所示。

图17-21　画笔设置

涂抹图像左侧与下面的生硬边缘,虚化效果如图 17-22 所示。

图17-22　虚化边缘

09 绘制图形前的准备工作

在"拾色器"对话框中设置前景色,如图 17-23 所示。在"图层"面板中,如图 17-24 所示,新建"图层 6"图层。

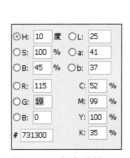

图17-23　颜色编辑

图17-24　新建图层

选择工具箱中的自定形状工具 ⬟ ,在选项栏中,单击"填充像素"按钮,如图 17-25 所示,并选择一个图形样式。

图17-25　选择图案

10 制作代表"禁止"的图形

使用自定形状工具,在图像中绘制"禁止"图形,效果如图 17-26 所示。

如图 17-27 所示，将"图层 6"图层的混合模式改为"叠加"，效果如图 17-28 所示。将"图层 6"图层的"不透明度"降至 60%，效果如图 17-29 所示。

图17-26　绘制图案　　　　图17-27　叠加模式

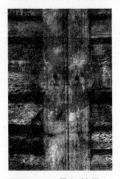

图17-28　叠加效果　　　　图17-29　降低不透明度

11 置入血迹图形

打开附书 CD\ Chapter4\ Works17\ 制作破旧的木窗效果[素材 7].psd 素材图像，如图 17-30 所示。将该图形移动到画布中，效果如图 17-31 所示。

图17-30　素材图像　　　　图17-31　置入图像

12 调整图层的混合模式

在"图层"面板中，如图 17-32 所示，将"图层 7"图层的混合模式改为"柔光"，效果如图 17-33 所示，制作了木窗上喷溅的血迹斑驳的效果。

图17-32　柔光模式　　　　图17-33　柔光效果

13 复制图层

在"图层"面板中，将"图层 7"进行复制，如图 17-34 所示。将复制的图形向画布的右下方移动，效果如图 17-35 所示。

图17-34　复制图层　　　　图17-35　移动图形

14 保存当前图像后合并所有图层

执行"文件＞另存为"命令，在弹出的对话框中，为图像文件命名后单击"确定"按钮。在"图层"面板中，单击图层面板右侧的下三角按钮，如图 17-36 所示的菜单，执行"拼合图像"命令，如图 17-37 所示，所有图层合并成"背景"图层。

图17-36 拼合图像   图17-37 合并图层

图17-40 强光模式   图17-41 强光效果

15 破旧的木窗图像移动

打开附书 C D \ Chapter 4\ Works 17\制作破旧的木窗效果[素材8].tif 图像，如图 17-38 所示。

图17-38 素材图像

选择破旧的木窗图像，并将该图像移动到画布中，执行"编辑>自由变换"命令，如图17-39 所示，缩放图像的尺寸，大小满意后，按 Enter 键确定。

图17-39 置入图像

16 调整图层的混合模式

在"图层"面板中，将"图层 1"图层的混合模式改为"强光"，如图 17-40 所示。效果如图 17-41 所示，破旧的木窗与现实的木窗叠加在一起。

17 虚化生硬的边缘

在"图层"面板中，如图 17-42 所示，为"图层 1"图层添加蒙版。

图17-42 添加蒙版

设置前景色为黑色，再选择画笔工具 涂抹生硬的木窗边缘，如图 17-43 所示。继续涂抹左侧木窗的区域，效果如图 17-44 所示。

图17-43 虚化边缘（1）   图17-44 虚化边缘（2）

18 置入雕塑图像

打开附书CD\ Chapter 4\ Works 17\制作破旧的木窗效果[素材9].tif 天使素材图像，如图 17-45 所示。

选择工具箱中的移动工具 ，将该图形移动到画布中，如图 17-46 所示。

图17-45　素材图像　　图17-46　置入图像

19　虚化图像生硬的边缘

在"图层"面板中，如图 17-47 所示为"图层2"添加蒙版。

图17-47　添加蒙版

设置前景色为黑色，选择画笔工具 ，设置合适的笔触大小与不透明度。涂抹左侧生硬的图像边缘，效果如图 17-48 所示。继续使用画笔工具，修复其他生硬的区域，效果如图 17-49 所示。如果涂抹出现误差，可以使用橡皮擦工具 修复。

图17-48　虚化边缘（1）　图17-49　虚化边缘（2）

20　置入一幅素材图像

打开附书CD\ Chapter 4\ Works 17\制作破旧的木窗效果[素材10].tif照片，如图 17-50 所示。

图17-50　素材图像

选择工具箱中的移动工具 ，将该图像移动到画布中，放置在画布的左下角，效果如图 17-51 所示。

图17-51　置入图像

21　调整图层的混合模式

在"图层"面板中，将"图层3"图层的混合模式改为"正片叠底"，效果如图 17-52 所示，图像的白色背景被直接清除了。

图17-52　正片叠底

22　置入一幅素材图像

打开附书CD\ Chapter 4\ Works 17\制作破旧的木窗效果[素材11].tif树枝素材照片，如图 17-53 所示。

选择工具箱中的移动工具 ，将该图像移动到画布中，放置在画布的左侧，效果如图 17-54 所示。

图17-53　素材图像　图17-54　置入图像（1）

23　置入两幅素材图像

打开附书CD\ Chapter 4\ Works 17\ 制作破旧的木窗效果[素材 12].tif 素材。选择移动工具 ，将该图像移到画布中，如图 17-55 所示。再置入另一幅素材图像，效果如图 17-56 所示。

图17-55　置入图像（2）图 17-56　置入图像（3）

在"图层"面板中为"图层 6"添加蒙版。

24　清除水壶多余的底部边缘

选择矩形选框工具 ，在画布上选取长方形选区，效果如图 17-57 所示。执行"编辑>填充"命令，在弹出的对话框中，设置"使用"为黑色，再 单击"确定"按钮，效果如图 17-58 所示。

图17-57　选取选区　图17-58　填充黑色

执行"选择>取消选择"命令，取消当前选区。

选择工具箱中的移动工具 ，将水壶图像向左侧移动，效果如图 17-59 所示。至此完成本例的最终效果。

图17-59　最终效果

Design Process

Assembled Camion

- 制作难度：★★★★
- 制作时间：90分钟
- 使用功能：图层混合模式、圆角矩形工具、旋转变换命令、极坐标滤镜、风滤镜
- 光盘路径：Chapter 4\Works 18\超级的士.psd

18 Assembled Camion
超级的士

本实例的制作包括特效图像、艺术图形与车灯三部分。特效图像大多通过图层的混合模式的调整、蒙版的应用实现；艺术图形是利用矩形图形与文字图形的组合而成；车灯的制作是星光画笔、风滤镜与动感模糊滤镜等功能的应用。

01 置入素材

打开附书 CD\Chapter 4\Works 18\ 组合超级的士的效果[素材1].tif素材，如图18-1所示。

图18-1 素材图像

用同样的方法导入另一幅墙壁素材图像，如图 18-2 所示。

图18-2 素材图像

将第二幅素材图像移动到第一幅图像中，

在"图层"面板中，将"图层 1"图层的混合模式改为"柔光"，效果如图 18-3 所示。

图18-3 柔光效果

02 置入素材

打开附书 CD\Chapter 4\Works 18\ 组合超级的士的效果[素材3].tif，这是一幅烟雾的素材图像，如图 18-4 所示。

图18-4 素材图像

选择工具箱中的移动工具 ，将素材3图像移动到总画布中，并设置混合模式为"叠加"，效果如图18-5所示。

图18-5 叠加图层

在"图层"面板中，为烟雾图像的所在"图层3"图层添加蒙版，如图18-6所示。

图18-6 添加蒙版

设置前景色为白色，设置背景色为黑色，选择工具箱中的渐变工具，在选项栏中使用"前景到背景"的渐变，再选择"类型"为线性渐变。在画布中拖动，渐变效果如图18-7所示。

图18-7 添加渐变

03 置入素材

打开附书CD\Chapter 4\Works 18\组合超级的士的效果[素材4].tif素材，如图18-8所示。

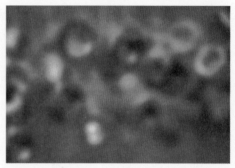

图18-8 素材图像

选择工具箱中的移动工具 ，将素材4图像移动到总画布中，然后在"图层"面板中将该图层的混合模式改为"叠加"，效果如图18-9所示，图像中亮部更明亮，暗部更暗，整个图像的明暗对比增强。

图18-9 叠加图层

04 制作图像渐隐的效果

如图18-10所示，为"图层3"图层添加蒙版。

图18-10 添加蒙版

设置前景色为白色、设置背景色为黑色，选择工具箱中的渐变工具 ，使用"前景到背景"的渐变，自中间向下拖动，渐变效果如图18-11所示。

图18-11　添加渐变效果

05　导入素材

　　打开附书CD\Chapter 4\Works 18\ 组合超
级的士的效果[原图].tif。选择套索工具 ⌇，设
置"羽化"为15像素，沿车的外形选取自由
的选区，如图 18-12 所示。选择移动工具 ⊹，
将图像移动到画布中，如图 18-13 所示。

图18-12　素材图像

图18-13　置入图像

06　调整图层的混合模式

　　在"图层"面板中，将拖拉机图像所在
的"图层4"图层的混合模式改为"强光"，
效果如图 18-14 所示，拖拉机图像赋予背景纹
理效果。

图18-14　强光模式

07　置入图形并进行复制

　　打开附书CD\Chapter 4\Works 18\ 组合超
级的士的效果[素材 3].tif，这是一个拖拉机烟囱
图像。使用工具箱中的移动工具 ⊹，将该图像
移动到画布中，放置在如图 18-15 所示的位置。

图18-15　置入图像

　　在"图层"面板中，复制烟囱图形的所
在图层，并将复制的图形向左侧移动，效果如
图 18-16 所示。

图18-16　复制图形

08　置入图像

　　打开附书CD\Chapter 4\Works 18\ 组合超
级的士的效果[素材 5].psd 烟雾图像，如图 18-
17 所示。

图18-17　素材图像

选择工具箱中的移动工具 ，将该图像移动到图像中，效果如图 18-18 所示。

图18-18　置入图像

09 调整图层的混合模式

在"图层"面板中，将烟雾图像所在图层的混合模式改为"滤色"，效果如图18-19所示。

图18-19　调整图层混合模式

10 新建一个图像文件

设置前景色为灰色（#7f7f7f），选择工具箱中的圆角矩形工具，在选项栏中单击"填充像素"按钮，设置"半径"为20px，如图18-20所示。

图18-20　圆角矩形工具设置

在新建图像的新建图层中，绘制圆角图形，效果如图 18-21 所示。

图18-21　绘制图形

11 将图形载入选区并进行收缩

按住Ctrl键，单击圆角图形的所在图层，将该图形载入选区，效果如图18-22 所示。

图18-22　载入选区

执行"选择>变换选区"命令，如图18-23 所示。收缩弹出的变换框，如图 18-24 所示，大小满意后，按 Enter 键确定。

图18-23　变换选区　　　图18-24　收缩选区

12 为当前选区填充白色

执行"编辑>填充"命令，在弹出的对话框中，设置"使用"为白色，再 单击

“确定”按钮。效果如图18-25所示，将当前选区填充为白色。

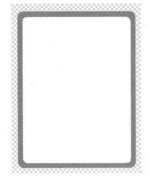

图18-25 填充白色

13 制作像框的图形效果

继续执行“选择>变换选区”命令，收缩弹出的变换框，注意上下左右的收缩间距要相同，如图18-26所示，最后按Enter键确定。

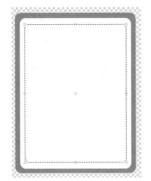

图18-26 收缩选区

按Delete键，将选区内的图形删除，效果如图18-27所示。

图18-27 填充灰色

如图18-28所示，执行“选择>取消选择“命令，取消当前选区。

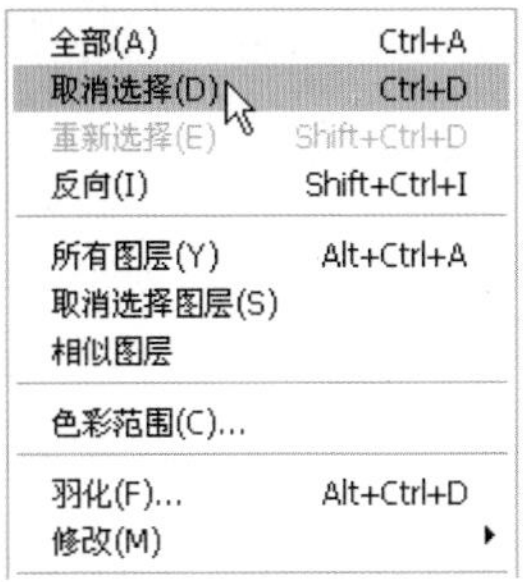

全部(A) Ctrl+A
取消选择(D) Ctrl+D
重新选择(E) Shift+Ctrl+D
反向(I) Shift+Ctrl+I
所有图层(Y) Alt+Ctrl+A
取消选择图层(S)
相似图层
色彩范围(C)...
羽化(F)... Alt+Ctrl+D
修改(M)

图18-28 取消选择

14 制作标牌图形

选择工具箱中的横排文字工具 T.，在圆角矩形内输入文字与数字，如图18-29所示。将所有图层进行链接并合并。

SPEED
LIMIT
45

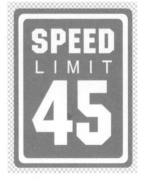

图18-29 输入文字

15 置入标牌图形

将上一步完成的图像图形移动到画布中，效果如图18-30所示。

SPEED
LIMIT
45

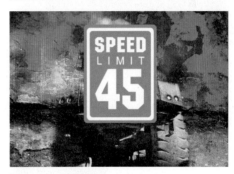

图18-30 置入图形

执行“编辑>自由变换”命令，按住Ctrl键移动边角进行扭曲，如图18-31所示，最后按Enter键确定。

SPEED
LIMIT
45

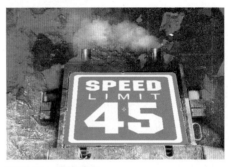

图18-31 变换图形

把“图层7”图层的混合模式改为“颜色减淡”，效果如图18-32所示。

图18-32　颜色减淡

由于颜色过于强烈,继续将该图层的不透明度降至40%,效果如图18-33所示。

图18-33　降低不透明度

16 置入的士的标牌图形

打开附书CD\ Chapter 4\ Works 18\组合超级的士的效果[素材6].tif 图片,再选择移动工具 ,将该图形移动到画布中,放置在如图18-34所示的位置。

图18-34　置入图像

17 复制并水平翻转标牌图形

在"图层"面板中,将的士标牌图形的所在图层拖到"创建新图层"按钮 上,进行图层复制,再将复制的图形移动到如图18-35所示的位置。执行"编辑>变换>水平翻转"命令,效果如图18-36所示,图形出现左右方向的颠倒。

图18-35　复制图形

图18-36　水平变换

选择工具箱中的橡皮擦工具 ,涂抹标牌图形的底面,进行虚化处理,效果如图18-37所示。

图18-37　虚化图像边缘

18 置入图像并调节图层混合模式

打开附书CD\Chapter 4\Works 18\ 组合超级的士的效果[素材7].tif素材图像,再选择工具箱中的移动工具 ,将该图像移动到画布中,放置在如图18-38所示的位置。

图18-38　置入图像

在"图层"面板中,将该素材图像所在图层的混合模式改为"强光",效果如图18-39所示。

图18-39　强光模式

19 制作天空的特效

在"图层"面板中，单击"添加图层蒙版"按钮，为图层添加蒙版。设置前景色为黑色，再选择工具箱中的画笔工具，然后在选项栏中设置合适的画笔大小与不透明度，涂抹出如图18-40所示的蒙版区域。

图18-40　涂抹区域参考

效果如图18-41所示，制作了天空的特效，作为图像的背景。

图18-41　天空的特效

20 选取图像并进行羽化

打开附书CD\Chapter 4\Works 18\组合超级的士的效果[素材8].tif图片，这是一幅锁链。

选择套索工具，沿锁链外侧选取选区，如图18-42所示。执行"选择>羽化"命令，设置"羽化半径"为20像素。

图18-42　素材图像

21 置入锁链图形

选择工具箱中的移动工具，将锁链图形移动到画布中，放置在画布的右上角，效果如图18-43所示。

图18-43　置入图像

执行"编辑>自由变换"命令，收缩并旋转弹出的自由变换框，如图18-44所示，大小与角度满意后，按Enter键确定。

图18-44　旋转变换

在"图层"面板中，将锁链图形所在的"图层 10"图层的混合模式改为"强光"。效果如图18-45所示，锁链图形与背景图像相融合，符合红色油漆与石头纹理的特征。

图18-45   强光效果

22 选取选区并删除多余的图形

选择多边形套索工具 ，沿拖拉机外侧轮廓选取多边形选区，如图 18-46 所示。

图18-46   选取选区

按 Delete 键，删除选区内多余的锁链图形。执行"选择>取消选择"命令，取消当前选区，效果如图 18-47 所示。

图18-47   删除多余图形

23 复制锁链图形并进行水平翻转

在"图层"面板中，将锁链图形所在的"图层 10"图层进行复制。执行"编辑>变换>水平翻转"命令，将当前图形水平翻转。

再选择工具箱中的移动工具 ，将变换后的图形移动到如图 18-48 所示的位置。

图18-48   复制图形

在"图层"面板中，将左侧锁链所在图层的混合模式改为"亮度"，保持锁链的亮度不变，效果如图 18-49 所示。

图18-49   亮度效果

24 置入箭头图形

打开附书 CD\ Chapter 4\Works 18\ 组合超级的士的效果[素材9].tif图片，如图18-50所示。

图18-50   素材图形

选择工具箱中的移动工具 ，将该图像移到画布中，放置在左侧，如图 18-51 所示。

图18-51　置入箭头

在"图层"面板中，将箭头图形所在的"图层 11"图层的混合模式改为"叠加"，效果如图 18-52 所示，箭头图形镶嵌到石头纹理中。

图18-52　叠加效果

25　复制并变换箭头图形

在"图层"面板中，将箭头图形所在的"图层 11"图层进行复制，再将复制的图形移动到另一侧的车毂辘上。执行"编辑>自由变换"命令，向左旋转弹出的自由变换框，如图 18-53 所示，最后按 Enter 键确定。

图18-53　旋转图形

26　粘贴火焰图像

在"图层"面板中，单击"创建图层"按钮 ，新建"图层 12"图层，再按住 Ctrl 键，单击"图层 4"图层的缩览图，将拖拉机载入选区，效果如图 18-54 所示。

图18-54　载入选区

打开附书CD\ Chapter 4\Works 18\组合超级的士的效果[素材 10].tif 火焰图像，再执行"选择>全部"命令，全选图像，如图 18-55 所示，继续执行"编辑>拷贝"命令。

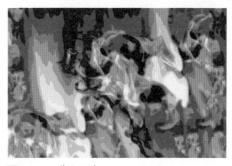

图18-55　选取画布

回到总画布，执行"编辑>贴入"命令，如图 18-56 所示，粘贴火焰图像到选区中。

图18-56　粘贴图像

27 虚化火焰底部

在"图层"面板中，单击"添加图层蒙版"按钮，为火焰图像所在的图层添加蒙版。再选择画笔工具，设置合适的画笔大小和 不透明度，然后涂抹火焰图像生硬的底部边缘，效果如图 18-57 所示。

图18-57　虚化图像底部

在"图层"面板中，将"图层 13"图层的混合模式改为"变亮"，效果如图 18-58 所示，火焰图像赋予拖拉机彩色烤漆的效果。

图18-58　变亮效果

28 置入黑色的仙人掌图形

打开附书 CD\Chapter 4\Works 18\组合超级的士的效果[素材11].tif 黑色仙人掌图形。选择移动工具，将该图形移动到画布中，放置在图像的底部，效果如图 18-59 所示。

图18-59　置入图形

29 修改图层的混合模式

在"图层"面板中，如图 18-60 所示，将仙人掌所在的"图层 14"图层的混合模式改为"叠加"。

图18-60　叠加模式

效果如图 18-61 所示，仙人掌图形融入到石头纹理中，制作了岩画的效果。

图18-61　叠加效果

执行"文件＞另存为"命令，为当前图像命名并单击"保存"按钮，可以暂时将该图像关闭。

30 新建一个图像文件

执行"文件＞新建"命令，在弹出的对话框中，如图 18-62 所示，设置"宽度"为 5 厘米，设置"高度"为 5 厘米，设置"分辨率"为 200 像素/英寸，设置完毕单击"确定"按钮。

图18-62　新建设置

31 填充画布

执行〝编辑＞填充〞命令，在弹出的对话框中，如图 18-63 所示，设置〝使用〞为黑色，其他参数设置采用默认值，再单击〝确定〞按钮，效果如图 18-64 所示，再在画布上创建十字的参考线。

图18-63　填充　　图18-64　创建参考线

下面来设置星光画笔的外形，如图 18-65 所示设置参数。

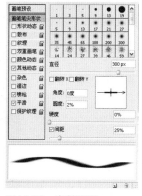

图18-65　画笔设置

32 绘制横向的星光图形

在图层面板中，单击〝创建新图层〞按钮，如图 18-66 所示，新建〝图层 1〞图层。

图18-66　新建图层

设置前景色为深橙色，然后选择画笔工具后单击画布的中心，效果如图 18-67 所示。

图18-67　绘制过程（1）

设置前景色为黄色，设置〝画笔大小〞为 200 像素，继续在原位置进行涂抹，效果如图 18-68 所示。设置前景色为白色，设置〝画笔大小〞为 125 像素，继续在原位置进行涂抹，效果如图 18-69 所示。

图18-68　绘制过程（2）　　图18-69　绘制过程（3）

33 制作十字星光的效果

在〝图层〞面板中，将〝图层 1〞图层进行复制，如图 18-70 所示。执行〝编辑＞变换＞旋转〞命令，旋转弹出的自由变换框，如图 18-71 所示，最后按 Enter 键确定。

图18-70　复制图层　　图18-71　旋转变换

34 旋转与水平翻转图形

复制"图层 1"副本图层，并执行"编辑>自由变换"命令，旋转并缩小弹出的自由变换框，如图 18-72 所示，图形的大小与角度满意后，按 Enter 键确定。复制斜线图形的所在图层，并执行"编辑>变换>水平翻转"命令，效果如图 18-73 所示。

图18-72　旋转变换　　　图18-73　水平变换

35 制作星光的光辉效果

设置前景色为深橙色，选择工具箱中的画笔工具，设置合适的笔触与不透明度，如图 18-74 所示，在画布的中心单击。设置前景色为白色，并将画笔的笔触缩小，单击画布的中心，制作了星光效果，如图 18-75 所示。

图18-74　绘制中心　　　图18-75　星光效果

在"通道"面板中，单击新建通道按钮，如图 18-76 所示，新建"Alpha 1"通道。

图18-76　新建通道

36 制作黑白相间的画布

选择工具箱中大矩形选框工具，从画布的中间到右侧选取矩形选区。反相后，效果如图 18-77 所示。

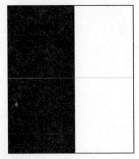

图18-77　黑白相间

37 对画布应用风效果的滤镜

执行"滤镜>风格化>风"命令，在弹出的对话框中，采用默认设置，如图 18-78 所示，最后单击"确定"按钮。效果如图 18-79 所示，白色部分有被风吹的效果。

 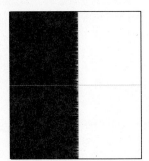

图18-78　风滤镜设置　　　图18-79　风滤镜效果

38 加强图像变化效果

如图 18-80 所示，继续执行"滤镜>风格化>风"命令，再次添加风滤镜效果，加强图像的变化效果，如图 18-81 所示。

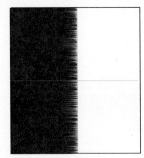

图18-80　风滤镜　　　图18-81　加强效果

39　应用动感模糊滤镜

执行"滤镜>模糊>动感模糊"命令，在弹出的"动感模糊"对话框中，如图18-82所示，设置"角度"为0°，设置距离为150像素，再单击"确定"按钮，效果如图18-83所示。

图18-82　动感模糊　　图18-83　动感模糊效果

继续添加动感模糊滤镜效果，以加强图像的变化，如图18-84所示。

图18-84　加强滤镜变化

选取整个图像，再进行自由变换，如图18-85所示，最后按Enter键确定。

图18-85　自由变换

40　应用极坐标滤镜

执行"滤镜>扭曲>极坐标"命令，在弹出的对话框中采用默认设置，如图18-86所示，再单击"确定"按钮。

图18-86　极坐标设置

极坐标扭曲效果如图18-87所示。

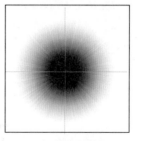

图18-87　极坐标效果

执行"图像>调整>曲线"命令，在弹出的对话框中添加锚点并向上拖动，如图18-88所示。预览图像变化的效果，满意后单击"确定"按钮，效果如图18-89所示。

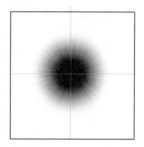

图18-88　曲线调整　　图18-89　明暗变化效果

41　颠倒当前图像的颜色

执行"图像>调整>反相"命令，反相效果如图18-90所示，图像中的黑白二色进行了颠倒。

图18-90　反相效果

42　调整图像的特殊形状

执行"图像>调整>曲线"命令，在弹出的对话框中添加锚点并进行拖动，制作了曲线的波动，如图18-91所示。预览图像变化的效果，满意后单击"确定"按钮，效果如图18-92所示，制作了烟花的外形效果。

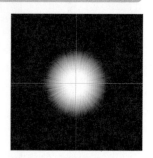

图18-91 曲线调整

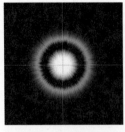

图18-92 烟花外形

回到 RGB 模式中，再将 Alpha1 通道中的图形载入选区，效果如图 18-93 所示。

图18-93 载入选区

如图 18-94 所示，在"图层 1"图层下面新建"图层 2"图层，然后将当前选区填充为黄色。效果如图 18-95 所示，选区填充了黄色。

图18-94 新建图层

图18-95 填充黄色

选择"图层 1"图层，执行"图像>调整>亮度/对比度"命令，在弹出的对话框中设置如图 18-96 所示，再单击"确定"按钮。星光的图形颜色对比度增强了。再将星光图形文件的两个图层合并。

图18-96 亮度/对比度设置

43 置入星光图形

将星光图形移动到总画布中，放置在如图 18-97 所示的位置。

图18-97 置入图形

复制车灯图形，再选择移动工具 ，将复制的图形向右侧移动，如图 18-98 所示。

图18-98 复制并图形

44 输入标题文字

输入标题文字完成图像设计，最终效果如图 18-99 所示。

图18-99 最终效果

05

Chapter 5 无素材写实

简单图形组合的显示器

本章讲解重点：

- 简单物体的绘制和组合
- 多物体的组合和版面排列
- 破旧、发黄、烤焦纸张的质感表现
- 单色图形立体效果的表现

彩色的铅笔

破旧的纸张

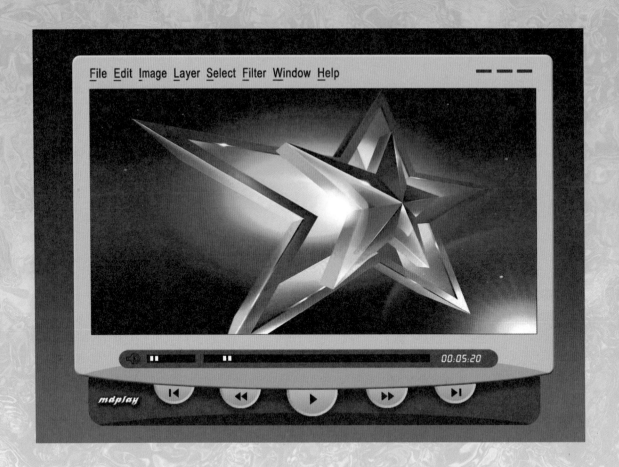

File Edit Image Layer Select Filter Window Help

00:05:20

mdplay

Design Process

Works **19**
Specially Effect

Graphics Compages Display

制作难度：★★★★
制作时间：100分钟
使用功能：椭圆选框工具、图层样式、自定形状工具、亮度／对比度命令
光盘路径：Chapter 5\Works 19\图形组合的显示器.psd

19 Graphics Compages Display
简单图形组合的显示器

制作卡通漫画的基础训练就是绘制身边的每个简单物体。不要小看简单物体，数十个简单的物体就可以组成完整的场景。本例就是把简单的物体进行组合，制作了最终的效果。在学习完本实例后，希望读者自己能动手制作身边的小物体。

01 新建一个空白画布

执行"文件>新建"命令，在弹出的对话框中，如图 19-1 所示，输入文件的名称，再设置文件的尺寸，设置完毕后🖱单击"确定"按钮。

图19-1　新建设置

02 制作过渡背景

选择渐变工具🔲，然后进入"渐变编辑器"对话框，设置如图 19-2 所示，渐变色为由黑到蓝，设置完毕单击"确定"按钮。

图19-2　编辑渐变

确定渐变类型为线性渐变，自画布的上面向下面拖动，渐变效果如图 19-3 所示，制作了从黑到蓝的过渡背景。

图19-3　拖动渐变

03 绘制圆角矩形

在"图层"面板中，🖱单击"创建新图层"按钮🔲，新建"图层 1"图层。选择工具箱中的圆角矩形工具，并在选项栏中设置参数，如图 19-4 所示。

图19-4　圆角矩形工具设置

在"拾色器"对话框中设置前景色为灰色，如图 19-5 所示，设置完毕单击"确定"按钮。使用设置好的圆角矩形工具，在画布中绘制一个矩形图形。

图19-5　颜色编辑

04 修改当前图形的形状

选择工具箱中的椭圆选框工具 ○，在矩形图形的底端选取一个椭圆选区，效果如图19-6 所示。

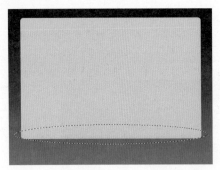

图19-6　选取椭圆选区

选择矩形选框工具 □，如图 19-7 所示，在选项栏中单击"从选区减去"按钮。

图19-7　矩形选框工具设置

在图形的左侧与右侧分别选取矩形选区，如图 19-8 所示。利用矩形选区减掉多余的选区，效果如图 19-9 所示。

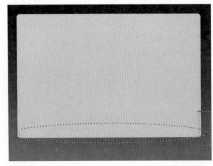

图19-8　选取选区

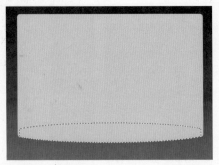

图19-9　裁减选区

执行"编辑>填充"命令，在弹出的对话框中，设置"使用"为前景色，设置完毕单击"确定"按钮，完成图形外形的修改最后取消选择的区域。

05 调节图形的明暗度

选择工具箱中的椭圆选框工具 ○，在如图19-10 所示的位置选取一个椭圆选区。

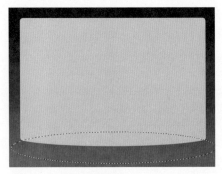

图19-10　选取椭圆选区

如图 19-11 所示，执行"图像>调整>亮度/对比度"命令，在弹出的对话框中设置参数，设置完毕 🖱 单击"确定"按钮。

图19-11　亮度/对比度设置

效果如图 19-12 所示，椭圆选区内的图形的颜色要略深于选区外图形的颜色。

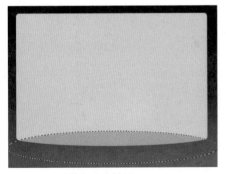

图19-12　调整明暗度效果

执行"选择＞取消选择"命令，取消当前选区。

06　增强图形的立体感

在"图层"面板中，单击"添加图层样式"按钮。如图 19-13 所示，在弹出的菜单中执行"斜面和浮雕命令。

图19-13　图层样式

在弹出的对话框中设置参数，如图 19-14 所示。设置完毕 单击"确定"按钮。

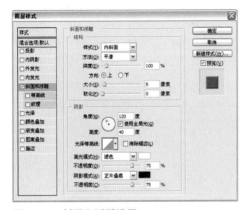

图19-14　斜面和浮雕设置

效果如图 19-15 所示，平面图形的边缘向内收缩，出现了轻微的立体感效果。

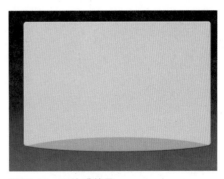

图19-15　立体感效果

07　绘制3个连续矩形

在"图层"面板中，新建"图层 2"图层。选择矩形选框工具，在圆角图形的右上角选取长方形选区，在选项栏中单击"添加到选区"按钮，继续选取大小相同、间距相同的 3 个长方形选区，效果如图 19-16 所示。

图19-16　选取选区

设置前景色为深灰色，再利用前景色填充选区。执行"选择＞取消选择"命令，取消当前选区，效果如图 19-17 所示。

图19-17　填充效果

08 绘制圆角矩形

设置前景色为深灰色，选择工具箱中的圆角矩形工具，在选项栏中单击"填充像素"按钮，设置"半径"为25像素，如图19-18所示。

图19-18 工具设置

在画布中绘制圆角长条图形，效果如图19-19所示。

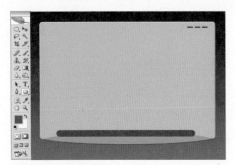

图19-19 绘制图形

09 制作黑色的长方形图形

选择矩形选框工具，在圆角长条图形内选取一个矩形选区，继续按住Shift键，选取另一个长方形选区，效果如图19-20所示。

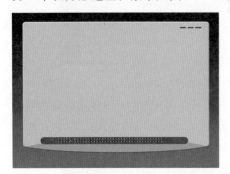

图19-20 选取选区

执行"编辑>填充"命令，在弹出的对话框中，如图19-21所示，设置"使用"为黑色，再单击"确定"按钮。

图19-21 填充设置

执行"选择>取消选择"命令，取消当前选区，效果如图19-22所示。

图19-22 填充效果

10 绘制自定义图形

确定前景色为黑色，选择自定形状工具，在选项栏中，如图19-23所示，单击"填充像素"按钮，再在样式库中选择一个喇叭图案，然后在圆角长条图形的左侧绘制喇叭图案。

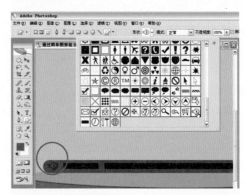

图19-23 绘制图案

11 制作两组矩形

选择矩形选框工具，选取两个相同大小的选区，并填充白色，效果如图19-24所示。

图19-24 制作白色矩形

使用上述方法在第1组矩形图形的右侧制作第2组矩形图形，效果如图19-25所示。

图19-25　两组矩形

12　制作电视的播放时间

选择工具箱中的横排文字工具 T.，在"字符"面板中，设置字体与文字的大小，在如图19-26所示的位置输入数字，输入完毕单击 ✓ 按钮。

图19-26　输入时间文字

13　制作菜单栏中的文字

选择横排文字工具 T.，设置字体为 Arial，输入菜单栏中的文字，如图19-27所示。

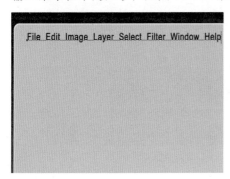

图19-27　输入菜单栏的文字

下面选取每个英文单词的第一个字母，如图19-28所示，并在"字符"面板中单击"下划线"按钮。

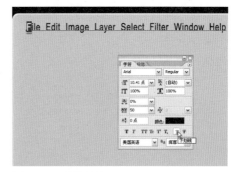

图19-28　调节文字

制作完毕单击 ✓ 按钮，确定文字的输入制作了文字的下划线效果，如图19-29所示。

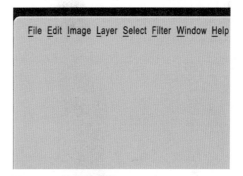

图19-29　下划线效果

14　置入电视的屏幕图像

打开附书CD\Chapter 4\Works 19\通过简单图形组合显示器[素材].tif 素材图像，再选择工具箱中的移动工具 ，将素材图像移动到总画布中，放置在如图19-30所示的位置。

图19-30　置入图像

15 制作图像的外侧轮廓线

在"图层"面板中，单击"添加图层样式"按钮，如图19-31所示，在弹出菜单执行"描边"命令。

图19-31 图层样式

在弹出的"图层样式"对话框中，设置"大小"为1像素，设置"位置"为外部，设置"颜色"为深红色，如图19-32所示，再单击"确定"按钮。

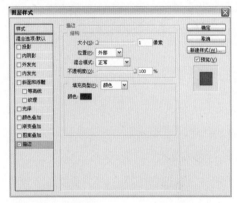

图19-32 描边设置

效果如图19-33所示，图像的边缘出现了深红色的轮廓线。

图19-33 外侧轮廓线效果

16 制作电视的底座图形

在"图层"面板中，如图19-34所示，在"背景"图层与"图层1"图层之间新建"图层4"图层。

图19-34 新建图层

设置前景色为深灰色，选择工具箱中的圆角矩形工具，在如图19-35所示的位置绘制一个圆角长方形。

图19-35 绘制图形

17 调整电视底座图形的颜色

选择工具箱中的椭圆选框工具，在如图19-36所示的位置上选取一个椭圆选区。

图19-36 选取椭圆选区

执行"图像>调整>亮度/对比度"命令，在弹出的对话框中设置"亮度"为－35，设置"对比度"为0,再单击"确定"按钮。执行"选择>取消选择"命令,取消当前选区。效果如图19-37所示,制作了弧线形电视底座的效果。

图19-37 弧线形效果

18 制作电视图形的阴影效果

选择椭圆选框工具 ○,在如图19-38所示的位置选取一个椭圆选区。再执行"选择>羽化"命令,在弹出的对话框中设置"羽化半径"为5像素,最后单击"确定"按钮。

图19-38 选取椭圆选区

在"图层"面板中,🖑单击"创建新图层"按钮 ◻,如图19-39所示,在"图层4"图层的上面新建"图层5"图层。

图19-39 新建图层

设置前景色为深灰色,再执行"编辑>填充"命令,在弹出的对话框中设置"使用"为前景色,设置完毕🖑单击"确定"按钮,效果如图19-40所示。

图19-40 填充颜色

19 清除多余的阴影图形

在"图层"面板中确定当前编辑图层为"图层5"图层,如图19-41所示,再按住Ctrl键单击"图层4"图层的缩览图。

图19-41 载入选区

效果如图19-42所示,电视的底座图形被载入选区。

图19-42 载入选区

执行"选择>反向"命令,效果如图19-43所示,当前选区呈反向选择。

图19-43　反选选区

　　按 Delete 键，删除多余的阴影图形。执行"选择>取消选择"命令，取消当前选区，效果如图 19-44 所示。

图19-44　删除多余的阴影图形

20 制作椭圆形按钮

　　在"图层"面板中，单击"创建新图层"按钮 ，如图 19-45 所示，新建"图层 6"图层。

图19-45　新建图层

　　选择工具箱中的椭圆选框工具 ，在如图 19-46 所示的位置选取一个正圆选区。设置前景色为浅灰色、设置背景色为中灰色，选择渐变工具，设置渐变为"前景到背景"，渐变类型为线性渐变，自选区的上面向下面拖动，渐变效果如图 19-47 所示。

图19-46　选取正圆选区

图19-47　制作渐变

　　在"图层"面板中，单击"添加图层样式"按钮 ，如图 19-48 所示，在弹出的菜单中执行"投影"命令。

图19-48　图层样式

　　在弹出的对话框中设置相关参数，如图 19-49 所示。

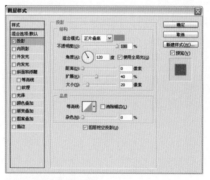

图19-49　投影设置

继续选择"斜面和浮雕"选项，参数设置如图 19-50 所示，设置"大小"为 5 像素，设置完毕单击"确定"按钮。

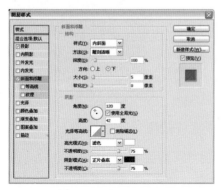

图19-50 斜面和浮雕设置

如图 19-51 所示，制作了立体按钮。

图19-51 立体的椭圆形按钮

21 复制并缩小椭圆形按钮

在"图层"面板中，将椭圆形按钮所在的"图层 6"图层，进行图层复制如图 19-52 所示。

图19-52 复制图层

使用移动工具将复制的图形向左侧移动，并执行"编辑>自由变换"命令，收缩弹出的自由变换框，如图 19-53 所示，角度满意后，按 Enter 键确定。

图19-53 收缩图形

22 复制更多对称的椭圆形按钮

在"图层"面板中，将收缩后的按钮所在的"图层 6 副本"图层进行复制。选择工具箱中的移动工具，将复制的按钮图形向右侧移动，如图 19-54 所示，保持图形间的距离相等。

图19-54 移动复制图形

继续复制两个按钮图形所在的图层，使用移动工具，分别将两个图形移动到中心按钮的左右两侧的位置，效果如图 19-55 所示。

图19-55 更多按钮效果

23 制作立体的商标文字

选择横排文字工具 **T.**，并设置合适的字体与文字大小，在电视底座的左侧输入商标文字，效果如图 19-56 所示。

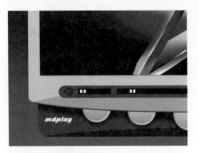

图19-56　输入文字

在"图层"面板中，单击"添加图层样式"按钮 ，在弹出的菜单中执行"斜面与浮雕"命令，在弹出的对话框中设置如图 19-57 所示。

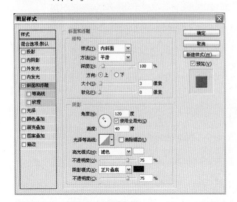

图19-57　斜面和浮雕设置

继续选择"阴影"选项，设置如图 19-58 所示，再 单击"确定"按钮。

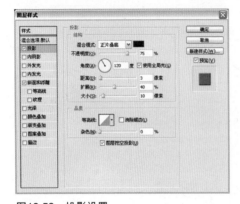

图19-58　投影设置

如图 19-59 所示，制作了立体的商标文字效果。

图19-59　商标文字

24 完成播放按钮

在"图层"面板中， 单击"创建新图层"按钮 ，如图 19-60 所示，新建"图层 7"图层，注意该图层的位置。在工具箱中选择多边形套索工具 ，选取一个三角形选区，效果如图 19-61 所示。

图19-60　新建图层　　　图19-61　拉取选取

执行"编辑>填充"命令，在弹出的"填充"对话框中设置"使用"为黑色，设置完毕 单击"确定"按钮。执行"选择>取消选择"命令，取消当前选区。效果如图 19-62 所示，制作了代表电影播放的三角图形。

图19-62　填充效果

25 完成前进按钮

在"图层"面板中，将"图层 7"图层进行复制，如图19-63 所示。

图19-63　复制图层

选择工具箱中的移动工具，将三角形移动到最右侧的按钮图形上，再选择工具箱中的矩形选框工具，在三角形的右侧选取一个选区，如图19-64 所示。

图19-64　选取选区

执行"编辑>填充"命令，在弹出的对话框中设置"使用"为黑色，再单击"确定"按钮。执行"选择>取消选择"命令，取消当前选区，效果如图19-65 所示。

图19-65　填充选区

26 完成后退按钮

在"图层"面板中复制"图层 7 副本"图层，如图19-66 所示。

图19-66　复制图层

选择移动工具，将该图形移动到左侧的按钮图形上，效果如图19-67 所示。

图19-67　移动复制图形

执行"编辑>变换>水平翻转"命令。效果如图19-68 所示，图形出现了水平翻转效果。

图19-68　水平变换图形

27 完成快进播放按钮

在"图层"面板中，两次复制三角形所在的"图层 7"图层，将复制的两个图形移动到右侧按钮图形内，如图 19-69 所示。

图19-69　移动复制的图形

在"图层"面板中，将代表快进的图形所在的两个图层进行链接，再按 Ctrl+E 键，合并链接图层，将两个图层合并成一个图层。

28 完成快退播放按钮

在"图层"面板中复制代表快进的图形所在的图层，使用移动工具 ▸ 将复制的图形移动到左侧的按钮上，效果如图 19-70 所示。

图19-70　移动图形

执行"编辑>变换>水平翻转"命令，效果如图 19-71 所示，图形出现了水平方向的翻转，完成了代表电影快退的按钮。

图19-71　水平变换图形

29 完成最终效果

双击工具箱中的抓手工具，恢复图像的整体显示，效果如图 19-72 所示，完成了数字电视图形的制作。

图19-72　最终效果

Offset Image
位移图像

位移图像是应用 Photoshop 滤镜中的位移命令制作而成的，不仅仅可以制作出固体加长的图形，还可以在图像中选取选区，以对局部进行图像位移。

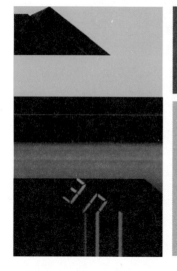

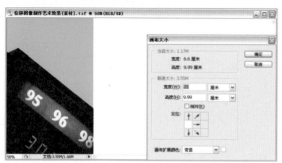

画布大小

位移设置

位移设置

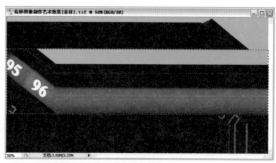

最终效果

01 增加画布的宽度

打开附书CD\Chapter 5\TIP\位移图像制作艺术效果[素材].tif 素材图像，并执行"图像>画布大小"命令，在弹出的对话框中将"宽度"增加到 20 厘米，再单击"确定"按钮，画布的宽度增加了。

02 将画布载入选区并进行位移

将背景图层转换为普通图层，将整个画布载入选区，并执行"滤镜>其他>位移"命令，设置参数后单击"确定"按钮。

03 选取选区并进行位移

位移图像以后，还可以继续在画布上选取长方形选区，并进行位移，设置水平为 -1282 像素右移，单击确定。

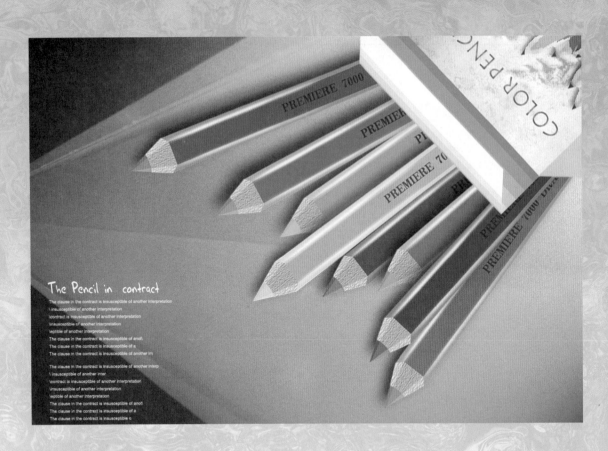

The Pencil in contract

The clause in the contract is insusceptible of another interpretation
\ insusceptible of another interpretation
\contract is insusceptible of another interpretation
insusceptible of another interpretation
leptible of another interpretation
The clause in the contract is insusceptible of anoth
The clause in the contract is insusceptible of a
The clause in the contract is insusceptible of another im

The clause in the contract is insusceptible of another interp
\ insusceptible of another inter
\contract is insusceptible of another interpretation
insusceptible of another interpretation
leptible of another interpretation
The clause in the contract is insusceptible of anoth
The clause in the contract is insusceptible of a
The clause in the contract is insusceptible o

Design Process

Works 20
Specially Effect
Multicolor Pencil

制作难度：★★★★★
制作时间：140分钟
使用功能：多边形套索工具、垂直翻转命令、纹理化滤镜、干画笔滤镜、光照效果滤镜
光盘路径：Chapter 5\Works 20\彩色的铅笔.psd

20 Multicolor Pencil
彩色的铅笔

铅笔是常见的文具，本例正是以铅笔为素材进行创作，将很多只五彩的铅笔放置在版面上进行排列组合。如果能熟练地绘制单个物体后，不妨尝试以其他物体为素材进行设计。参考更多优秀的版式设计，使简单物体的组合更美观。

01 新建一个空白画布

执行"文件>新建"命令，在弹出的对话框中设置"宽度"为5厘米，设置"高度"为15厘米，设置"分辨率"为200像素/英寸如图20-1所示，再单击"确定"按钮。

图20-1   新建设置

02 制作临时的背景颜色

选择渐变工具，在渐变编辑器中，新建一个填充背景的从黑色到蓝色的临时渐变，如图20-2所示，设置完毕单击"确定"按钮。

图20-2   编辑渐变

自画布的上面向下面拖动渐变效果如图20-3所示。

图20-3   渐变效果

03 制作一个矩形

选择工具箱中的矩形选框工具，在画布中选取一个长方形选区，如图20-4所示。

图20-4   选取选区

在"图层"面板中，单击"创建新图层"按钮，如图20-5所示，新建"图层1"图层。

图20-5   新建图层

在"拾色器"对话框中设置前景色，如图20-6所示。

图20-6　颜色编辑

执行"编辑>填充"命令，利用前景色填充。效果如图20-7所示，当前选区内填充了深灰色。

图20-7　填充颜色

图20-9　填充颜色　图20-10　取消选择

05 制作透视效果

执行"编辑>变换>透视"命令，向内收缩最下方的边角，如图 20-11 所示，使矩形图形形成梯状图形，形状满意后，按 Enter 键确定。

图20-11　透视变换

选择多边形套索工具，在如图 20-12 所示的画布位置选取一个多边形选区。

图20-12　选取选区

按 Delete 键，将选区内多余的图形删除，如图 20-13 所示。

图20-13　删除图形

04 为当前选区填充浅灰色

在"图层"面板中，单击"创建新图层"按钮，如图20-8所示，在"图层 1"图层的下面新建"图层 2"图层，设置前景色为 #ababab。

图20-8　新建图层

选择工具箱中的矩形选框工具，选取一个略大于图形的长方形选区。再执行"编辑>填充"命令，在弹出的对话框中设置"使用"为前景色，再单击"确定"按钮，效果如图20-9所示。如图20-10所示，执行"选择>取消选择"命令，取消当前浮动的选区。

06　制作铅笔头形状

继续使用多边形套索工具，选取铅笔头形状的选区，如图20-14所示。在"图层"面板中，新建"图层 3"图层。

图20-14　选取选区

设置前景色为灰色，执行"编辑>填充"命令，在弹出的对话框中设置"使用"为前景色，再单击"确定"按钮。效果如图20-15所示，当前选区填充了灰色。

图20-15　填充颜色

07　选取一个椭圆选区

在"图层"面板中，如图20-16所示，新建"图层 4"图层。选择椭圆选框工具〇，在铅笔头图形的顶端选取一个椭圆选区，如图20-17所示。

图20-16　新建图层

图20-17　选取椭圆选区

08　为当前选区填充深灰色

设置前景色为深灰色，再利用前景色填充当前选区，效果如图20-18所示。

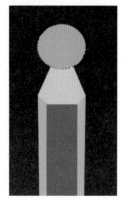

图20-18　填充颜色

在"图层"面板中，如图20-19所示，按住Ctrl键单击"图层 3"图层的缩览图，将铅笔头图形载入选区，如图20-20所示。

图20-19　载入选区操作　　图20-20　载入选区

09　删除多余的图形

执行"选择>反向"命令，效果如图20-21所示。按Delete键，删除选区内多余的图形，效果如图20-22所示。

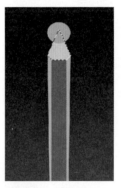

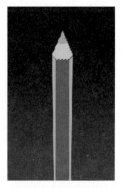

图20-21　反选　　　图20-22　删除多余图形

10 调节铅笔头图形右侧的菱角颜色

选择多边形套索工具 <img_1>，在画布中选取一个多边形选区，效果如图 20-23 所示。

图20-23　选取选区

执行"图像>调整>色阶"命令，在弹出的对话框中将中间灰色的滑块向右侧移动。设置完毕单击"确定"按钮。效果如图 20-24 所示，选区中的图形的颜色变暗了。

图20-24　调整色阶

11 修改铅笔头图形的局部颜色

选择多边形套索工具 ，在画布中选取一个多边形选区，效果如图 20-25 所示。

图20-25　选取选区

执行"图像>调整>色阶"命令，将中间灰色的滑块向右侧移动，再单击"确定"

按钮。效果如图 20-26 所示，选区中图形的颜色变亮了。

图20-26　调整色阶

12 制作铅笔图形的高光效果

在"图层"面板中，单击"创建新图层"按钮，如图 20-27 所示，新建"图层 5"图层。

图20-27　新建图层

选择工具箱中的画笔工具，在选项栏中，如图 20-28 所示，设置"笔触大小"为 15 像素，设置"不透明度"为 40%。

图20-28　画笔工具设置

在铅笔图形的右侧涂抹出高光效果，如图 20-29 所示，继续在图形的左侧涂抹出略淡于右侧的高光效果，效果如图 20-30 所示。

图20-29　右侧高光　　　图20-30　左侧高光

13 为当前选区进行渐变填充

在"图层"面板中，确定当前编辑图层为"图层 1"图层，如图 20-31 所示，按住 Ctrl 键，单击图层缩览图，将该图层中的图像载入选区。

图20-31　载入选区

设置前景色为淡灰色，设置背景色为深灰色。选择工具箱中的渐变工具，再设置为"前景到背景"的线性渐变，自上而下拖动，渐变效果如图 20-32 所示。

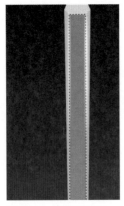

图20-32　添加渐变

执行"选择>取消选择"命令，取消当前选区。

14 制作铅笔的产品信息与型号

选择工具箱中的横排文字工具 T.，输入铅笔的产品信息，效果如图 20-33 所示。继续制作铅笔的型号图形，效果如图 20-34 所示。

图20-33　输入文字

图20-34　型号图形

15 选取一个梯形的选区

在"图层"面板中，单击"创建新图层"按钮 □，如图 20-35 所示，新建一个"图层 6"。选择多边形套索工具 ♥.，在铅笔图形的底端选取一个梯形选区，如图 20-36 所示。

图20-35　新建图层

图20-36　选取选区

16 完成铅笔图形

设置前景色为深灰色，执行"编辑>填充"命令，在弹出的对话框中设置"使用"为前景色，再单击"确定"按钮，效果如图 20-37 所示，当前选区内填充了深灰色。

图20-37　填充颜色

执行"选择>取消选择"命令，取消当前浮动的选区，效果如图 20-38 所示，完成了最基本的铅笔样式图形的制作。

图20-38　单只铅笔效果

执行"文件>保存"命令,在弹出的对话框中为当前图像命名后🖱单击"保存"按钮。

17 链接图层

将铅笔图形的所有图层进行链接,如图20-39所示,再按 Ctrl+E 键,合并链接的图层。

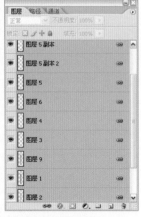

图20-39 链接图层

18 将铅笔图形移动到新建的画布中

执行"文件>新建"命令,新建一个宽12厘米、高16厘米的图像文件。再使用由黑到蓝过渡的渐变填充画布,效果如图20-40所示。将铅笔图形移动到新建的画布中,效果如图20-41所示。

图20-40 新建画布   图20-41 置入图形

19 选取矩形选区

执行"编辑>变换>垂直翻转"命令,效果如图20-42所示,铅笔图形的上下方向进行了颠倒。

选择矩形选框工具▢,在如图20-43所示的位置上,选取一个长方形选区。

图20-42 垂直变换   图20-43 选取选区

20 为当前选区填充土黄色

在"图层"面板中,🖱单击"创建新图层"按钮🔲,如图20-44所示,新建"图层2"图层。设置前景色为#e2c195,执行"编辑>填充"命令,在弹出的对话框中设置"使用"为前景色,再🖱单击"确定"按钮效果如图20-45所示,当前选区填充了土黄色。

图20-44 新建图层   图20-45 填充颜色

21 制作铅笔的木纹质感效果

执行"滤镜>纹理>纹理化"命令,在弹出的"纹理化"对话框中设置"缩放"为100%,设置"凸现"为7,设置"光照"为右,如图20-46所示,再单击"确定"按钮。

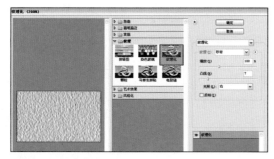

图20-46 纹理化设置

效果如图20-47所示，制作了木纹的质感效果。

图20-47 质感木纹

22 调整木纹形状

在"图层"面板中，确定当前编辑图层为"图层1"图层，如图20-48所示，将"图层2"图层的预览暂时关闭。

图20-48 当前图层

使用工具箱中的魔棒工具 ，单击铅笔的顶端图形，如图20-49所示，将该图形载入选区。

图20-49 载入选区

显示"图层2"图层，如图20-50所示，效果如图20-51所示。

图20-50 打开预览　　图20-51 当前图像

如图20-52所示，执行"选择>反向"命令，按Delete键删除选区中的多余图形。执行"选择>取消选择"命令，取消当前选区，效果如图20-53所示。

图20-52 反向　　　　图20-53 木纹效果

23 调整图形的亮度

选择多边形套索工具 ，在画布中选取一个三角形选区，效果如图20-54所示。

图20-54 选取选区

执行"图像>调整>亮度/对比度"命令，在弹出的对话框中设置"亮度"为-30，设置"对比度"为0，再单击"确定"按钮。

213

效果如图 20-55 所示，选区内图形的颜色变暗了许多。

图20-55　颜色变暗

24　调节铅笔图形的颜色

将铅笔图形移动到画布的左侧，再在"图层"面板中选择"图层 1"图层，即铅笔图形的所在图层。执行"图像>调整>色相/饱和度"命令，在弹出的对话框中，选中"着色"复选框，如图 20-56 所示，设置完毕 🖱 单击"确定"按钮，其效果如图 20-57 所示，铅笔图形被调节成红色。

图20-56　色相/饱和度　　图20-57　红色效果

25　制作青色铅笔图形

在"图层"面板中复制红色铅笔图形所在的图层，如图 20-58 所示。

图20-58　复制图形

选择工具箱中的移动工具 ▶₊，将该图形向右侧移动，效果如图 20-59 所示。

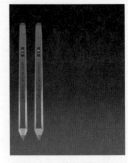

图20-59　移动图形

执行"图像>调整>色相/饱和度"命令，在弹出的对话框中设置"色相"为 −150，设置"饱和度"为 0，设置"明度"为 0，设置完毕 🖱 单击"确定"按钮。

26　复制并移动图形

在"图层"面板中，将青色铅笔图形所在的图层进行复制，再选择工具箱中的移动工具 ▶₊，将该图形向右侧移动，效果如图 20-60 所示。

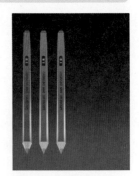

图20-60　复制图形

27　将青色的铅笔图形修改为绿色

执行"图像>调整>色相/饱和度"命令，如图 20-61 所示，设置"色相"为 −110，设置"饱和度"为 0，设置"明度"为 0，设置完毕 🖱 单击"确定"按钮，效果如图 20-62 所示。

图20-61　色相/饱和度　　图20-62　绿色铅笔

28 复制并移动铅笔图形

在"图层"面板中，将绿色铅笔图形所在的图层进行复制，再选择移动工具 ，将该图形向右侧移动，效果如图20-63所示。

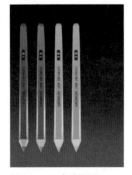

图20-63　复制图形

29 将绿色的铅笔图形修改为黄色

执行"图像>调整>色相/饱和度"命令，在弹出的对话框中，如图20-64所示，设置"色相"为－40，设置"饱和度"为0，设置"明度"为0，再 单击"确定"按钮。效果如图20-65所示。

图20-64　色相/饱和度

图20-65　黄色铅笔

30 制作紫红色铅笔

在"图层"面板中，将黄色铅笔图形所在的图层进行复制，再将该图层中的铅笔图形向右侧移动。执行"图像>调整>色相/饱和度"命令，在弹出的对话框中，如图20-66所示，设置"色相"为－125，设置"饱和度"为0，设置"明度"为0，设置完毕 单击"确定"按钮。将黄色的图形调节成紫红色，效果如图20-67所示。

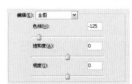

图20-66　色相/饱和度

图20-67　紫红色铅笔

31 制作中黄色铅笔

在"图层"面板中，将紫红色铅笔图形所在的图层进行复制。选择工具箱中的移动工具 ，将该图形向右侧进行移动。执行"图像>调整>色相/饱和度"命令，在弹出的对话框中，如图20-68所示，设置参数，再单击"确定"按钮，效果如图20-69所示。

图20-68　色相/饱和度

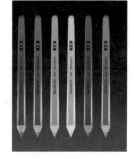

图20-69　中黄色铅笔

32 复制木纹理图形所在的图层

在"图层"面板中，将木质纹理图形所在的"图层2"图层，拖到"创建新图层"按钮 上，进行图层复制，如图20-70所示。

图20-70　复制图层

选择工具箱中的移动工具 ➤✛，将复制的图形向右侧移动，放置在青色铅笔图形的下端，效果如图 20-71 所示。继续复制并移动木质纹理图形到绿色的铅笔图形上，效果如图 20-72 所示。

图20-71 移动图形（1） 图20-72 移动图形（2）

33 制作木质感的铅笔图形

在"图层"面板中，复制更多的木质纹理图形，并将它们分别移动到各个铅笔图形的下端，效果如图 20-73 所示。

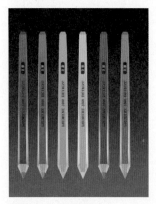

图20-73 移动图形

34 二归一的图层合并

在"图层"面板中，将各个铅笔图形所在的图层与对应的木质图形所在的图层进行链接，如图 20-74 所示，再按 Ctrl+E 键，将两个图层合并成一个图层。根据上述方法，将其他相应的木质图形与铅笔图形所在的图层进行合并，如图 20-75 所示。

图20-74 链接图层 图20-75 合并图层

35 组合铅笔图形

利用自由变换命令将各个图形进行旋转变换并移动到合适的位置，再进行图形组合，制作如图 20-76 所示的效果即可。

图20-76 组合铅笔图形

36 羽化铅笔的选区

将绿色的铅笔图形载入选区，如图 20-77 所示。执行"选择>羽化"命令，如图 20-78 所示。在弹出的对话框中，设置"羽化半径"为 7 像素，再 🖱 单击"确定"按钮。选区被羽化。

图20-77 载入选区 图20-78 羽化操作

37 制作绿色铅笔图形的阴影效果

在"图层"面板中，新建"图层 2"图层。执行"编辑>填充"命令，在弹出的对话框中，设置"使用"为黑色，再单击"确定"按钮。如图 20-79 所示，执行"选择>取消选择"命令，取消当前浮动的选区。选择工具箱中的移动工具 ▸⊕，将阴影图形向绿色铅笔图形的左侧轻微移动，效果如图 21-80 所示。

图20-79 取消选择　　图20-80 阴影效果（1）

38 为其他铅笔图形赋予阴影效果

根据制作绿色铅笔阴影的步骤，为其他铅笔图形制作阴影效果，如图 20-81 所示。当然还可以为图形添加图层样式中的阴影效果，效果要略微差一些。如图 20-82 所示的是所有铅笔图形的阴影。

图20-81 阴影效果（2）　　图20-82 阴影效果（3）

39 合并所有链接图层

在"图层"面板中，将"背景"图层以外的所有图层进行链接，如图 20-83 所示。

再按 Ctrl+E 键，合并链接图层，如图 20-84所示，合并为"图层 1"图层。

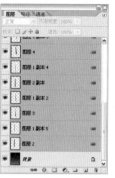

图20-83 链接图层　　图20-84 合并链接图层

40 置入素材

打开附书 CD\Chapter 5\Works 20\ 制作彩色的铅笔[素材 1].tif 素材图像，如图 20-85所示。新建一个画布，并使用由黑到蓝的渐变色填充。使用移动工具 ▸⊕，将素材图像移动到新建的画布中，效果如图 20-86 所示。

图20-85 素材图像　　图20-86 置入图像

在"图层"面板中，如图 20-87 所示，新建"图层 2"图层。

图20-87 新建图层

41 选取选区并填充颜色

选择工具箱中的多边形套索工具 ，选取一个平行四边形选区，效果如图20-88所示。

图20-88 选取选区

设置前景色为灰色，再执行"编辑>填充"命令。在弹出的对话框中设置"使用"为前景色，再单击"确定"按钮，效果如图20-89所示。再在"图层 2"图层的下方新建"图层 3"图层，如图20-90所示。

图20-89 填充颜色

图20-90 新建图层

选择多边形套索工具 ，继续选取一个平行四边形选区，效果如图20-91所示。

图20-91 拉取选取

设置前景色为浅灰色，再执行"编辑>填充"命令。在弹出的对话框中设置"使用"为前景色，设置完毕单击"确定"按钮，效果如图20-92所示。在"图层 1"图层的下方新建"图层 4"图层，如图20-93所示。

图20-92 填充颜色

图20-93 新建图层

42 选取一个长方形选区

选择工具箱中的矩形选框工具 ，在素材图像的下面选取一个长方形选区，效果如图20-94所示。

图20-94 选取选区

43 载入系统提供的渐变样式

选择工具箱中的渐变工具 ，进入渐变编辑器，单击"载入"按钮，在弹出的对话框中选择系统自带的"特殊效果"渐变样式，如图20-95所示，再 单击"载入"按钮。

图20-95 载入渐变样式

44 填充当前选区

如图20-96所示，选择"灰条纹"渐变，再在选区中自上向下拖动。

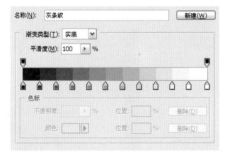

图20-96　渐变编辑

渐变效果如图20-97所示。可以反复应用渐变，直到效果满意为止。

图20-97　制作渐变

45 选取选区并填充

在"图层"面板中单击"创建新图层"按钮 ，在"图层 4"图层的上面新建"图层 5"图层，如图20-98所示。

图20-98　新建图层

选择多边形套索工具 ，再选取一个梯形选区，如图20-99所示。选择工具箱中的渐变工具 ，继续使用刚才设置好的渐变样式，在选区中拖动，渐变效果如图20-100所示。可以反复应用渐变，直到效果满意为止。

图20-99　选取选区　　　图20-100　制作渐变

46 制作铅笔盒上的文字效果

选择横排文字工具 T.，在铅笔盒上输入英文并垂直翻转，最后应用"渐变叠加"图层样式，效果如图20-101所示。

图20-101　输入文字

47 置入拼凑的铅笔图形

选择拼凑的铅笔图形，再选择工具箱中的移动工具 ，将该图形移动到画布中，效果如图20-102所示。

图20-102　置入铅笔图形

48 收缩并旋转铅笔组合图形

执行"编辑 > 自由变换"命令。

如图 20-103 所示。收缩并旋转弹出的自由变换框，大小与角度满意后，按 Enter 键确认。

图20-103　收缩图形

49 为铅笔组合赋予特效

执行"滤镜>艺术效果>干画笔"命令，在弹出的"干画笔"对话框中设置"画笔大小"为10、设置"画笔细节"为7，设置"纹理"为2，如图 20-104 所示，设置完毕单击"确定"按钮。

图20-104　干画笔设置

效果如图 20-105 所示，铅笔的颜色和形状具有艺术效果。

图20-105　干画笔效果

50 调节不透明度

在"图层"面板中，如图 20-106 所示，将铅笔所在的图层的"不透明度"降至70%，其效果如图 20-107 所示。

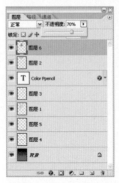 

图20-106　调整不透明度　图20-107　调整效果

51 新建画布

执行"文件>新建"命令，在弹出的对话框中设置相关参数，如图 20-108 所示，再单击"确定"按钮。

图20-108　新建设置

52 为画布填充黄色

在"拾色器"对话框中设置前景色为黄色，如图 20-109 所示，再单击"确定"按钮。

图20-109　颜色编辑

执行"编辑>填充"命令，在弹出的对话框中设置"使用"为前景色，如图20-110所示，再🖱单击"确定"按钮，将新建的画布填充黄色。

图20-110 填充设置

53 为画布进行光照渲染

执行"滤镜>渲染>光照效果"命令，在弹出的对话框中，设定光的照射角度，设置"强度"为35，设置"聚焦"为69，设置"光泽"为0，设置"曝光度"为0，设置"环境"为8，其他设置为默认值，如图20-111所示，设置完毕🖱单击"确定"按钮。

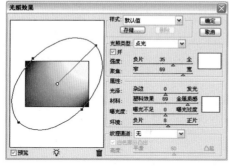

图20-111 光照效果设置

效果如图20-112所示，赋予画布光照墙壁后的特殊效果。

图20-112 光照效果

54 为画布添加杂色效果

执行"滤镜>杂色>添加杂色"命令，在弹出的对话框中设置参数，再单击"确定"按钮，效果如图20-113所示。

图20-113 添加杂色

55 置入素材

打开附书CD\Chapter 5\Works 20\制作彩色的铅笔[素材2].tif素材图像，如图20-114所示。选择移动工具 ▸⊹，将该图像移动到画布中。

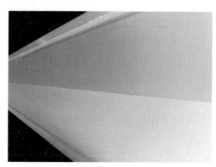

图20-114 素材图像

56 调节素材图像的图层混合模式

在"图层"面板中，如图20-115所示，将素材图像所在的"图层1"图层的混合模式改为"柔光"。

图20-115 柔光模式

效果如图20-116所示，黑白的图像与光照渲染的背景融合在一起了。

图20-116　柔光效果

57 置入铅笔组图形并进行自由变换

打开铅笔组图形的图像文件，再使用移动工具 将图形移动到总画布中，放置在右侧，效果如图20-117所示。

图20-117　置入铅笔组图形

执行"编辑＞自由变换"命令，顺时针旋转并放大弹出的自由变换框，如图20-118所示。

图20-118　旋转图形

大小与角度满意后，按 Enter 键确定，效果如图 20-119 所示。

图20-119　变换效果

58 置入铅笔盒图形并进行自由变换

打开制作的铅笔盒图形的文件，使用移动工具 将该图形移动到总画布中，效果如图20-120所示。

图20-120　置入铅笔盒

执行"编辑＞自由变换"命令，旋转与放大弹出的自由变换框，如图20-121所示。大小与角度满意后，按 Enter 键确定。

图20-121　旋转变换

在工具箱中选择移动工具 ✛，将铅笔盒图形移动到画布的右上角，效果如图 20-122 所示。铅笔像插在铅笔盒中一样。此时图像左下角比较空，可以加入文字，而且和图像中的其他文字内容呼应。

图20-122　移动图形

59　输入设计文字

最后在图像中输入英文，效果如图20-123所示。至此已完成彩色铅笔的制作。

图20-123　最终效果

Design Process

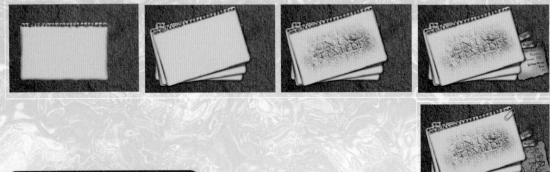

Works 21
Specially Effect
Shabby Sheets

制作难度：★★★★★
制作时间：120分钟
使用功能：加深工具、纹理化滤镜、变换选区命令、图层混合模式、色阶命令
光盘路径：Chapter 5\Works 21\破旧的纸张.psd

21 Shabby Sheets
破旧的纸张

本例利用颜色加深工具制作破旧、发黄、烤焦的纸张效果。曲别针图形的制作关键在于图形内的颜色调整，使单色的图形变为质感强烈的立体图像，希望读者在本例有所收益。

01 将画布填充赭石色

打开附书CD\Chapter 5\Works 21\ 制作破旧的纸张效果[素材1].tif 素材图像，如图21-1所示。

图21-1 素材图像

在"拾色器"对话框中设置前景色，如图21-2所示，再单击"确定"按钮。在"图层"面板中，单击新建图层按钮 ，如图21-3所示，新建一个"图层 1"。

图21-2 颜色编辑

图21-3 新建图层

执行"编辑>填充"命令，在弹出的对话框中设置参数，如图21-4所示，再单击"确定"按钮。

图21-4 填充设置

效果如图21-5所示，画布填充了赭石色。

图21-5 填充颜色

在"图层"面板中，将"图层 1"图层的混合模式改为"强光"，如图21-6所示。

图21-6 强光模式

效果如图21-7所示，石头纹理的照片被赋予赭石色。

图21-7　强光效果

02 新建图层

在"图层"面板中，🖱单击"创建新图层"按钮 🗔，如图21-8 所示，新建"图层 2"图层。

图21-8　新建图层

单击"前景色"图标，在弹出的"拾色器"对话框中设置如图21-9 所示，设置完毕 🖱单击"确定"按钮。

图21-9　颜色编辑

03 在画布中绘制矩形

选择工具箱中的圆角矩形工具，在选项栏中设置"半径"为30px，如图21-10所示。

图21-10　工具设置

在画布中绘制圆角矩形，如图21-11所示。

图21-11　绘制图形

04 制作黑色的装订孔图形

在"图层"面板中，🖱单击"创建新图层"按钮 🗔，如图21-12 所示，新建"图层 3"图层。设置前景色为黑色，选择工具箱中的圆角矩形工具，设置"半径"为5像素，在黄色的图形上绘制三个黑色方孔图形，效果如图21-13所示。

图21-12　新建图层　　　图21-13　绘制图形

在"图层"面板中，将"图层 3"图层进行复制，再将复制的图形向左侧移动。根据此种方法，制作黄纸上的装订孔效果，如图21-14所示。

图21-14　制作装订孔

在"图层"面板中将装订孔图形所在的图层进行链接，如图21-15所示，按Ctrl+E键，合并链接图层，将多个图层合并为"图层 3"图层。

图21-15　链接图层

05　制作纸张的孔眼效果

确定当前编辑图层为"图层 2"图层，如图21-16所示，按住Ctrl键单击"图层 3"图层的缩览图，将黑色孔眼图形载入选区。

图21-16　载入选区

再删除图层，效果如图21-17所示。

图21-17　载入选区

按Delete键，删除选区的部分，效果如图21-18所示。

图21-18　删除选区内图形

06　制作残破的纸张孔眼效果

选择工具箱中的多边形套索工具，在选项栏中单击"添加到选区"按钮。在孔眼图形的区域选取大小不同的选区，效果如图21-19所示。

图21-19　选取选区

按Delete键，删除选区内的图形，效果如图21-20所示。

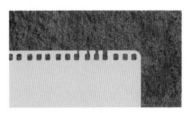

图21-20　删除图形

根据上述方法，选取更多的选区，并删除选区内的图形，制作的残破纸张孔眼效果如图21-21所示。

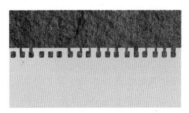

图21-21　残破的纸张孔眼

选择工具箱中的矩形选框工具，在纸张图形的左上再选取一个长方形选区，如图21-22所示。

图21-22　选取选区

按 Delete 键，对选区内的图形进行删除，制作坏裂的孔眼效果完毕。执行"选择>取消选择"命令，取消当前浮动的选区，效果如图 21-23 所示。

图21-23　更多残破的孔眼

07　加深孔眼周围的区域

选择工具箱中的加深工具，在选项栏中设置"画笔大小"为 30 像素，设置"曝光度"为 70%，如图 21-24 所示。

图21-24　工具设置

涂抹纸张图形孔眼周围的区域，效果如图 21-25 所示，需要加深的区域多涂抹几次即可。根据此方法，将所有的孔眼进行仿旧处理，效果如图 21-26 所示。

图21-25　涂抹纸张边缘效果

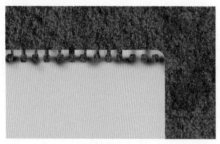

图21-26　涂抹加深效果

08　制作烤焦的纸张效果

继续使用加深工具涂抹纸张的外侧边缘，制作烤焦的纸张效果，如图 21-27 所示。

图21-27　烤焦效果

调整图像的亮度 / 对比度，如图 21-28 所示，降低了图形的颜色对比。

图21-28　亮度/对比度调整

在"图层"面板中单击"添加图层样式"按钮，在弹出的菜单中执行"投影"命令，在弹出的对话框中设置参数，如图 21-29 所示，再单击"确定"按钮。

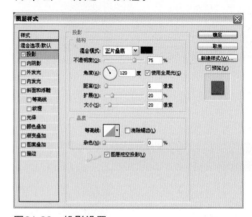

图21-29　投影设置

纸张图形的投影效果，如图 21-30 所示。

图21-30   投影效果

09 复制图层

在"图层"面板中，将"图层 2"图层进行复制，如图 21-31 所示。执行"编辑>自由变换"命令，旋转弹出的自由变换框，如图 21-32 所示，角度满意后按 Enter 键确定。

图21-31   复制图层

图21-32   旋转变换

选择工具箱中的移动工具，将复制的图形移动到合适的位置，效果如图 21-33 所示。

图21-33   移动效果

10 继续复制纸张所在的图层

在"图层"面板中，将"图层 2"图层再次进行复制，如图 21-34 所示。

图21-34   复制图层

11 旋转变换并移动图形

执行"编辑>自由变换"命令，旋转弹出的自由变换框，如图 21-35 所示，角度满意后，按 Enter 键确定。

图21-35   旋转变换图形

选择移动工具，将复制并进行自由变换后的图形移动到合适的位置，效果如图 21-36 所示。

图21-36   移动图形

12 复制图层

在"图层"面板中,将"图层 2"拖到"创建图层"按钮  上,进行图层复制,如图 21-37 所示。

图21-37 复制图层

执行"编辑>自由变换"命令,旋转弹出的自由变换框,如图 21-38 所示,角度满意后按 Enter 键确定。

图21-38 旋转变换图形

选择工具箱中的移动工具 ,将复制的图形移动到合适的位置,效果如图 21-39 所示。

图21-39 移动图形

● 提示

在操作过程中如果想要进行更细致的修改,就要不断放大与缩小图像。按 Ctrl++ 或 Ctrl+1 键可以快速缩小与放大图像。

13 调整纸张图形的颜色对比

执行"图像>调整>亮度/对比度"命令,在弹出的对话框中设置"对比度"为 +20,单击"确定"按钮后,效果如图 21-40 所示。

图21-40 亮度/对比度调整

选择工具箱中的移动工具 ,将该图形移动到如图 21-41 所示的位置。

图21-41 移动图形

14 选取并羽化选区

选择工具箱中的多边形套索工具 ,在纸张上面选取一个选区,效果如图 21-42 所示。执行"选择>羽化"命令,在弹出的对话框中,设置"羽化半径"为 30 像素,再 单击"确定"按钮后,虚化了当前的选区边缘。

图21-42 羽化选区

15　制作粗麻布的纹理效果

执行"滤镜>纹理>纹理化"命令，在弹出的对话框中，设置"纹理"为粗麻布，设置"缩放"为80%，设置"凸现"为3，设置"光照"为左下，如图21-43所示，设置完毕 单击"确定"按钮。

图21-43　纹理化设置

效果如图21-44所示，为图像添加了纹理，使效果更自然真实。

图21-44　纹理化效果

16　将素材图像载入选区

导入附书CD\Chapter 5\Works 21\制作破旧的纸张效果[素材2].tif素材图像，如图21-45所示。

图21-45　素材图像

在"图层"面板中，按住Ctrl键，单击图像所在图层，如图21-46所示。

图21-46　"图层"面板

效果如图21-47所示，将"图层1"图层中的图像载入了选区。

图21-47　载入选区

17　粘贴图像

执行"编辑>拷贝"命令，将选区内图像进行复制。回到总画布中，执行"编辑>贴入"命令，效果如图21-48所示，素材图像被粘贴到指定的区域内，而且边缘具有羽化效果，使颜色过渡自然。

图21-48　粘贴图形

18 制作文字融入纸张的效果

在"图层"面板中，将素材图像所在图层的混合模式改为"点光"然后把不透明度降为80%，如图21-49 所示。

图21-49 图层设置

效果如图 21-50 所示，素材图像与纸张相融合，制作了纸张上雕刻的文字效果。

图21-50 雕刻的文字

19 虚化素材图像的边缘

选择工具箱中的画笔工具，设置"笔触"为175 像素，设置"不透明度"为50%。对置入的素材图像进行涂抹，效果如图 21-51 所示，将顶端的图像虚化了。

图21-51 虚化图形边缘

继续涂抹素材图像的周围边缘，要注意涂抹的层次性，保持中间图像的清晰度，效果如图 21-52 所示。

图21-52 虚化效果

20 新建图层

在"图层"面板中，单击"创建新图层"按钮，如图 21-53 所示，新建"图层 4"图层。

图21-53 新建图层

21 选取多边形选区并填充颜色

选择多边形套索工具，在画布中选取书签图形的选区，效果如图 21-54 所示。

图21-54 选取选区

设置前景色为淡黄色（#e7c673），执行"编辑＞填充"命令，在弹出的"填充"对话框中设置"使用"为前景色，设置完毕单击"确定"按钮。效果如图 21-55 所示，选区内填充了淡黄色。

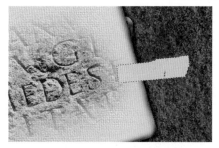

图21-55 填充颜色

22 制作破旧的书签图形

选择工具箱中的加深工具 ，在选项栏中设置合适的笔触大小后涂抹图形，利用颜色加深的效果制作破旧的纸张效果，如图21-56所示。执行"选择 > 取消选择"命令，取消当前选区。

图21-56 涂抹图形

23 为图形赋予投影效果

在"图层"面板中，单击"添加图层样式"按钮 ，在弹出的菜单中执行"投影"命令。在弹出的对话框中设置相应参数，如图21-57所示，设置完毕单击"确定"按钮。

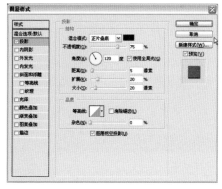

图21-57 投影设置

效果如图21-58所示，破旧的纸张图形赋予了投影效果，同时图形的立体感增强了。

图21-58 投影效果

24 调整书签所在图层的位置

在"图层"面板中，如图21-59所示，将书签图形所在的"图层 4"图层拖到"图层1"图层上面。

图21-59 调整图层位置

效果如图21-60所示，书签图形被纸张图像掩盖。

图21-60 调整效果

25 复制并旋转变换书签图形

在"图层"面板中，将书签图形所在的"图层 4"拖到"创建新图层"按钮 上，图层进行复制。

选择工具箱中的移动工具 ，将复制的图形向上移动一些，效果如图 21-61 所示。

图21-61　复制并移动图形

执行"编辑>自由变换"命令，旋转弹出的自由变换框，如图 21-62 所示，图形角度满意后，按 Enter 键确定。

图21-62　旋转变换图形

26　新建图层

在"图层"面板中单击"创建新图层"按钮 ，如图 21-63 所示，在"图层 1"图层的上面新建"图层 5"图层。

图21-63　新建图层

27　选取标贴图形的选区

选择工具箱中的多边形套索工具 ，在如图 21-64 所示的位置选取标贴纸形状的选取。

图21-64　选取选区

28　将当前选区填充黄色

设置前景色为黄色，并执行"编辑>填充"命令，在弹出的对话框中设置"使用"为前景色，设置完毕 单击"确定"按钮。执行"选择>取消选择"命令，取消当前浮动的选区。效果如图 21-65 所示，标签形状的图像区域被填充了黄色。

图21-65　填充颜色

29　添加仿旧效果

选择工具箱中的加深工具 ，设置合适的笔触大小后涂抹图形，利用颜色加深效果表现破旧的标贴纸效果，如图 21-66 所示。

图21-66　涂抹效果

执行"选择>取消选择"命令，取消当前选区。

单击"添加图层样式"按钮，在弹出的菜单中执行"投影"命令，在弹出的对话框中，设置"距离"为5像素，设置"扩展"为20%，设置"大小"为20像素，再单击"确定"按钮。效果如图21-67所示。

图21-67　投影效果

30　制作文字效果

选择工具箱中的横排文字工具 T.，分别在标贴上输入英文，输入完毕单击 ✔ 按钮，继续对文字图形进行旋转变换，最后使用移动工具将它们分别移动到各自的标贴图形上，效果如图21-68所示。

图21-68　标签上的文字

根据上述制作文字的步骤，制作标贴纸上的文字，效果如图21-69所示。

图21-69　标贴纸上的文字

在图层面板中，单击"创建新图层"按钮，如图21-70所示，新建"图层6"图层。

图21-70　新建图层

31　绘制曲别针图形

选择工具箱中的圆角矩形工具，在选项栏中设置如图21-71所示，在画布中绘制一个圆角路径。

图21-71　工具设置

选择画笔工具，如图21-72所示，在选项栏中，设置合适的笔触大小。

图21-72　工具设置

打开路径面板，单击路径描边按钮，效果如图21-73所示，制作了曲别针图形。

图21-73　曲别针图形

32　将曲别针图形载入选区

在"图层"面板中，按住Ctrl键单击"图层6"图层的缩览图，如图21-74所示。效果如图21-75所示，曲别针图形被载入选区。

图21-74　载入选区操作　　图21-75　收缩选取

33 收缩并羽化当前选取

执行"选择>修改>收缩"命令，在弹出的对话框中设置"收缩"为3像素，设置完毕单击"确定"按钮。执行"选择>羽化"命令，在弹出的对话框中设置"羽化半径"为1像素，再单击"确定"按钮。如图21-76所示，当前选区收缩了很多。

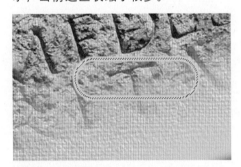

图21-76　羽化效果

34 增加选区内的图形亮度

执行"图像>调整>色阶"命令，在弹出的对话框中，设置"输入色阶"为0、1、13，如图21-77所示，再单击"确定"按钮。

图21-77　色阶设置

效果如图21-78所示，曲别针图形内部的亮度增强了。

图21-78　调整色阶

35 再次将曲别针图形载入选区

在"图层"面板中，如图21-79所示，按住Ctrl键，单击"图层6"图层的缩览图，将图形载入选区。

图21-79　载入选区

执行"选择>修改>收缩"命令，在弹出的对话框中设置"收缩"为2像素，设置完毕单击"确定"按钮。执行"选择>羽化"命令，在弹出的对话框中设置"羽化半径"为1像素，如图21-80所示，再单击"确定"按钮。如图21-81所示，执行"选择>反向"命令。

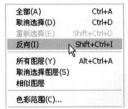

图21-80　羽化设置　　图21-81　反向命令

36 调整图形的亮度与对比度

执行"图像>调整>亮度/对比度"命令。在弹出的对话框中，设置"亮度"为－100，设置"对比度"为＋30，再单击"确定"按钮。效果如图21-82所示。

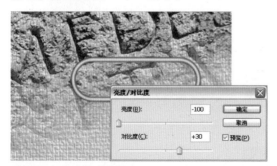

图21-82　亮度/对比度调整

37　为曲别针图形赋予投影效果

单击"添加图层样式"按钮，在弹出的菜单中执行"投影"命令，在弹出的对话框中，如图21-83所示，设置"距离"为2像素，设置"扩展"为0%，设置"大小"为7像素，选中"图层挖空投影"复选框，再🖱单击"确定"按钮。

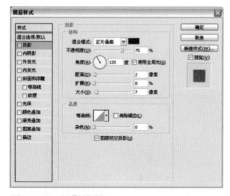

图21-83　投影设置

效果如图21-84所示，增强了曲别针图形的立体感效果。

图21-84　立体感效果

38　复制曲别针图形

在"图层"面板中，将曲别针图形所在的"图层6"图层拖到"创建新图层"按钮🔲上，进行图层复制，如图21-85所示。

图21-85　复制图层

执行"编辑＞自由变换"命令，收缩弹出的自由变换框，如图21-86所示，大小满意后，按Enter键确定。

图21-86　自由变换图形

在"图层"面板中选择曲别针图形的所在的两个图层。选择移动工具➕，将图形移动到画布的右上方并进行自由变换，如图21-87所示。

图21-87　旋转变换

角度满意后，按Enter键确定。

39 复制并移动图形

在"图层"面板中，将曲别针图形所在的图层进行复制，如图21-88所示。将复制的曲别针图形移动到画布的左下角。

图21-88　复制图层

图21-90　贴入素材图像

执行"编辑>变换>垂直翻转"命令，效果如图21-89所示。

图21-89　垂直变换图形

40 增强标贴纸的纹理效果

在"图层"面板中，按住Ctrl键单击"图层5"图层的缩览图，将标贴纸图形载入选区。打开附书CD\Chapter 5\Works 21\制作破旧的纸张效果[素材3].tif图像，将素材图像载入选区，并复制图像。回到总画布中，执行"编辑>贴入"命令，效果如图21-90所示，图像粘贴到指定的区域内。

41 完成最终效果

在"图层"面板中，将贴入素材图像所在的"图层7"图层的混合模式改为"亮度"，如图21-91所示。

图21-91　"图层"面板

亮度效果如图21-92所示。至此，本例制作完成。

图21-92　最终效果

Chapter 6　静物写生

宽屏彩电

日记本

本章讲解重点：

- 表现电视屏幕的质感
- 日记本材质的质感表现
- 制作艺术海报
- 玻璃质感的手绘技法
- 冰块与液体的质感表现
- 静物造型技巧

写实的玻璃鱼缸

贴在墙上的海报

Design Process

Works **22**
Specially Effect

Width Screen Television

■ 制作难度：★★★★
■ 制作时间：100分钟
■ 使用功能：图层样式、贴入命令、马赛克滤镜、定义图案命令、图层混合模式
■ 光盘路径：Chapter 6\Works 22\宽屏彩电.psd

22 Width Screen Television
宽屏彩电

在设计中，可以从模仿身边的物品开始，通过对静物的模仿了解更多的特效制作技巧。宽屏彩电是常见的一种静物，而且构成元素多为规则的几何图形，如长方形、圆形。本例就要制作一个亮丽的宽屏彩电，会应用 Photoshop 中的图层样式、滤镜、图案定义、图层混合模式等功能。

01 新建文件

执行"文件＞新建"命令，在弹出的对话框中，如图 22-1 所示，设置"宽度"为16 厘米，设置"高度"为 12 厘米，设置"分辨率"为 200 像素/英寸，再单击"确定"按钮。

图22-1　新建设置

在"图层"面板中，如图22-2所示单击"创建新图层"按钮，新建"图层 1"图层。

图22-2　新建图层

02 绘制一个圆角矩形

选择工具箱中的圆角矩形工具。如图22-3 所示，在选项栏中单击"填充像素"按钮，设置"半径"为 15px。

图22-3　工具设置

设置前景色为黑色，并使用设置好的圆角矩形工具，在画布中绘制一个圆角矩形，效果如图 22-4 所示。

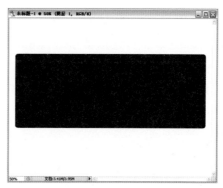

图22-4　绘制图形

03 载入选区

在"图层"面板中，按住 Ctrl 键单击"图层 1"图层的缩览图，如图 22-5 所示，将圆角矩形载入选区，然后将"图层 1"图层删除，最后新建"图层 1"图层。

图22-5　载入选区

04　对当前选区进行描边

如图 22-6 所示，执行"编辑>描边"命令，在弹出的对话框中设置"宽度"为 5px，设置"颜色"为黑色，设置"位置"为居中，如图 22-7 所示，再单击"确定"按钮。

图22-6　描边命令　　　图22-7　描边设置

效果如图 22-8 所示，圆角矩形选区有了宽为 5 像素的黑色边缘线。

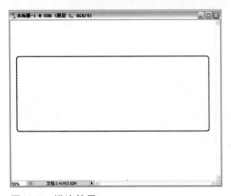

图22-8　描边效果

05　制作电视图形的线段

执行"选择>变换选区"命令，收缩弹出的变换框的四个边角，如图 22-9 所示。大小满意后，按 Enter 键确定。

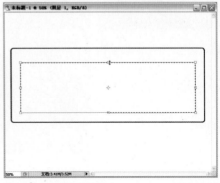

图22-9　收缩当前选区

制作另一个圆角矩形，如图 22-10 所示。

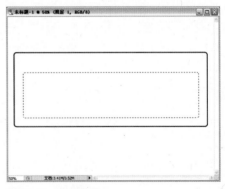

图22-10　收缩效果

为第二个圆角矩形描边，描边设置见图22-7。执行"选择>取消选择"命令，取消当前选区，效果如图 22-11 所示。

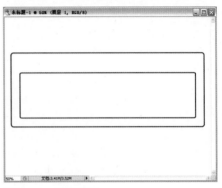

图22-11　描边效果

06 为线段赋予立体感效果

在“图层”面板中，确定当前图层为“图层 1”图层，并单击“添加图层样式”按钮。如图 22-12 所示，在弹出的菜单中执行“斜面和浮雕”命令。

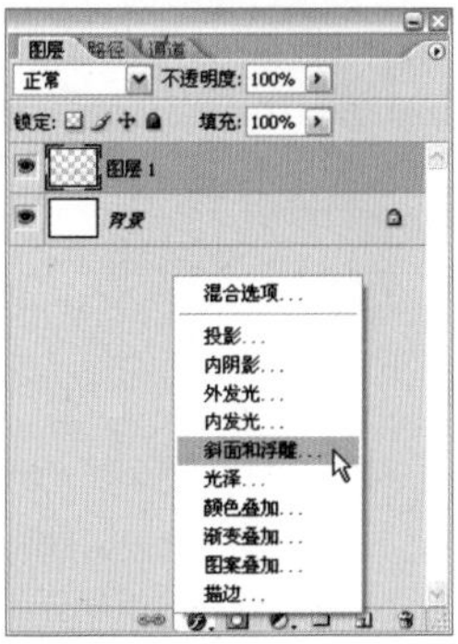

图22-12 图层样式

在弹出的对话框中设置参数，如图 22-13 所示。注意图形阴影的高度为 21 度。

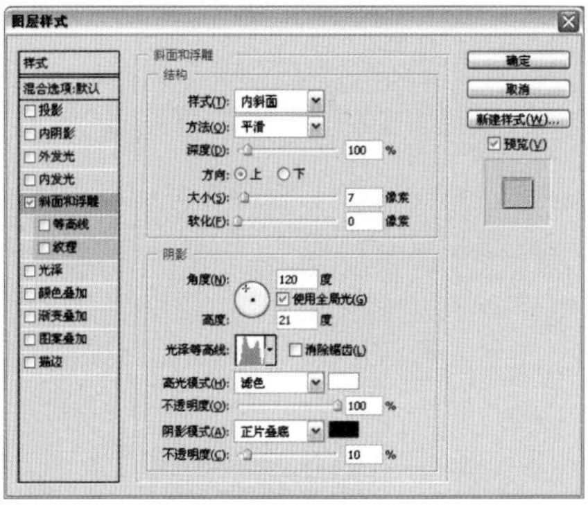

图22-13 斜面和浮雕设置

双击“光泽等高线”选项的图标，在弹出的对话框中单击添加锚点，并拖动曲线至如图 22-14 所示的形状，设置完毕单击“确定”按钮。

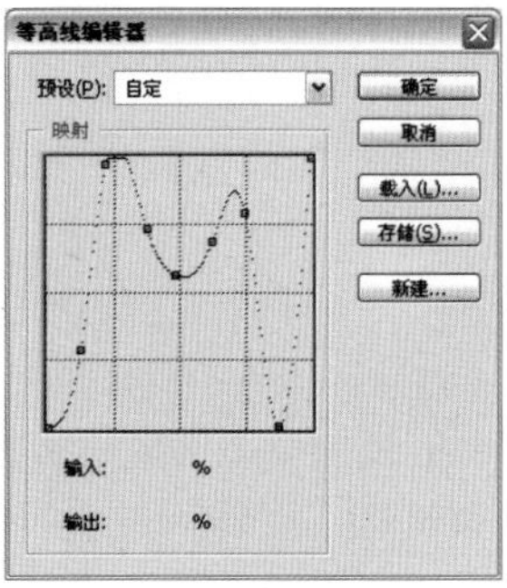

图22-14 编辑等高线

继续选择“等高线”选项，设置“范围”为 50%，其余设置如图 22-15 所示。

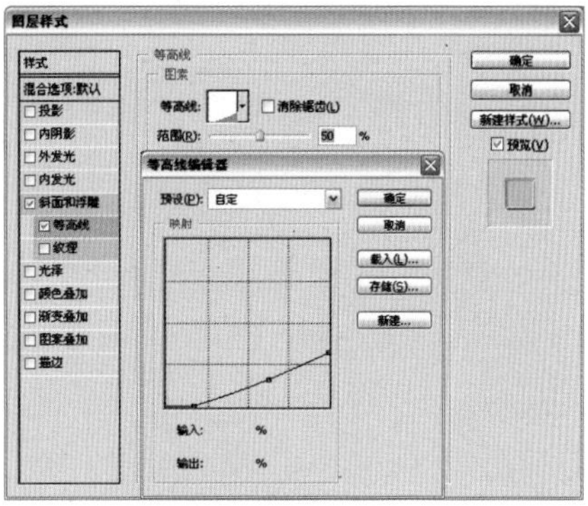

图22-15 等高线设置

效果如图 22-16 所示，黑色的轮廓线出现了立体浮雕的效果。

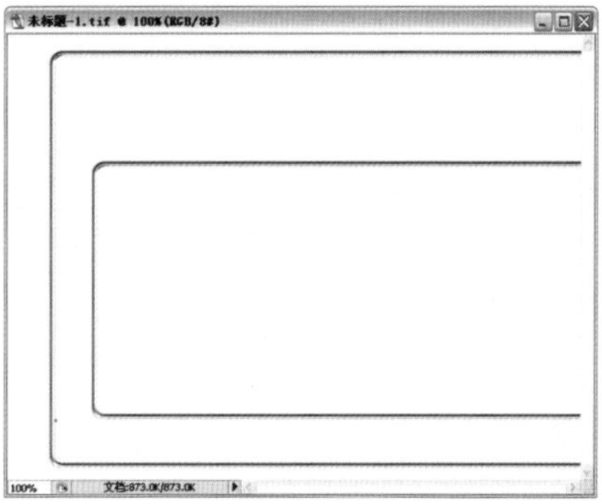
图22-16 立体浮雕效果

继续选择“渐变叠加”选项，设置“样式”为线性，设置“角度”为 90 度，设置“缩放”为 100%，如图 22-17 所示。再设置渐变样式，两边的 3 个连续的色标，分别是白、灰黑，中间的色标为白色。

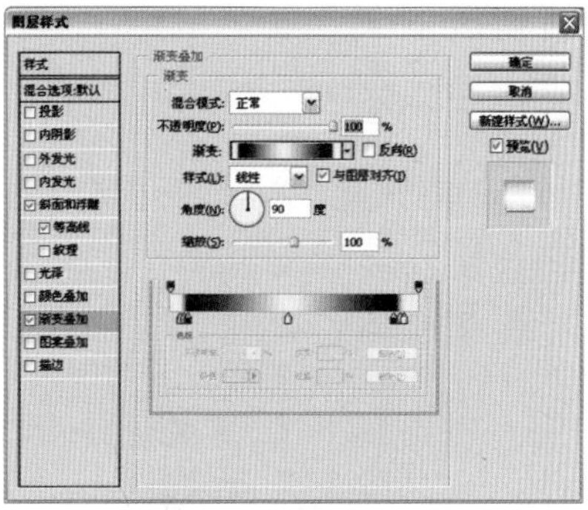

图22-17 渐变叠加设置

继续设置“内阴影”选项，设置“距离”与“堵塞”为 0，设置“大小”为 5 像素，如图 22-18 所示，单击“确定”按钮。

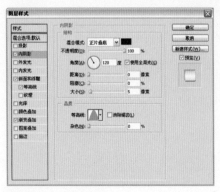

图22-18　内阴影设置

效果如图 22-19 所示，制作了电视图形的边角效果。

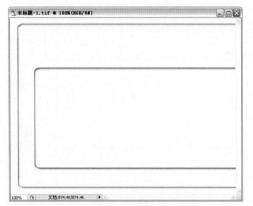

图22-19　渐变叠加和内阴影效果

07 在选区内添加金属渐变

选择工具箱中的魔棒工具，单击图形的内侧区域。在"图层"面板中，单击"创建新图层"按钮，如图 22-20 所示，新建"图层 2"图层。

图22-20　新建图层

选择工具箱中的渐变工具，并在"渐变编辑器"对话框中设置渐变样式，如图 22-21 所示。设置完毕单击"确定"按钮。

图22-21　渐变编辑

设置渐变的"类型"为线性渐变，在选区中自上向下拖动，渐变效果如图 22-22 所示，金属色渐变填充了选区。

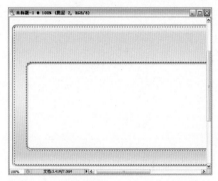

图22-22　添加渐变

在"图层"面板中，单击"创建新图层"按钮，如图 22-23 所示，新建"图层 3"图层。

图22-23　新建图层

08 选取选区并填充

选择椭圆选框工具，在如图 22-24 所示的位置选取一个正圆选区。

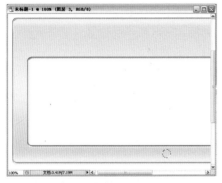

图22-24　选取正圆选区

执行"编辑>填充"命令，在弹出的对话框中设置"使用"为白色，设置完毕单击"确定"按钮。效果如图22-25所示，选区填充了白色，再执行"选择>取消选择"命令，取消当前选区。

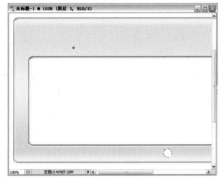

图22-25　填充了白色

09　添加图层样式

在"图层样式"对话框中选择"斜面和浮雕"选项，设置相关参数，如图22-26所示，再单击"确定"按钮。

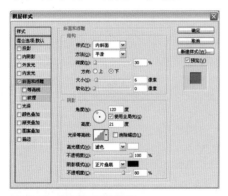

图22-26　斜面和浮雕设置

效果如图22-27所示，制作了图形的灰色内阴影效果。

图22-27　灰色内阴影效果

继续选择"渐变叠加"选项，如图22-28所示，设置"渐变"为由黑到白，设置"样式"为线性渐变，设置"角度"为90度，设置"缩放"为120度，设置完毕单击"确定"按钮。效果如图22-29所示。

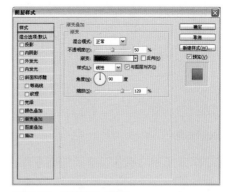

图22-28　渐变叠加设置

图22-29　渐变叠加效果

继续选择"内阴影"选项，如图22-30所示，设置"距离"为0像素，设置"堵塞"为0%，设置"大小"为1像素，再单击"确定"按钮。效果如图22-31所示，图形出现了灰色的外轮廓线效果。

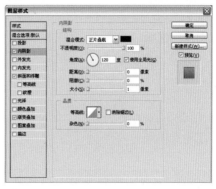

图22-30　内阴影设置

图22-31 内阴影效果

最后制作图形的投影效果。如图 22-32 所示，设置"距离"为 2 像素，设置"扩展"为 0%，设置"大小"为 3 像素，设置完毕🖰单击"确定"按钮。

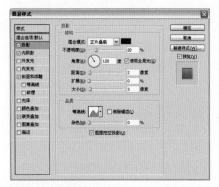

图22-32 投影设置

如图 22-33 所示，制作了电视按钮图形。

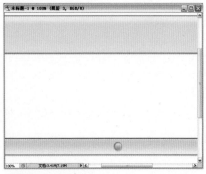

图22-33 按钮效果

10 制作更多按钮

在"图层"面板中，将"图层 3"拖到"创建新图层"按钮🔲上，进行图层复制，如图 22-34 所示，复制了两个图层副本。

图22-34 复制图层

使用工具箱中的移动工具➤₊，将复制的图形移动到如图 22-35 所示的位置，这样就有了三个电视按钮的图形。

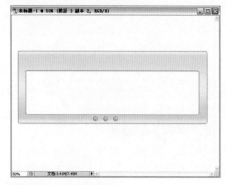

图22-35 移动复制图形

在"图层"面板中，单击"创建新图层"按钮🔲，新建"图层 4"图层，如图 22-36 所示，并将该图层拖放到"背景"图层的上面。

图22-36 新建图层

11 制作电视图形的阴影效果

选择工具箱中的椭圆选框工具◯，在电视图形的下面边框位置选取选区，效果如图 22-37 所示。

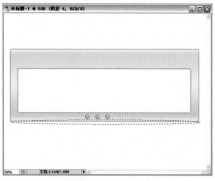

图22-37 选取椭圆选区

执行"选择>羽化"命令，在弹出的"羽化"对话框中，设置"羽化半径"为 10 像素，再单击"确定"按钮。

在工具箱中单击"设置前景色"图标，在弹出的"拾色器"对话框中设置"颜色"为灰色，如图22-38所示，设置完毕🖱单击"确定"按钮。

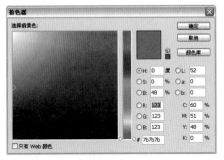

图22-38　颜色编辑

执行"编辑>填充"命令，在弹出的对话框中，设置"使用"为前景色，再🖱单击"确定"按钮。执行"选择>取消选择"命令取消选区。效果如图22-39所示，制作了电视图形的阴影效果。

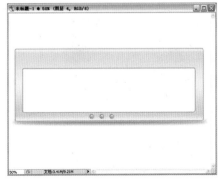

图22-39　填充效果

在"图层"面板中将"图层1"图层至"图层3"图层及其副本进行链接，如图22-40所示。

图22-40　链接图层

按Ctrl+E键，将链接的图层合并成"图层1"图层。

12　制作电视图形的倒影

在"图层"面板中将"图层1"图层拖到"创建新图层"按钮 🔲 上，复制图层，如图22-41所示。执行"编辑>变换>垂直翻转"命令，效果如图22-42所示。

图22-41　复制图层

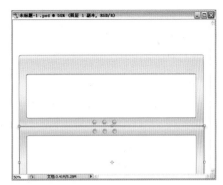

图22-42　垂直翻转

在"图层"面板中，如图22-43所示，将"图层1副本"图层的"不透明度"设置为20%。效果如图22-44所示，制作了电视图形的倒影效果。

图22-43　调整不透明度

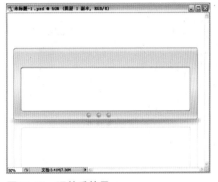

图22-44　调整后效果

13 在特定的区域内粘贴图像

在"图层"面板中，确定当前图层为"图层 1"图层，如图 22-45 所示。

图22-45　当前图层

选择魔棒工具 ，并单击电视图形的中间空白区域，效果如图 22-46 所示将局部区域载入选区。

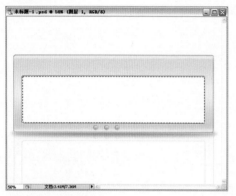

图22-46　载入选区

打开附书 CD\Chapter 6\Works 22\ 宽屏彩电[素材]照片，如图 22-47 所示。

图22-47　素材图像

执行"选择＞全部"命令，将整张照片载入选区。

如图 22-48 所示，执行"编辑＞拷贝"命令，将选区内的汽车照片进行复制。选择当前图像文件为荧屏彩电图形，如图 22-49 所示，执行"编辑＞贴入"命令。

图22-48　拷贝命令　　　图22-49　贴入命令

效果如图 22-50 所示，汽车照片粘贴进了特定的区域内。

图22-50　粘贴图像

14 制作黑白照片的效果

在"图层"面板中，将"图层 5"图层拖到"创建新图层"按钮 上，进行图层复制，如图22-51 所示。

图22-51　复制图层

如图 22-52 所示，执行"图像>调整>去色"命令。

图22-52　去色命令

效果如图 22-53 所示，电视图形中的彩色照片变为黑白照片效果。

图22-53　黑白照片效果

在"图层"面板中，如图 22-54 所示，按住 Ctrl 键，单击"图层 5 副本"图层的蒙版缩览图。

图22-54　载入选区操作

效果如图 22-55 所示，电视图形的内侧图像被载入了选区。

图22-55　载入选区

15　制作马赛克特效图像的效果

执行"滤镜>像素化>马赛克"命令，如图 22-56 所示，在弹出的对话框中设置"单元格大小"为 35 方形，设置完毕 单击"确定"按钮。

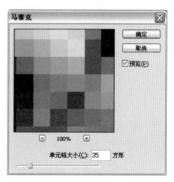

图22-56　马赛克设置

效果如图 22-57 所示，黑白的汽车图像出现了马赛克效果。

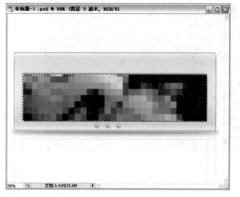

图22-57　马赛克效果

在"图层"面板中，将"图层 5 副本"图层的混合模式改为"柔光"，如图22-58所示。

图22-58　柔光模式

16 定义一个连续方格的图案

打开"通道"面板，单击"创建新通道"按钮，如图22-59所示，新建 Alpha 1 通道。

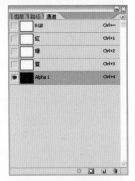

图22-59　新建通道

下面来制作连续方格的图等，注意图形的大小，可以把图像放大显示。选择工具箱中的矩形选框工具，选取一个横向的细长选区，再按住Shift键，叠加竖向的细节选区，如图22-60所示，最后再将该选区填充白色。

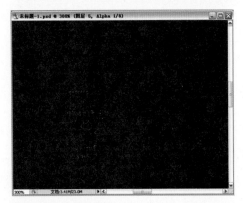

图22-60　选取选区（1）

继续使用矩形选框工具，选取一个正方形选区，如图22-61所示，将制作的边角图形包含在内。

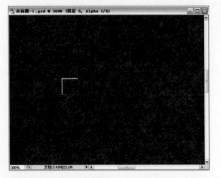

图22-61　选取选区（2）

如图22-62所示，执行"编辑>定义图案"命令，将选区内的图形定义为图案。在"图层"面板中，单击"创建新图层"按钮，新建"图层 6"图层，如图22-63所示，并按住Ctrl键单击"图层 5 副本"图层的蒙版。

图22-62　定义图案　　图22-63　载入选区

执行"编辑>填充"命令，在弹出的对话框中设置"使用"为图案，单击"自定图案"选项右侧的下三角按钮，在弹出的面板中选择刚才定义的图案，再单击"确定"按钮。效果如图22-64所示，选区内填充了设置好的连续方格图等。

图22-64　填充的图案

17 调整图形为半透明的方格图形

在"图层"面
板中，如图22-65所
示，将"图层 6"
图层的混合模式改为
"滤色"。

图22-65 滤色模式

效果如图22-66所示，图形的黑色部分被
清除，白色方格与图像叠加。

图22-66 白色方格与图像叠加效果

在"图层"面板中，将"图层 6"图
层的"不透明度"改为20%。效果如图22-
67所示，制作了半透明的方格图形。

图22-67 半透明方格

18 输入主题文字与说明文字

选择工具箱中的横排文字工具 T.，在选
项栏中设置合适的字体与文字大小，在画布中
输入主题文字，输入完毕单击 ✓ 按钮。用同
样的方法制作说明文字，效果如图22-68所
示，完成了宽荧幕彩电的制作。

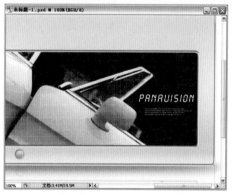

图22-68 最终效果

01 02 03 04 05 06 07 08 09 Note Book

Design Process

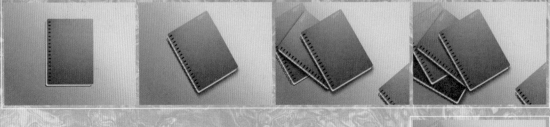

Works 23
Specially Effect

NoteBook

■ 制作难度：★★★★★
■ 制作时间：130分钟
■ 使用功能：渐变工具、高斯模糊滤镜、钢笔工具、色相╱饱和度命令、图层样式
■ 光盘路径：Chapter 6＼Works 23＼日记本．psd

23 NoteBook
日记本

　　本实例是静物写生的一种，要求表现图形的质感与背景图像的和谐图形与背景是统一的，不可分割的，甚至背景只有渐变简单效果。制作日记本的过程中要进行其他材质的制作，这打破了单调的静物作品特点。

01　制作灰色渐变背景

　　执行"文件＞新建"命令，在弹出的对话框中设置参数，如图23-1所示，再 单击"确定"按钮。

图23-1　新建设置

　　设置前景色为（R:218, G:218, B:218），设置背景色为（R:122, G:122, B:122）。选择渐变工具 ，设置渐变为"前景到背景"，设置"类型"为线性渐变，自画布的右上角向左下角拖动，渐变效果如图23-2所示。

图23-2　拖动渐变

02　制作一个圆角矩形路径

　　选择圆角矩形工具 ，在选项栏中设置参数，如图23-3所示。

图23-3　工具设置

　　在画布中绘制一个圆角矩形路径。打开"路径"面板，单击"将路径作为选区载入"按钮，如图23-4所示。

图23-4　路径变选区操作

　　如图23-5所示，工作路径变为浮动的选区。

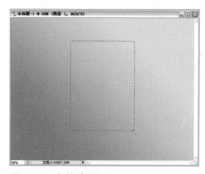

图23-5　当前选区

03 使用渐变色填充选区

在"图层"面板中，单击"创建新图层"按钮 ▣，如图23-6所示，新建"图层 1"图层。

图23-6 新建图层

设置前景色为（R:167，G:167，B:167），设置背景色为（R:76，G:76，B:76），如图23-7所示。选择工具箱中的渐变工具 ▣，选项栏设置参见图23-2。

图23-7 颜色编辑

自选区的右上角向左下角拖动，渐变效果如图23-8所示。

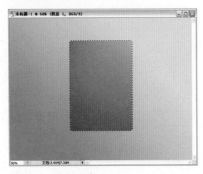

图23-8 添加渐变

如图23-9所示，执行"选择＞取消选择"命令，取消当前选区。

图23-9 取消选择

04 复制并移动矩形图形

在"图层"面板中，将"图层 1"图层进行复制，如图23-10所示。并将复制的"图层 1 副本"图层拖放到"图层 1"图层的下面。

图23-10 复制图层

选择移动工具 ▸╋，将复制的图形向左下方进行适当的移动，效果如图23-11所示。

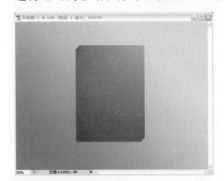

图23-11 移动图形

05 调整图形的亮度与对比度

如图23-12所示，执行"图像＞调整＞亮度/对比度"命令，在弹出的对话框中设置"亮度"为＋100，设置"对比度"为－100，再单击"确定"按钮。

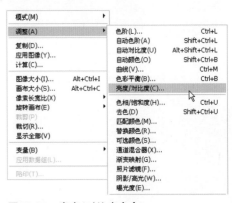

图23-12 亮度/对比度命令

效果如图23-13所示，长方形图形的颜色亮度提高了许多。

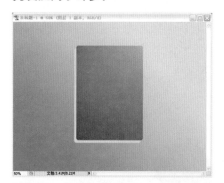

图23-13　长方形变亮效果

06　修理图形的边角效果

选择多边形套索工具 ，选取多边形选区，效果如图23-14所示。

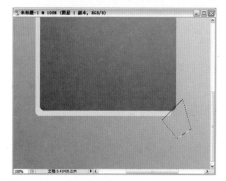

图23-14　选取选区

按Delete键，删除选区中的图形。执行"选择>取消选择"命令，取消当前选区。效果如图23-15所示，制作了日记本的纸张切角效果。

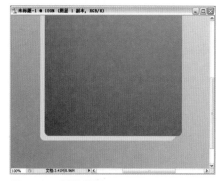

图23-15　删除图形

07　制作日记本的封底图形

在"图层"面板中将"图层 1"图层进行复制，如图23-16所示，将复制的"图层 1 副本2"图层拖到"背景"图层的上面。

图23-16　调整图层位置

选择工具箱中的移动工具 ，将复制的图形向左下方移动，效果如图23-17所示。

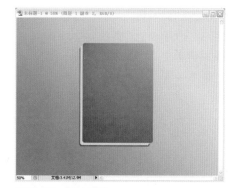

图23-17　移动图形

08　制作日记本内侧阴影的效果

在"图层"面板中，将"图层1"图层进行复制，如图23-18所示，将复制的"图层 1 副本3"拖放到"图层1"的下面。

图23-18　复制图形

执行"滤镜>模糊>高斯模糊"命令，在弹出的对话框中设置"半径"为5像素，设置完毕 单击"确定"按钮。

效果如图 23-19 所示，图形的边缘出现了虚化的效果，使用移动工具 ，适当向左下方移动虚化的图形。

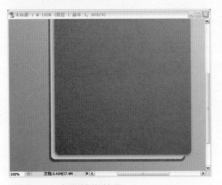

图23-19　高斯模糊效果

09 选取日记本多余的内侧阴影区域

在"图层"面板中，如图 23-20 所示，按住 Ctrl 键单击"图层 1 副本 3"图层的缩览图。

图23-20　载入选区

效果如图 23-21 所示，将日记本的纸张图形载入选区。

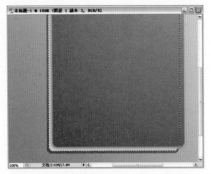

图23-21　反选选区

执行"选择＞反向"命令，当前选区呈反向选择，选取了日记本纸张区域以外的日记本阴影图形。

10 删除多余阴影

按 Delete 键，删除当前选区中的图形。执行"选择＞取消选择"命令，取消当前浮动的选区，其效果如图 23-22 所示。

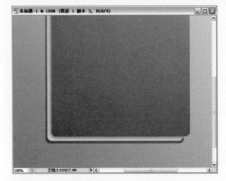

图23-22　删除效果

11 合并所有图层并复制

在"图层"面板中将"背景"图层以外的所有图层链接并合并图层为"图层1"图层，如图 23-23 所示。

图23-23　合并图层

将"图层 1"图层进行复制并隐藏。

12 绘制一个黑色矩形图形

在"图层"面板中，如图 23-24 所示，单击"创建新图层"按钮 ，新建"图层2"图层。

图23-24　新建图层

选择工具箱中的矩形选框工具，选取一个小长方形选区，并执行"编辑>填充"命令，在弹出的对话框中设置"使用"为黑色，再单击"确定"按钮。执行"选择>取消选择"命令，取消当前浮动的选区，效果如图23-25所示。

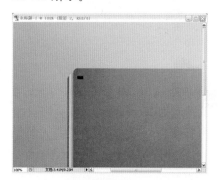

图23-25　绘制黑色图形

13 移动复制黑色矩形图形

选择移动工具，按住Alt键，向下移动复制黑色矩形图形，效果如图23-26所示。

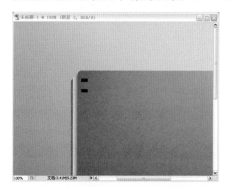

图23-26　复制图形

根据上述方法继续复制更多的日记本孔眼图形，效果如图23-27所示。

图23-27　制作孔眼图形

14 绘制一个曲线路径

在"图层"面板中，单击"创建新图层"按钮，如图23-28所示，新建"图层3"图层。

图23-28　新建图层

选择工具箱中的钢笔工具，并在如图23-29所示的位置绘制一个曲线路径。

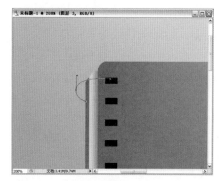

图23-29　绘制曲线路径

15 对当前路径进行描边

选择工具箱中的画笔工具，设置"主直径"为2px，设置"不透明度"为100%。在"路径"面板中，如图23-30所示，单击"用画笔描边路径"按钮，效果如图23-31所示。

图23-30　路径描边

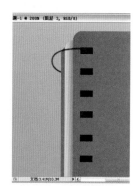

图23-31　描边效果

257

16 复制黑色的铁丝图形

在"图层"面板中，将"图层 3"图层进行复制，如图 23-32 所示。

图23-32 复制图层

选择移动工具 ，并将复制的铁丝图形向下移动，如图 23-33 所示，注意移动的区域不要超过孔眼图形。

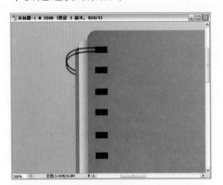

图23-33 移动复制图形

17 制作铁丝图形的高光效果

在"图层"面板中，新建"图层 4"图层，如图 23-34 所示，将该图层拖放到"图层 3"图层下面。

图23-34 新建图层

选择工具箱中的套索工具 ，在铁丝内的空白区域内选取一个选区，效果如图 23-35 所示。

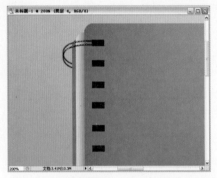

图23-35 选取选区

设置前景色为白色，选择工具箱中的渐变工具 ，设置"前景到透明"渐变，设置"类型"为对称渐变。自选区的中心向外侧拖动，渐变效果如图 23-36 所示。

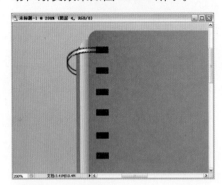

图23-36 添加渐变

执行"选择>取消选择"命令，取消当前浮动的选区，效果如图 23-37 所示，制作了铁丝的高光效果。

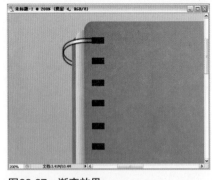

图23-37 渐变效果

18 复制另一个铁环图形

在"图层"面板中，将铁丝图形的所在图层进行链接，如图 23-38 所示。按 Ctrl+E

键，将图层合并为"图层 3"图层，将"图层 3"图层进行复制，如图 23-39 所示。

再将铁环穿入孔眼图形中，效果如图 23-42 所示。

图23-38　链接图层　　　图23-39　合并与复制

选择移动工具 ，将复制的铁环图形垂直向下移动，效果如图 23-40 所示。

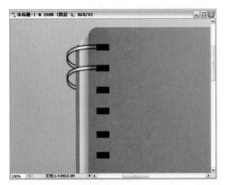

图23-40　移动复制图层

19 继续复制更多的铁环图形

确认移动工具 处于选择状态，按 Shift+Alt 键，就可以复制更多的铁环图形，效果如图 23-41 所示。

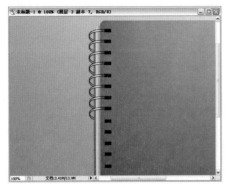

图23-41　复制更多图形

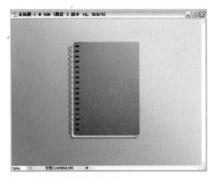

图23-42　制作铁环图形

20 合并铁环图形所在图层

在"图层"面板中，将所有铁环图形的所在图层进行链接，如图 23-43 所示。按 Ctrl+E 键，合并图层，如图 23-44 所示为"图层 3"图层。

图23-43　链接图层　　　图23-44　合并图层

21 制作凹陷的日记本孔眼效果

在"图层"面板中，确定当前图层为"图层 2"图层，如图 23-45 所示，单击"添加图层样式"按钮。

图23-45　图层样式

在弹出的菜单中执行"斜面和浮雕"命令，弹出的对话框如图23-46所示，设置相关参数后🖱单击"确定"按钮。

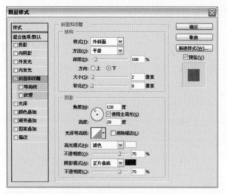

图23-46　斜面和浮雕

效果如图23-47所示，制作了凹陷的日记本孔眼效果。

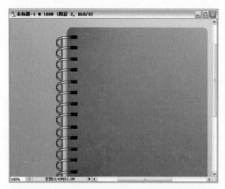

图23-47　凹陷的孔眼效果

22 贴入真皮的日记本外套

打开附书CD\Chapter 6\Works 23\制作日记本效果[素材].tif照片，如图23-48所示。将该素材移到总画布中。

图23-48　素材图像

在"图层"面板中隐藏"图层 1"图层，并显示"图层 1副本"图层，如图23-49所示。注意复制的日记本外套图形所在的"图层 4"图层的位置。

图23-49　当前图层

使用移动工具➤➕，将日记本的真皮外套移动到合适的位置，效果如图23-50所示。

图23-50　移动图像

23 将日记本的外型载入选区

将真皮日记本所在的"图层 1 副本"图层与"图层 4"图层链接，如图23-51所示，按Ctrl＋E键合并链接图层。新建 "图层 5"图层，如图23-52所示，按住Ctrl键单击"图层 4"图层的缩览图。

图23-51　链接图层

图23-52　载入选区

24 绘制阴影前的准备工作

在"图层"面板中，显示"图层 1"图层的预览，同时关闭"图层 4"图层的预览。在"拾色器"对话框中设置前景色，设置颜色为深灰色（#3d3c3c），如图 23-53 所示，再 🖱 单击"确定"按钮。

图23-53　颜色编辑

执行"选择 > 羽化"命令，在弹出的对话框中设置"羽化半径"为 8 像素，再 🖱 单击"确定"按钮。选择工具箱中任意一种选取工具，将当前选区向下移动一些，效果如图 23-54 所示。

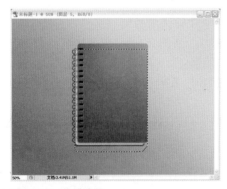

图23-54　移动选区

25 制作日记本的阴影效果

执行"编辑 > 填充"命令，在弹出的对话框中设置"使用"为前景色，再 🖱 单击"确定"。执行"选择 > 取消选择"命令，取消当前浮动的选区，效果如图 23-55 所示，制作了日记本的阴影效果。

图23-55　填充阴影

26 调整日记本的阴影

选择工具箱中的橡皮擦工具 ⬛，如图 23-56 所示，在选项栏中设置参数。

图23-56　工具设置

使用橡皮擦工具 ⬛对阴影的底端进行反复涂抹，擦除阴影的同时注意图形虚实的过渡，效果如图 23-57 所示。

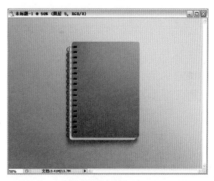

图23-57　调整阴影效果

27 输入日记本的产品信息

选择工具箱中的横排文字工具，在日记本的右上角输入相关的产品信息，输入完毕后单击 ✔ 按钮，效果如图 23-58 所示。

图23-58　输入产品信息

28 旋转日记本

在"图层"面板中，将"背景"图层以外的所有图层选中，如图23-59所示，注意不要将这些图层进行链接与合并。

图23-59　选取图层

如图23-60所示，执行"编辑>自由变换"命令。

图23-60　自由变换命令

向左旋转弹出的自由变换框，角度满意后，按Enter键确定，效果如图23-61所示，制作了单一的日记本图形效果。

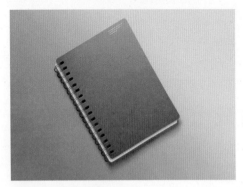

图23-61　变换效果

29 制作静物背景图像

执行"文件>新建"命令，在弹出的对话框中设置参数，如图23-62所示。

图23-62　新建设置

添加渐变后的效果如图23-63所示。

图23-63　背景

30 置入设计完毕的日记本图形

返回刚才日记本的制作文件中。在"图层"面板中，如图23-64所示，将"背景"图层与"图层4"图层以外的所有图层进行链接，再按Ctrl+E键，合并链接图层为"图层1"图层，如图23-65所示。

图23-64　链接图层

图23-65　合并图层

选择工具箱中的移动工具，将日记本图形移动到画布中。

31 复制日记本图形

在"图层"面板中，将日记本所在的"图层 1"进行复制，将复制的图形移动到画布的右下角，效果如图 23-66 所示。

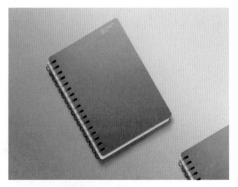

图23-66 移动图形

自由变换复制的图形，如图 23-67 所示。

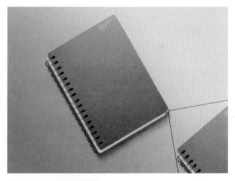

图23-67 变换图形

32 调整日记本图形的颜色

执行"图像>调整>色相/饱和度"命令。在弹出的"色相/饱和度"对话框中设置参数，如图 23-68 所示。

图23-68 色相/饱和度设置

效果如图 23-69 所示，日记本的外皮由灰白变为中黄色。

图23-69 出现中黄色外皮

33 调节日记本的外皮颜色为蓝色

在"图层"面板中，确定当前图层为"图层 1"图层，如图 23-70 所示。

图23-70 当前图层

执行"图像>调整>色相/饱和度"命令，在弹出的对话框中选中"着色"复选框，设置"色相"为 215，设置"饱和度"为 18，设置"明度"为 0，如图 23-71 所示，预览图像的颜色变化，色彩满意后再 单击"确定"按钮。

图23-71 色相/饱和度设置

效果如图 23-72 所示，复制的日记本外皮变为蓝色。

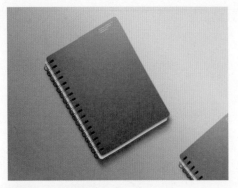

图23-72 出现蓝色外皮

● 提 示

返回日记本的制作文件中。

执行"编辑＞自由变换"命令，旋转弹出的自由变换框，如图23-75所示。角度满意后按 Enter 键确定。

图23-75 旋转变换

34 复制并变换日记本图形的角度

如图 23-73 所示，选取除"背景"图层、"图层4"图层和"图层5"图层以外的图层并链接。

图23-73 链接图层

35 复制并变换日记本图形的角度

在"图层"面板中复制"图层2"图层，如图23-76所示。注意副本图层的位置。

图23-76 复制图层

合并后将图像移动到画布中，效果如图23-74所示，有三个日记本，外皮分别是灰色、蓝色和中黄色。

图23-74 置入图像

执行"编辑＞自由变换"命令，旋转弹出的自由变换框，如图23-77所示，角度满意后按 Enter 键确定。

图23-77 旋转变换

36 为日记本赋予投影效果

在"图层"面板中确认选中"图层 2"图层，如图 23-78 所示，单击"添加图层样式"按钮 ，在弹出的菜单中执行"投影"命令。

图23-78　图层样式

在弹出的对话框中设置"不透明度"为 50%，设置"角度"为 45 度，设置"距离"为 20 像素，设置"扩展"为 0%，设置"大小"为 20 像素，如图 23-79 所示，设置完毕 单击"确定"按钮。

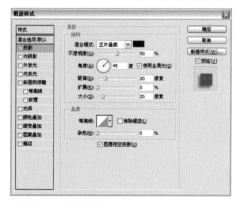

图23-79　投影设置

效果如图 23-80 所示，制作了日记本的投影效果。

图23-80　投影效果

37 调节日记本的外皮颜色

执行"图像>调整>色相/饱和度"命令，在弹出的对话框中选中"着色"复选框，设置"色相"为 0，设置"饱和度"为 15，设置"明度"为 0，如图 23-81 所示，预览图像的颜色变化，色彩满意后 单击"确定"按钮。

图23-81　色相/饱和度设置

效果如图 23-82 所示，制作了赭石色的日记本外皮。

图23-82　赭石色外皮效果

38 为日记本赋予投影效果

在"图层"面板中，确定当前编辑图层为"图层 2 副本"图层，单击"添加图层样式"按钮 ，在弹出的菜单中执行"投影"命令，在弹出的对话框中设置"不透明度"为 50%，设置"距离"为 15 像素，设置"扩展"为 0%，设置"大小"为 15 像素，如图 23-83 所示，设置完毕单击"确定"按钮。效果如图 23-84 所示，制作了日记本的投影效果。

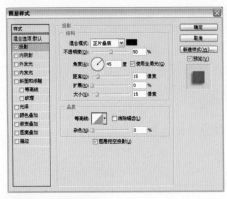

图23-83 投影设置

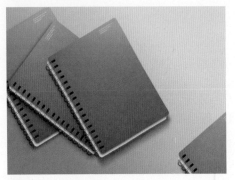

图23-84 投影效果

39 调节日记本的外皮颜色

执行"图像>调整>色相/饱和度"命令。在弹出的对话框中选中"着色"复选框，如图 23-85 所示，设置"色相"为 52，设置"饱和度"为 20，设置"明度"为 0。预览图像的颜色变化，色彩满意后🖱单击"确定"按钮。

图23-85 色相/饱和度设置

效果如图 23-86 所示，制作了又一个中黄色外皮的日记本。至此已经制作了 4 个颜色不同的日记本。

图23-86 又一个中黄色日记本

● 提示

返回日记本的制作文件中。

40 置入真皮的日记本图形

在"图层"面板中，如图 23-87 所示，将"图层 1"图层与文字及背景图层以外的所有图层进行链接，按 Ctrl+E 键，将链接的图层合并为一个图层。

图23-87 链接图层

可以观察一下即将置入的真皮日记本图形的效果如图 23-88 所示。

图23-88 当前显示图形

选择工具箱中的移动工具 ▸╈，将真皮日记本图形移动到总画布中，放置在如图 23-89 所示的位置。

图23-89　移动置入图形

41 绘制连续的圆圈图形

在"图层"面板中，🖱单击"创建新图层"按钮 🔲，如图23-90所示，新建"图层 4"图层。

图23-90　新建图层

选择工具箱中的椭圆选框工具 ◯，在选项栏中单击"添加到选区"按钮，在画布中选取大小相同、间距相同的连续圆圈选区，如图23-91所示。这种方法如果不好控制，可以选取单一正圆选区，填充颜色后，再复制该图形。

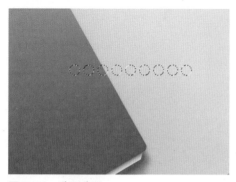

图23-91　选取选区

在"拾色器"对话框中设置前景色，设置颜色为灰色，如图23-92所示，再🖱单击"确定"按钮。

图23-92　颜色编辑

执行"编辑>填充"命令，在弹出的对话框中设置"使用"为前景色，再单击"确定"按钮，效果如图23-93所示。

图23-93　填充颜色

执行"选择>取消选择"命令，取消当前浮动的选区。

42 输入数字

选择工具箱中的横排文字工具 T.，设置字体为Arial，设置合适的文字大小，设置完毕后输入数字01~09，再单击 ✔ 按钮确定，效果如图23-94所示。

图23-94　输入数字

43 调整数字1的颜色

使用横排文字工具将数字01选中。在选项栏中单击"设置文本颜色"图标,在弹出的"拾色器"对话框中设置颜色为深红色。调整效果如图23-95所示。

图23-95 调整数字的颜色

44 制作蓝色的椭圆图形

在"图层"面板中,🖱单击"创建新图层"按钮 ▣,如图23-96所示,新建"图层 5"图层。

图23-96 新建图层

设置前景色为(R:13, B:138, G:255),设置背景景色为(R:13, B:83, G:213)。选择渐变工具 ▣,设置"类型"为对称渐变,自画布的右侧向左侧拖动,渐变效果如图23-97所示。

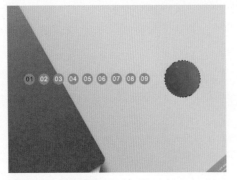

图23-97 制作渐变

继续执行"编辑>描边"命令,在弹出的对话框中设置参数,如图23-98所示,再单击"确定"按钮。

图23-98 描边设置

效果如图23-99所示,制作了对称渐变的蓝色椭圆。

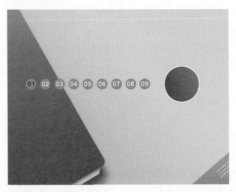

图23-99 描边效果

45 复制并缩小日记本图形

返回刚才日记本的制作文件中,将日记本图形移动到画布中,效果如图23-100所示。

图23-100 置入图形

执行"编辑>自由变换"命令,向内收缩弹出的自由变换框,如图23-101所示。图形大小满意后,按Enter键确定。

图23-101　收缩变换

效果如图23-102所示，将收缩的日记本放置在蓝色的圆圈图形内。

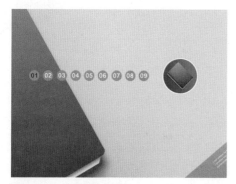

图23-102　调整图形位置

46　修改图形的图层混合模式

在"图层"面板中，将缩小后的日记本图形所在的"图层 6"图层的混合模式修改为

"叠加"。效果如图23-103所示，日记本图形自然融入蓝色的圆圈图形中。

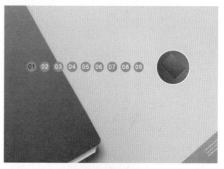

图23-103　调整图层混合模式

47　输入英文标题

选择工具箱中的横排文字工具 T.，在圆圈图形内输入英文标题，效果如图23-104所示。至此，本例制作完成。

图23-104　最终效果

Works 24

Specially Effect

Affix Wall Poster

- 制作难度：★★★★
- 制作时间：100分钟
- 使用功能：球面化滤镜、彩色半调滤镜、网状滤镜、彩色铅笔滤镜、自由变换命令
- 光盘路径：Chapter 6\Works 24\贴在墙上的海报.psd

24 Affix Wall Poster 贴在墙上的海报

海报的制作包含的设计元素很多，如透明胶的叠加、背景墙壁的纹理等等，设计色调统一，图形、图像与文字有机结合，版式整齐而不生硬。

01 新建一个空白画布

执行"文件＞新建"命令，在弹出的对话框中设置参数如图24-1所示，设置完毕单击"确定"按钮，新建一个空白的画布。

图24-1　新建设置

02 设置渐变并填充画布

选择工具箱中的渐变工具，在"渐变编辑器"对话框中新建一个"灰-白-灰"的渐变，如图24-2所示，设置"类型"为线性渐变。

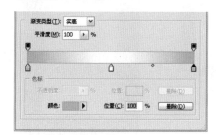

图24-2　渐变编辑

自画布的左上方向右下拖动，渐变效果如图24-3所示。

图24-3　添加渐变

03 打开一幅素材图像

打开附书CD\Chapter 6 \Works 24\制作粘贴在墙壁上的海报效果[素材1].tif素材图像，如图24-4所示。

图24-4　素材图像

04 调整图层的混合模式

选择工具箱中的移动工具 ，将素材图像移动到画布中并调整大小，使其覆盖整个画布。在"图层"面板中，如图24-5所示，将"图层1"图层的混合模式改为"差值"增强了局部图像的亮度。效果如图24-6所示，制作了沙石路面的效果。

图24-5 差值模式

图24-6 差值效果

05 选取长方形选区并填充

在"通道"面板中，单击"创建新通道"按钮 ，如图24-7所示，新建"Alpha 1"通道。

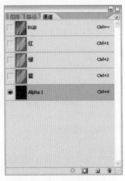

图24-7 新建通道

选择工具箱中的矩形选框工具 ，在画布中选取一个长方形选区，效果如图24-8所示。

图24-8 选取选区

执行"编辑>填充"命令，如图24-9所示，在弹出的对话框中，设置"使用"为白色，再单击"确定"按钮。

图24-9 填充命令

效果如图24-10所示，选区内填充了白色。如图24-11所示，执行"选择>取消选择"命令，取消当前浮动的选区。

图24-10 填充白色　　　图24-11 取消选择

06 扭曲长方形图形

执行"滤镜>扭曲>球面化"命令，在弹出的对话框中设置参数，如图24-12所示，再单击"确定"按钮，效果如图24-13所示。

图24-12 球面化设置　　　图24-13 球面化效果

07　反相当前图像的颜色

执行"图像>调整>反相"命令,效果如图24-14所示,图像的颜色出现了黑白颠倒的效果。

图24-14　反相效果

08　模糊当前图形

执行"滤镜>模糊>高斯模糊"命令,在弹出的对话框中设置"半径"为10像素,如图24-15所示,设置完毕单击"确定"按钮。效果如图24-16所示。

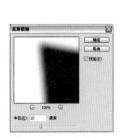

图24-15　高斯模糊　　　图24-16　模糊效果

09　制作图形边缘的圆点效果

执行"滤镜>像素化>彩色半调"命令,在弹出的对话框中设置"最大半径"为10像素,其他设置如图24-17所示,再单击"确定"按钮。

图24-17　彩色半调设置

如图24-18所示,黑色的图形边缘出现分散的圆点。

图24-18　圆点效果

10　将通道1中的图形载入选区

在"图层"面板中,单击"创建新图层"按钮,如图24-19所示,新建"图层2"图层。如图24-20所示,执行"选择>载入选区"命令。

图24-19　新建图层　　　图24-20　载入选区

在弹出的对话框中,设置"通道"为Alpha 1,如图24-21所示,选中"反相"复选框,设置完毕单击"确定"按钮。效果如图24-22所示,黑色的图形外形被载入选区。

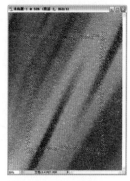

图24-21　载入通道　　　图24-22　载入选区

11 为当前选区填充灰色

在"拾色器"对话框中设置前景色,设置颜色为灰色,如图24-23所示,再🖱单击"确定"按钮。

图24-23 颜色编辑

执行"编辑>填充"命令,在弹出的对话框中设置"使用"为前景色,再单击"确定"按钮,如图24-24所示,当前选区填充了灰色。

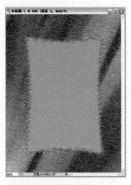

图24-24 颜色填充

如图24-25所示,执行"选择>取消选择"命令,取消当前选区。

图24-25 取消选择

12 调整图层的混合模式

在"图层"面板中,如图24-26所示,将"图层2"图层的混合模式改为"线性减淡",效果如图24-27所示。

图24-26 线性减淡模式 　图24-27 线性减淡效果

13 选取长方形选区并填充白色

选择工具箱中的矩形选框工具,在画布中选取一个长方形选区,效果如图24-28所示。

图24-28 选取选区

在"图层"面板中,🖱单击"创建新图层"按钮,如图24-29所示,新建"图层3"图层。执行"编辑>填充"命令,在弹出的对话框中设置"使用"为白色,再🖱单击"确定"按钮,效果如图24-30所示。

图24-29 新建图层 　图24-30 填充白色

14 为白色矩形添加投影效果

在“图层”面板中，单击“添加图层样式”按钮，如图24-31所示。在弹出的菜单中执行“投影”命令。

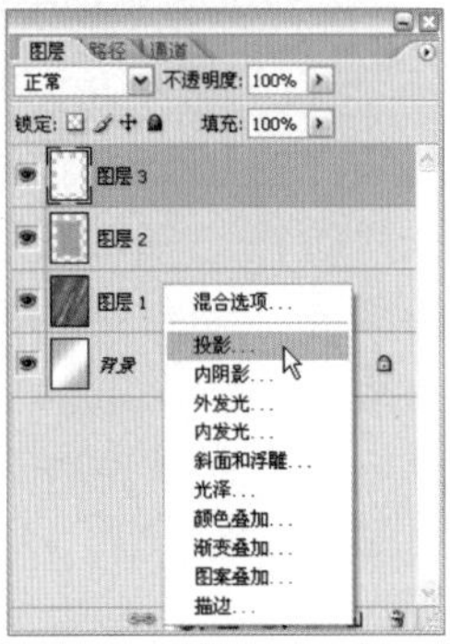

图24-31 图层样式

在弹出的对话框中，如图24-32所示，设置“距离”为0像素，设置“扩展”为8%，设置“大小”为8像素，其他设置默认再单击“确定”按钮。

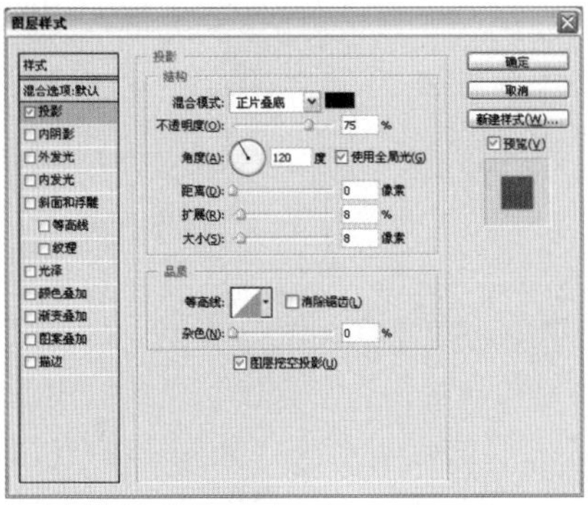
图24-32 投影设置

效果如图24-33所示，为白色的矩形添加了投影效果。

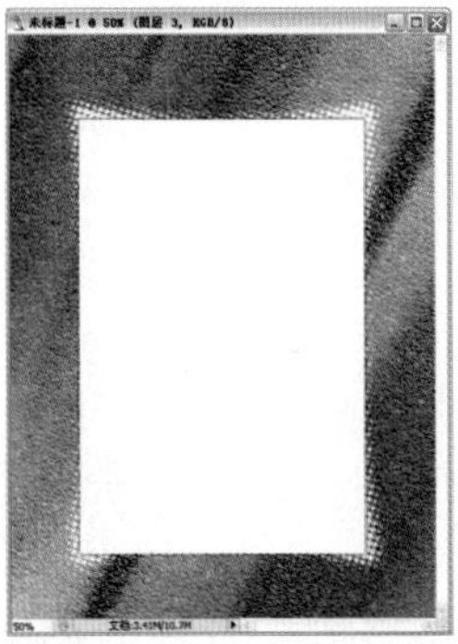
图24-33 投影效果

15 制作纸张掀边的效果

选择工具箱中的多边形套索工具，在白色图形的右下角选取一个三角形选区，效果如图24-34所示。

在“图层”面板中，如图24-35所示，新建“图层 4”图层。

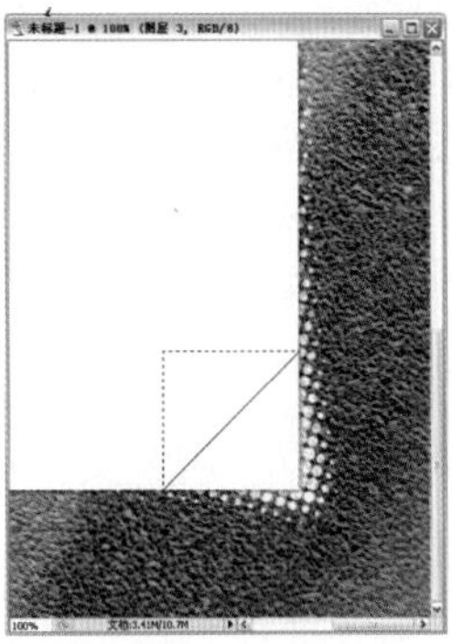
图24-34 选取选区

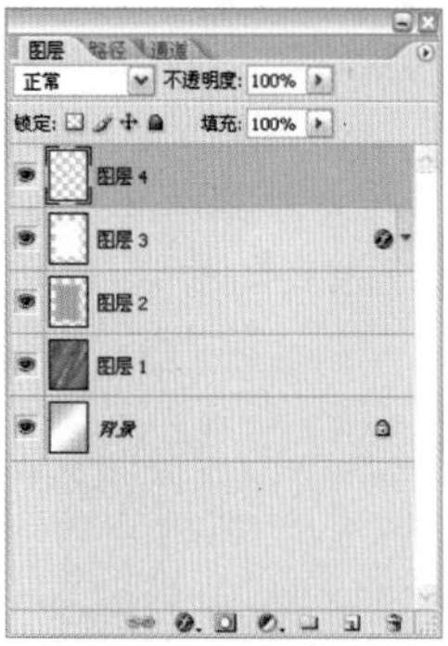
图24-35 新建图层

设置前景色为白色，设置背景色为灰色，选择工具箱中的渐变工具，选择“前景到背景”的渐变，自选区左上方向右下方拖动，渐变效果如图24-36所示。

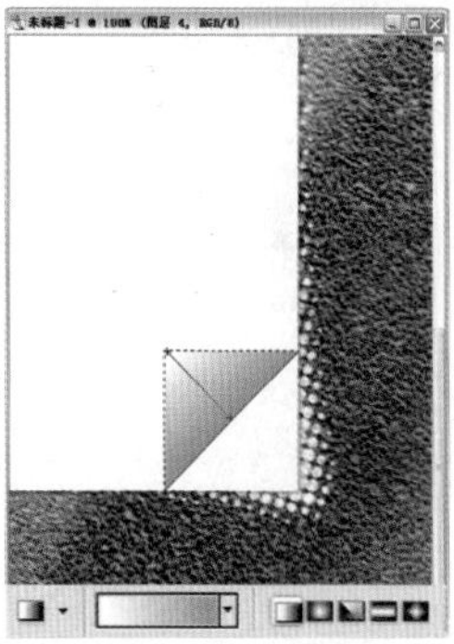
图24-36 添加渐变

设置前景色为白色，选择渐变工具，在选项栏中选择“前景到透明”的渐变，如图24-37所示，设置“类型”为线性渐变。

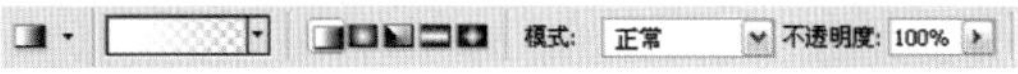

图24-37 渐变设置

自当前选区的右下方向中心拖动，效果如图24-38所示。

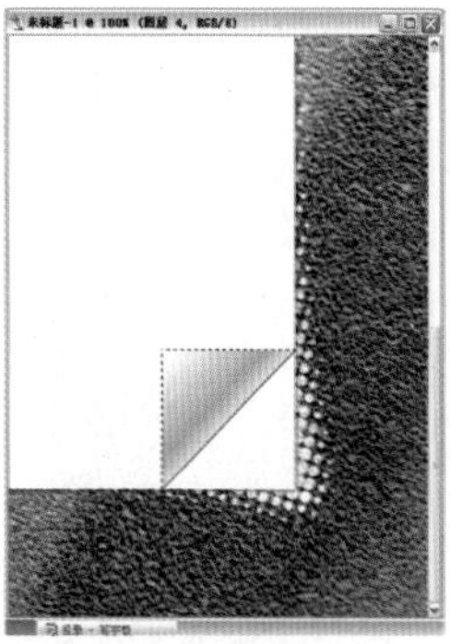
图24-38 渐变效果

16 清除多余的纸张图形

选择多边形套索工具 ，在"图层3"图层的纸张图形的右下方选取三角形选区，如图24-39所示。按 Delete 键，删除选区内多余的纸张图形，效果如图24-40所示。

图24-39 选取选区　　图24-40 删除图形

17 清除多余的网点图形

在"图层"面板中，确定"图层2"图层为当前编辑图层，如图24-41所示。

图24-41 当前图层

基于刚才选取的三角形选区，按 Delete 键，删除一部分网点区域，效果如图24-42所示。利用矩形选框工具 选中多余的网点图形，并清除，效果如图24-43所示。

图24-42 删除图形　　图24-43 清理多余图形

18 选取矩形选区并填充白色

在"图层"面板中，单击"创建新图层"按钮 ，在"图层4"图层上面新建"图层5"图层，如图24-44所示。为了方便图形的编辑，将"图层4"图层、"图层3"图层与"图层2"图层的预览关闭。在画布中选取一个长方形选区，并执行"编辑>填充"命令，在弹出的对话框中设置"使用"为白色，再单击"确定"按钮，效果如图24-45所示。

图24-44 新建图层　　图24-45 填充白色

19 制作撕裂后的透明胶布图形

在工具箱中选择多边形套索工具 ，沿图形顶端选取尖利的锯齿选区，如图24-46所示。按 Delete 键，删除选区内的部分，制作了顶端的破裂图形效果。继续在矩形图形的底端选取自由的选区。按 Delete 键，删除选区中的图形部分。效果如图24-47所示，这里利用不规则的图形边缘模拟撕裂后的透明胶布的外形。

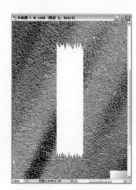

图24-46 选取选区　　图24-47 胶布图形

20 复制并载入选区

在"图层"面板中，将"图层 5"图层拖到"创建新图层"按钮 □ 上，进行图层复制，按住 Ctrl 键，单击"图层 5 副本"图层的缩览图，将图形载入选区，如图 24-48 所示。效果如图 24-49 所示，白色的图形被载入选区。

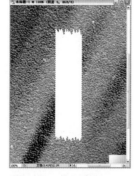

图24-48 载入选区操作　　图24-49 载入选区

21 为图形添加黑色的杂点

执行"滤镜>杂色>添加杂色"命令，弹出的对话框如图 24-50 所示，设置相关参数后单击"确定"按钮。

图24-50 添加杂色设置

效果如图24-51所示，白色图形内出现了黑色的杂点。

图24-51 杂点效果

22 模糊图形内黑色的杂点效果

执行"滤镜>模糊>高斯模糊"命令，在弹出的对话框中，如图 24-52 所示，设置"半径"为 3 像素，设置完毕单击"确定"按钮。效果如图 24-53 所示，图形内的黑色杂点变得模糊不清。

图24-52 高斯模糊设置　　图24-53 模糊效果

23 调节图形的颜色

执行"图像>调整>色阶"命令，在弹出的对话框中设置"输入色阶"分别为 237，1.00，255，如图 24-54 所示，再 🖰 单击"确定"按钮。

图24-54 色阶设置

效果如图24-55所示，白色的图形变为黑色的图形效果。

图24-55 调整效果

24 将模糊的白色斑点变清晰

执行"图像>调整>亮度/对比度"命令，在弹出的对话框中设置"亮度"为 0，设置"对比度"为＋85，再🖱单击"确定"按钮。效果如图 24-56 所示，图形的颜色再次加深，模糊的白色斑点更加清晰。

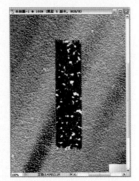

图24-56　斑点变清晰

25 将白色斑点载入选区

执行"选择>色彩范围"命令，弹出的对话框如图 24-57 所示。使用吸管拾取图形中的白色，设置"颜色容差"为 100，再单击"确定"按钮。效果如图 24-58 所示，黑色图形中的白色斑点被载入选区。

图24-57　色彩范围　　图24-58　选取效果

26 制作破烂的图形

在"图层"面板中，将"图层 5 副本"图层删除，如图 24-59 所示，确定当前编辑图层为"图层 5"图层。按 Delete 键，执行删除操作，效果如图 24-60 所示，制作了破烂的图形效果。

图24-59　当前图层　　图24-60　破烂效果

27 填充选区

按住 Ctrl 键单击"图层 5"缩略图，载入选区，执行"编辑>填充"命令，在弹出的对话框中，设置"使用"为 50% 灰色，如图 24-61 所示，再🖱单击"确定"按钮，效果如图 24-62 所示。

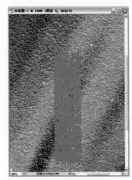

图24-61　填充设置　　图24-62　填充颜色

执行"选择>取消选择"命令，取消浮动的选区。

28 缩小图形与旋转图形

执行"编辑>自由变换"命令，缩小与旋转弹出的自由变换框，如图 24-63 所示。效果满意后，按 Enter 键确定。

图24-63　旋转变换

29　调整图层的混合模式

在"图层"面板中，将"图层5"图层的混合模式改为"正片叠底"效果如图24-64所示。

图24-64　调整混合模式

在"图层"面板中，将"图层5"图层进行复制，如图24-65所示。将复制的图形移动到右上角并进行旋转变换，效果如图24-66所示。

 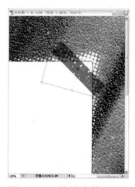

图24-65　复制图层　　　图24-66　旋转变换

将"图层5副本"图层的混合模式改为"线性加深"，如图24-67所示。效果如图24-68所示，制作了粘贴在图形边角的胶布。

图24-67　线性加深模式　　图24-68　线性加深效果

30　制作更多的胶布图形

在"图层"面板中，继续复制"图层5副本"图层，执行"编辑>自由变换"命令，如图24-69所示，旋转弹出的自由变换框。形状满意后，按Enter键确定。

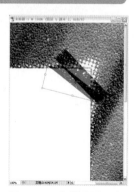

图24-69　旋转图形

在"图层"面板中，将"图层5副本2"图层的混合模式改为"滤色"，如图24-70所示。继续复制"图层5"图层，并将图形填充白色。对复制的图形进行旋转变换，如图24-71所示。角度满意后，按Enter键确定。

 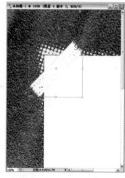

图24-70　滤色模式　　　图24-71　旋转变换

如图24-72所示，调整图层的"不透明度"为70%，效果如图24-73所示，制作了半透明的胶布效果。

图24-72　调整不透明度　　图24-73　调整效果

31 打开一幅人物照片

打开附书ＣＤ\ Chapter 6\Works 24\ 制作粘贴在墙壁的海报效果[素材2].tif 照片，效果如图24-74 所示。

图24-74　素材图像

32 将彩色照片变成黑白照片

在"图层"面板中，将"背景"图层拖到"创建新图层"按钮 上，进行图层复制，如图24-75 所示。

图24-75　复制图层

执行"图像>调整>去色"命令，如图24-76 所示，彩色照片变为黑白照片。

图24-76　去色效果

33 制作线条交错的素描图像效果

执行"滤镜>素描>网状"命令，在弹出的对话框中，设置参数，如图24-77 所示。

图24-77　网状设置

效果如图24-78 所示，黑白照片上添加了许多杂点。

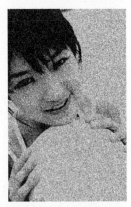

图24-78　杂点效果

34 制作黑白线条交错的效果

执行"滤镜>艺术效果>彩色铅笔"命令，在弹出的对话框中，如图24-79 所示，设置参数后单击"确定"按钮。

图24-79　彩色铅笔设置

如图24-80所示，照片中出现了黑白线条交错的效果。

图24-80　彩色铅笔效果

35　调整图层的混合模式

在"图层"面板中，如图24-81所示，将"背景 副本"图层的混合模式改为"线性光"。效果如图24-82所示，制作了艺术化的照片效果。

图24-81　线性光模式

图24-82　线性光效果

在"图层"面板中，单击"创建新图层"按钮，如图24-83所示，新建"图层 1"图层。

图24-83　新建图层

36　填充画布

选择工具箱中的渐变工具，并在"渐变编辑器"对话框中新建"蓝-绿-黄-粉"渐变，如图24-84所示，再设置"类型"为线性渐变。在画布中自上向下拖动，渐变效果如图24-85所示，为画布填充了五彩的渐变颜色。

图24-84　　　　　　图24-85　渐变效果

37　调整图层的混合模式

在"图层"面板中，如图24-86所示，将"图层 1"图层的混合模式改为"正片叠底"，效果如图24-87所示，制作了五彩斑斓的照片效果。

图24-86　正片叠底模式　　图24-87　调整效果

38　绘制白色线条

在"图层"面板中，如图24-88所示，新建"图层 2"图层。设置前景色为白色，选择画笔工具，设置画笔大小为8像素，设置"硬度"为100%，设置"不透明度"为100%。自由地在画布中进行涂抹，效果如图24-89所示，涂抹出一团乱线的效果。

图24-88　新建图层

图24-89　绘制白色线条

39 将乱线图形载入选区

按住 Ctrl 键，单击"图层 2"图层的缩览图，将线条图形载入选区，如图24-90 所示。

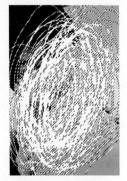

图24-90　载入选区

执行"选择>反向"命令，效果如图24-91 所示，当前选区呈反向选择。

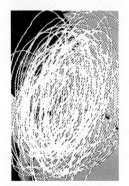

图24-91　反向选区

40 填充选区

在"图层"面板中，如图24-92 所示，将"图层 2"图层删除，再新建"图层 2"图层。执行"编辑>填充"命令，设置"使用"为黑色，再🖱单击"确定"按钮。效

果如图24-93 所示，制作了黑色的乱七八糟的线条图形。

图24-92　新建图层

图24-93　填充黑色

41 删除多余的图形

选择椭圆选框工具 ○.，在画布如图24-94 所示的位置选取选区，按 Delete 键，删除选区内的图形，效果如图24-95 所示。也可以使用橡皮擦工具 ⬛.清理杂乱的线条图形。

图24-94　选取选区

图24-95　删除多余图形

继续使用套索工具 ⬚.，选取需要删除的图形区域，并进行图形清理，效果如图24-96 所示。

图24-96　清理效果

42 输入海报上的文字

在画布上输入各种文字信息，如图24-97所示。在"图层"面板中新建"图层 3"图层，再使用黑色的画笔，在文字上画一个黑色圆圈图形，如图24-98所示。

图24-97　输入文字　　图24-98　黑色圆圈

43 将黑色线圈变为白色线圈

在"图层"面板中，将黑色圆圈图形的所在图层，进行复制，如图24-99所示。

图24-99　复制图层

选择移动工具 ，将复制的圆圈图形向下移动，如图24-100所示。执行"图像>调整>反相"命令，效果如图24-101所示。

图24-100　移动图形　　图24-101　反相效果

44 拼合图层并置入到总画布中

在"图层"面板中，单击右上角的下三角按钮。如图24-102所示，在弹出的菜单中执行"拼合图像"命令。

图24-102　拼合图像

如图24-103所示，所有图层合并为"背景"图层。选择工具箱中的移动工具 ，将海报图像移动到总画布中，效果如图24-104所示，海报图像的尺寸过大，需要缩小一些。

图24-103　合并图层　　图24-104　置入图像

45 调整海报图形

执行"编辑>自由变换"命令，收缩弹出的自由变换框，大小满意后，按Enter键，效果如图24-105所示。

图24-105　自由变换

46 删除海报图像的边角

选择多边形套索工具 ，在海报图像的右下角选取选区，效果如图 24-106 所示。按 Delete 键删除图形，效果如图 24-107 所示。

图24-106　选取选区　　图24-107　删除选区内图形

47 调整图层的位置

在"图层"面板中，将"图层 6"图层拖到"图层 3"图层的上面，如图 24-108 所示。效果如图 24-109 所示，制作了粘在墙壁上的海报。

图24-108　调整图层位置　　图24-109　调整效果

48 制作照片卷起的暗部

选择工具箱中的多边形套索工具 ，在如图 24-110 所示的位置选取一个三角形选区。在"图层"面板中，单击"创建新图层"按钮 ，在"图层 6"图层的上面新建"图层 7"图层，如图 24-111 所示。

图24-110　选取选区　　图24-111　新建图层

设置前景色为黑色。在工具箱中选择渐变工具，选择"前景到透明"的渐变，设置"类型"为线性渐变，如图 24-112 所示。在选区中自右下方向左下方拖动。

图24-112　工具设置

执行"选择>取消选择"命令，取消当前浮动的选区，效果如图 24-113 所示。

图24-113　添加渐变

49 绘制一个飞吻的图形

在"图层"面板中，单击"创建新图层"按钮 ，如图 24-114 所示，新建"图层 8"图层。

图24-114　新建图层

设置前景色为深红色，使用画笔工具 ，在海报上人物的嘴边绘制一个飞吻的图形，效果如图24-115所示。

图24-115　绘制图形

50 制作墙壁上的文字效果

选择横排文字工具 T，设置合适的字体，在画布中输入英文，再进行自由变换，如图24-116所示。

图24-116　旋转变换文字

在"图层"面板中，如图24-117所示，将文字所在的图层拖到"图层3"图层的下面。

图24-117　调整图层位置

选择工具箱中的移动工具 ，将文字移动到合适的位置，效果如图24-118所示。至此，本例制作完成。

图24-118　最终效果

The clause in contract

The clause in the contract is insusceptible of another interpretation
I insusceptible of another interpretation
Icontract is insusceptible of another interpretation
Unsusceptible of another interpretation
teptible of another interpretation
The clause in the contract is insusceptible of anoth
The clause in the contract is insusceptible of a
The clause in the contract is insusceptible of another int

The clause in the contract is insusceptible of another interp
I insusceptible of another inter
Icontract is insusceptible of another interpretation
Unsusceptible of another interpretation
teptible of another interpretation
The clause in the contract is insusceptible of anoth
The clause in the contract is insusceptible of a
The clause in the contract is insusceptible o

The clause in the contract is insusceptible of another interp
I insusceptible of another inter
Icontract is insusceptible of another interpretation
Unsusceptible of another interpretation
teptible of another interpretation
The clause in the contract is insusceptible of anoth
The clause in the contract is insusceptible of a
The clause in the contract is insusceptible o

Design Process

Works 25

Specially Effect

Glass Goldfish Vat

- 制作难度：★★★★★
- 制作时间：150分钟
- 使用功能：画笔工具、图层蒙版、水平翻转命令、渐变工具、图层混合模式
- 光盘路径：Chapter 6\Works 25\写实的玻璃鱼缸.psd

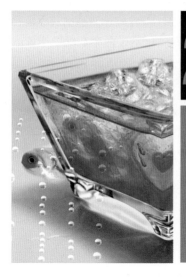

25 Glass Goldfish Vat
写实的玻璃鱼缸

　　本例讲授如何表现玻璃、冰块与液体的质感，要求有较高的造型与绘画技巧。在制作过程中，需要将手绘图形、效果图像、艺术笔触等多种设计元素有机组合，从而完成艺术设计。

01 导入素材

　　打开附书 CD\Chapter 6\Works 25\ 绘制出写实的玻璃鱼缸效果[素材 1].psd 文件，如图 25-1 所示。

图25-1　素材图像

　　在打开的文件中只选择需要的图形所在的图层，然后把图形载入选区即可。如图 25-2 和图 25-3 所示分别是局部的素材图像。

图25-2　素材图像的局部（1）

图25-3　素材图像的局部（2）

02 填充颜色

　　设置前景色为灰色，将鱼缸的局部区域载入选区，并填充灰色，制作了鱼缸底面的初始颜色。使用多边形套索工具 ，选取和鱼缸顶部一致的菱形选区，并填充灰色。使用画笔工具 ，设置颜色为淡灰色，涂抹顶面的边缘，逐渐过渡到灰色。效果如图 25-4 所示。

图25-4　填充灰色

03 绘制顶面的轮廓线和底面的阴影

使用钢笔工具，沿鱼缸顶面绘制一条折线路径，再用画笔描边路径，为鱼缸顶面制作轮廓线，然后利用橡皮擦工具或画笔工具修改轮廓线。效果如图 25-5 所示。

图25-5　轮廓线效果

制作淡灰色的图形，将该图形载入选区，再使用画笔工具涂抹出该图形的明暗面，效果如图 25-6 所示。

图25-6　绘制图形

04 绘制灰绿色图形

选取一个自由的选区，并填充灰绿色，然后使用加深工具涂抹图形的边缘进行颜色加深，效果如图 25-7 所示。

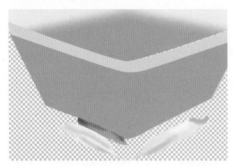

图25-7　灰绿色图形（1）

根据上述方法，制作右侧对称的灰绿色图形，效果如图 25-8 所示。两个灰绿色图形的形状基本相同即可。

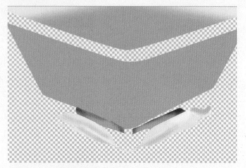

图25-8　灰绿色图形（2）

05 绘制弯曲图形

使用钢笔工具，绘制一条折线形状的路径，也可以说是"V"型。选择画笔工具，设置合适的画笔大小与不透明度。在"路径"面板中，单击"用画笔描边路径"按钮，为"V"型路径描边制作了折线形状的线条效果。使用橡皮擦工具对折线图形进行局部清理，制作了弯曲的图形效果，再将该图形载入选区。选择画笔工具，设置"不透明度"为 10% 以下，分别选择各种不同的颜色，然后涂抹图形，涂抹效果如图 25-9 所示。

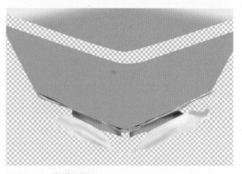

图25-9　弯曲图形

06 绘制玻璃底座

绘制的效果如图 25-10 所示。仔细观察，可以发现该图形像面具或一个变形的"M"字母，内部的颜色非常丰富，并有更多的相间高光与阴影面。

图25-10 玻璃底座（1）

绘制底座的左侧部分，如图 25-11 所示。

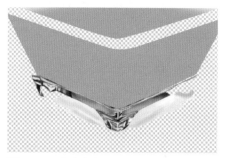

图25-11 玻璃底座（2）

绘制底座的右侧部分，如图 25-12 所示。

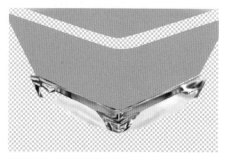

图25-12 玻璃底座（3）

07 绘制鱼缸右侧的玻璃边缘

绘制出鱼缸右侧的玻璃边缘的效果，效果如图 25-13 所示。

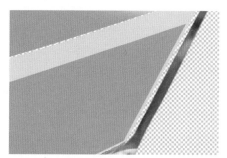

图25-13 绘制右侧边缘

08 绘制鱼缸左侧的玻璃

绘制左侧玻璃与绘制右侧玻璃不同，左侧玻璃顶端包含三个面：顶面、中面和底面，效果如图 25-14 所示。

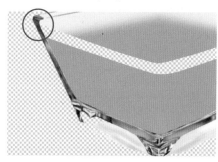

图25-14 绘制左侧边缘

在绘制过程中，只需要将图形的显示比例放大，再使用工具箱中的减淡工具 涂抹出顶面与中面，注意区分颜色的明暗，还要绘制中面与底面交接的部分的反光效果。

09 绘制左侧的玻璃的内侧斜面

首先绘制内侧边缘的图形效果，颜色为淡灰色，区别于周围的其他灰颜色。继续绘制图形内侧的暗部颜色，如图 25-15 所示，就是两个褐色的圆点效果。要注意两个圆点图形的走向，一个向下，一个向右下方。

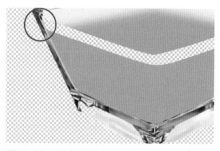

图25-15 圆点图形

10 绘制左侧的玻璃底座图形

使用工具箱中的套索工具 ，选取与鱼缸玻璃底座图形一致的选区，再填充灰绿色。选择画笔工具 ，设置颜色为白色，涂抹出玻璃底座图形的高光效果，涂抹完毕取消当前选区，效果如图 25-16 所示。

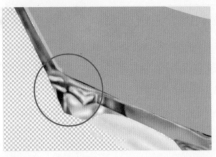

图25-16　高光效果

11 绘制鱼缸中间的玻璃线条

使用钢笔工具 绘制鱼缸中间的玻璃线条，将路径变为选区并填充深绿色，可以在边缘处进行简单的明暗度处理，如图25-17所示。

图25-17　绿色图形

● 提 示

玻璃的质感不仅是明部、暗部、反光部、最暗部等，随着光照的改变，玻璃质感的变化比静物明暗部变化更复杂。

12 丰富鱼缸玻璃图形的颜色

首先绘制偏左的玻璃图形的颜色，效果如图25-18所示。

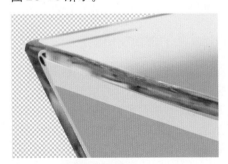

图25-18　丰富图形的颜色（1）

绘制右侧的玻璃图形的颜色时，注意玻璃的高光颜色的主体为白色，还含有细微的其他颜色。绘制右侧玻璃图形与中间图形的交接处，颜色不需要过于丰富，涂抹出暗部的深绿色、高光的白色与发光的灰绿色即可，效果如图25-19所示。

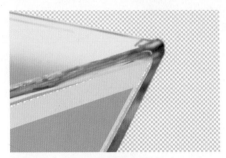

图25-19　丰富图形的颜色（2）

13 将背景填充亮灰色

在"图层"面板中，选择当前编辑图层为"背景"图层。在工具箱中单击"设置前景色"图标，然后在弹出的"拾色器"对话框中设置前景色为#dadcdf。执行"编辑>填充"命令，在弹出的"填充"对话框中设置"使用"为前景色，如图25-20所示，再单击"确定"按钮。

图25-20　填充设置

效果如图25-21所示，背景填充了亮灰色。

图25-21　填充背景

14 隐藏与合并图层

隐藏无关的图层，效果如图 25-22 所示，保留鱼缸外形所在的图层，链接当前显示图层并合并为一个图层。

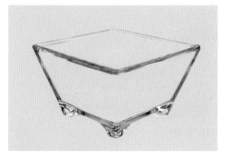

图25-22 隐藏图层

15 将绿色的鱼缸图形变为黄色

终于完成了鱼缸外形的绘制，下面调整鱼缸图形的颜色。执行"图像>调整>色相/饱和度"命令，在弹出的对话框中，如图 25-23 所示，设置"色相"为 −40，其他设置保持默认，再 单击"确定"按钮。

图25-23 色相/饱和度设置

效果如图 25-24 所示，鱼缸图形的颜色变为黄色。

图25-24 黄色效果

16 打开素材

打开附书 CD\Chapter 6\Works 25\ 绘制出写实的玻璃鱼缸效果[素材2].tif素材图像，如图 25-25 所示。

图25-25 素材图像

在"图层"面板中，双击"背景"图层，在弹出的对话框中，如图 25-26 所示，将"背景"图层修改为"图层 0"图层。

图25-26 调整图层名称

17 变换并移动图像

执行"编辑>自由变换"命令，按住 Ctrl 键，调整弹出的自由变换框的边角，如图 25-27 所示，形状合适后按 Enter 键确定。

图25-27 自由变换

选择移动工具 ，将该素材图像移动到画布中，放置在如图 25-28 所示的位置。

图25-28 置入图像

18 虚化处理图像的外侧边缘

在"图层"面板
中，为置入图像所在
的"图层 3"图层增
添一个蒙版，如图25-
29 所示。

图25-29 添加蒙版

设置前景色为黑色，选择工具箱中的画笔
工具，涂抹图像的外侧边缘进行虚化处理，
效果如图 25-30 所示。

图25-30 虚化图形边缘

如图 25-31 所示的是涂抹后的蒙版区域。

图25-31 涂抹区域

19 置入一幅素材图像

打开附书 CD\Chapter 6\Works 25\ 绘制出
写实的玻璃鱼缸效果[素材3].tif，这是一幅饮料
加冰的素材图像，如图 25-32 所示。

图25-32 素材图像

选择工具箱中的移动工具，将该图像移
动到画布中，如图 25-33 所示。

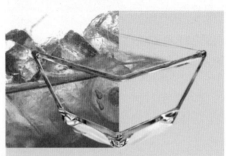

图25-33 置入图像

20 扭曲变换当前图像

执行"编辑>自由变换"命令，扭曲弹
出的自由变换框，如图 25-34 所示，制作了斜
切图像后的效果。角度满意后按 Enter 键确定。

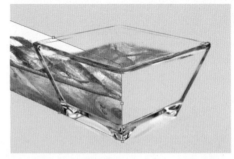

图25-34 斜切图形

效果如图 25-35 所示，制作了玻璃杯左侧
的液体效果。

图25-35　变换效果

21 清理掉多余的图像

在"图层"面板中单击"添加图层蒙版"按钮 ，如图25-36所示，为"图层4"图层添加蒙版。

图25-36　添加蒙版

设置前景色为黑色，再选择工具箱中的画笔工具 ✎，涂抹多余的图像边缘，效果如图25-37所示。

图25-37　涂抹效果

22 复制另一侧的液体图像

在"图层"面板中，将"图层 4"图层进行复制，如图25-38所示，复制出另一侧的液体图像。

图25-38　复制图形

23 水平翻转并拼合图像

执行"编辑>变换>水平翻转"命令，对复制的液体图像进行水平翻转，效果如图25-39所示。

图25-39　水平翻转

选择工具箱中的移动工具 ▸+，将水平翻转后的液体图像移动到合适的位置，效果如图25-40所示。

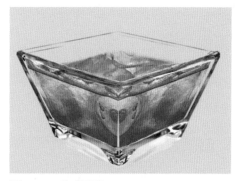

图25-40　移动图形

继续执行"编辑>自由变换"命令，调整弹出的自由变换框，如图25-41所示。形状满意后，按Enter键确定。

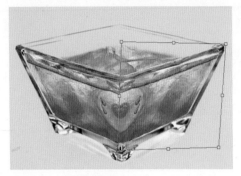

图25-41 自由变换

效果如图 25-42 所示，制作了鱼缸中的饮料效果，当然这是一种夸张的设计手段，最后是可乐加冰的效果。

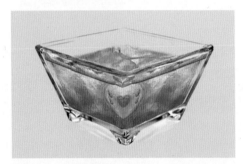

图25-42 变换效果

24 选取选区

在鱼缸图形的下面绘制菱形的钢笔路径，如图 25-43 所示。

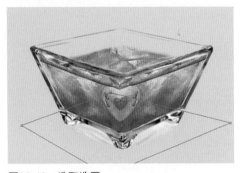

图25-43 选取选区

在"路径"面板中，按住 Ctrl 键，单击工作路径，将路径变为选区。继续执行"选择>羽化"命令，在弹出的对话框中设置"羽化半径"为 20 像素，再单击"确定"按钮。

25 填充颜色

在"拾色器"对话框中设置前景色，设置颜色为草绿色，如图 25-44 所示，再单击"确定"按钮。

图25-44 颜色编辑

执行"编辑>填充"命令，在弹出的对话框中设置"使用"为前景色，再单击"确定"按钮，效果如图 25-45 所示。

图25-45 颜色填充

26 制作玻璃杯的阴影效果

执行"选择>取消选择"命令，再选择工具箱中的橡皮擦工具 ，设置合适的笔触与不透明度，对颜色的局部进行涂抹，效果如图 25-46 所示。

图25-46 清理图形

下面细化玻璃杯的阴影效果，也就是被阳光照射后反射的光线效果。

27 绘制玻璃杯底下的反光

使用工具箱中的画笔工具✐，设置合适的笔触大小与较低的不透明度，绘制阳光反射杯底后的效果。若要使绘制效果更好，绘制更准确，需要将绘制区域放大到400%以上。效果如图25-47所示。

图25-47　反光效果（1）

仔细绘制出杯底中间区域的反光效果，如图25-48所示。

图25-48　反光效果（2）

最后绘制右侧杯底的反光效果，如图25-49所示。

图25-49　反光效果（3）

28 置入素材并复制图层

打开附书CD\Chapter 6\Works 25\绘制出写实的玻璃鱼缸效果[素材4].tif素材图像，如图25-50所示。

图25-50　素材图像

在工具箱中选择套索工具 ，在冰块的局部区域选取选区。执行"选择>羽化"命令，在弹出的"羽化"对话框中设置"羽化半径"为5像素，再单击"确定"按钮。效果如图25-51所示。

图25-51　羽化选区

按Ctrl+J键，粘贴选区中的冰块图像并复制，此时"图层"面板中出现"图层1"图层，如图25-52所示。

图25-52　复制图层

29 把图像置入画布

执行"编辑>自由变换"命令，压缩弹出的自由变换框，如图25-53所示。宽窄满意后，按Enter键确定。

图25-53 自由变换

选择工具箱中的移动工具 ▶+，将冰块图像移动到画布中，效果如图25-54所示。

图25-54 移动复制图形

30 复制冰块图像并进行移动

在"图层"面板中，将冰块图像所在的"图层 5"图层进行复制。再向左侧移动复制的冰块图像，效果如图25-55所示。

图25-55 移动图像

31 调整图像的图层位置

在"图层"面板中，如图25-56所示，将"图层 5 副本"图层拖放到"图层 5"图层的下面。

图25-56 调整图层位置

效果如图25-57所示，制作了冰块图像遮挡的效果。

图25-57 调整效果

32 制作更多的冰块

在"图层"面板中，多次复制"图层 5"图层，也就是冰块图像所在的图层，并将它们进行移动排列，如图25-58所示。

图25-58 复制更多的图形

将冰块图形布满玻璃杯透视的顶面，效果如图25-59所示。

图25-59　移动组合冰块

选择部分冰块，进行水平翻转，如图25-60和图25-61所示。

图25-60　水平翻转

图25-61　水平翻转效果

33 链接与合并冰块图像所在的图层

在"图层"面板中将冰块所在的图层进行链接，如图25-62所示。按 Ctrl+E 键，合并链接图层为"图层 5"图层。

图25-62　链接图层

34 制作金色效果

在"图层"面板中，将顶面所在的"图层 3"图层移动到"图层 5"图层的上方，如图25-63所示。再将该图层的混合模式改为"叠加"。

图25-63　调整图层位置

效果如图25-64所示，液体图像与冰块叠加后出现了金黄的颜色。

图25-64　金色效果

35 制作冰块融入饮料后的效果

设置前景色为白色，选择画笔工具 ，在选项栏中设置参数，如图25-65所示。

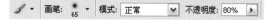

图25-65　画笔设置

涂抹没有覆盖颜色的冰块区域，效果如图25-66和图25-67所示。

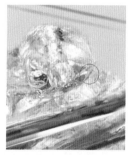

图25-66　涂抹冰块（1）　　图25-67　涂抹冰块（2）

将图像放大显示后仔细涂抹，将液体的纹理与颜色添加到冰块图像中，效果如图 25-68 所示。

图25-68　涂抹效果

最后涂抹完毕，制作了金黄的冰块效果，也就是冰块自然融入饮料后的效果，如图 25-69 所示。

图25-69　冰块融入饮料

36 将金鱼图像置入画布中

打开附书 CD\Chapter 6\Works 25\ 绘制出写实的玻璃鱼缸效果[素材5].tif素材照片，如图 25-70 所示。

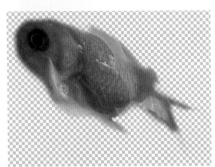

图25-70　素材图像

选择工具箱中的移动工具，将金鱼图像移动到玻璃杯中，效果如图 25-71 所示。

图25-71　置入图像

37 调节混合模式与不透明度

在"图层"面板中，如图 25-72 所示，将金鱼图像所在的"图层 6"图层的混合模式改为"强光"。

图25-72　调整混合模式

效果如图 25-73 所示，金鱼图像融入液体。

图25-73　金鱼融入液体

金鱼的颜色过于鲜亮。在"图层"面板中将"图层 6"图层的"不透明度"降低至50%，如图25-74所示。

图25-74　降低不透明度

效果如图 25-75 所示，金鱼图像自然地融入液体中。

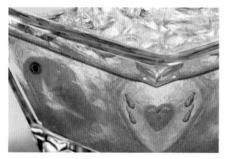

图25-75 自然融入

38 复制金鱼图像并进行水平翻转

在"图层"面板中，将金鱼图像所在的"图层 6"图层进行复制，如图 25-76 所示。

图25-76 复制图层

执行"编辑>变换>水平翻转"命令，将金鱼图像进行左右颠倒，并将金鱼图像移动到玻璃杯的右侧，效果如图 25-77 所示。

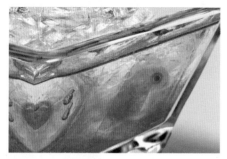

图25-77 水平翻转

执行"编辑>自由变换"命令，收缩弹出的自由变换框，如图 25-78 所示，按 Enter 键确定。

图25-78 自由变换

39 制作顶面的菱形液体边缘

在液体顶面的区域选取选区，并进行复制。将复制的图形垂直翻转，再使用涂抹工具，扭曲与模糊液体图形，如图 25-79 所示。

图25-79 扭曲与模糊图形

40 保存图像后合并图层

在"图层"面板中将"背景"图层以外的所有图层进行链接，如图 25-80 所示，然后将链接图层合并为"图层 1"图层，如图 25-81 所示。

图25-80 链接图层

图25-81 合并图层

41 缩小鱼缸图形的大小

执行〝编辑>自由变换〞命令，收缩弹出的自由变换框，如图25-82所示。大小满意后按Enter键确定。

图25-82　自由变换

在〝图层〞面板中，单击〝创建新图层〞按钮，如图25-83所示，新建〝图层 2〞图层。

图25-83　新建图层

42 选取选区并进行渐变填充

选择工具箱中的矩形选框工具，在画布中选取长方形选区，效果如图25-84所示。

图25-84　选取选区

选择工具箱中的渐变工具，在选项栏中选择〝蓝色、黄色、粉色〞渐变，自选区的上面向下面拖动，渐变效果如图25-85所示。执行〝选择>取消选择〞命令，取消当前选区。

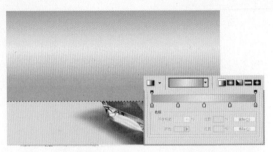

图25-85　添加渐变

在〝图层〞面板中，单击〝添加图层蒙版〞按钮，如图25-86所示，为〝图层 2〞图层添加一个蒙版。

图25-86　添加蒙版

设置前景色为白色，设置背景色为黑色。选择渐变工具，使用〝前景到背景〞的线性渐变自上而下拖动，渐变效果如图25-87所示。

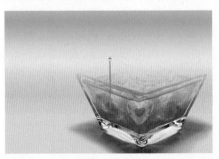

图25-87　添加渐变

43 调节图层的位置

在〝图层〞面板中，将〝图层2〞图层拖到〝图层 1〞图层的下面，如图25-88所示。

图25-88　调整图层位置

效果如图 25-89 所示，制作了五彩斑斓的背景色效果。

图25-89　渐变背景效果

44　打开特效文字图像文件

打开附书CD\Chapter 2\Works 6\挥洒的书法字.psd 图像文件，如图 25-90 所示。

图25-90　素材图像

下面把该图像文件中的艺术笔触效果应用到本例的设计中。

45　置入白色的线条图形

选择文字特效中的白色线条图形，并将该图形移动到画布中，如图 25-91 所示。

图25-91　置入线条

执行 "编辑＞自由变换" 命令，拉长与放大弹出的自由变换框，大小满意后，按Enter

键确定，效果如图 25-92 所示。

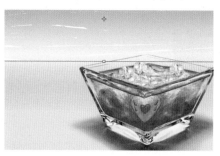

图25-92　自由变换

46　置入黑色的艺术笔触效果

选择工具箱中的移动工具 ，将艺术笔触图形移到画布中，效果如图 25-93 所示。

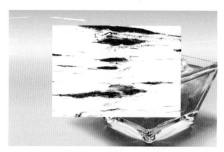

图25-93　置入艺术笔触

47　将黑色笔触载入选区

在 "图层" 面板中，按住 Ctrl 键单击 "背景 副本 2" 图层的缩览图，将笔触载入选区，如图 25-94 所示。或者使用矩形选框工具选取一个长方形选区。

图25-94　载入选区

执行 "选择＞色彩范围" 命令，弹出的对话框如图 25-95 所示。使用吸管工具单击选区中的黑色笔触，并设置 "颜色容差" 为 100，设置完毕 单击 "确定" 按钮。

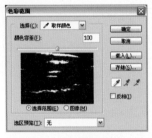

图25-95 色彩范围设置

效果如图 25-96 所示，选取了黑色笔触。

图25-96 选取了黑色笔触

48 放大当前选区

在"图层"面板中，将置入的笔触图像所在的图层删除。如图 25-97 所示，🖱单击"创建新图层"按钮，新建"图层 4"图层。

图25-97 新建图层

对选区进行变换，如图 25-98 所示。

图25-98 变换选区

49 选区填充

选择工具箱中的渐变工具■，使用"绿色、紫色、蓝色"的渐变，自选区的右侧向左侧拖动，渐变效果如图 25-99 所示。执行"选择>取消选择"命令，取消当前选区。

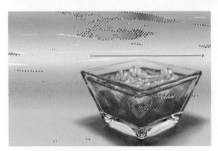

图25-99 添加渐变

50 调整图层的位置

在"图层"面板中，如图 25-100 所示，将"图层 4"图层拖到"图层 3"图层的下面。

图25-100 调整图层位置

调整图层位置后的效果如图 25-101 所示。

图25-101 调整后的效果

51 将金鱼图像置入画布

打开附书 CD\Chapter 6\Works 25\ 绘制出写实的玻璃鱼缸效果[素材 5].tif 图像，并将图像移动到画布中，效果如图 25-102 所示。

图25-102　置入素材

在"图层"面板中，将金鱼所在的"图层5"图层的混合模式改为"亮光"，如图25-103所示。

图25-103　调整混合模式

如图25-104所示，金鱼的颜色变亮了。

图25-104　亮光效果

52 复制金鱼图像

在"图层"面板中，将"图层5"图层拖到"创建新图层"按钮 🖺 上，进行图层复制，如图25-105所示。

图25-105　复制图像

53 调整图像的大小与位置

执行"编辑>自由变换"命令，收缩弹出的自由变换框，如图25-106所示。大小满意后，按Enter键确定。

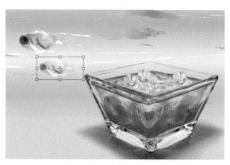

图25-106　缩小图形

选择工具箱中的移动工具 ┿，将缩小后的金鱼图像移动到玻璃杯的后面去，效果如图25-107所示。

图25-107　移动图像（1）

继续复制金鱼图像，使用移动工具 ┿ 将该图像移动到如图25-108所示的位置。

图25-108　移动图像（2）

54 调整图层的混合模式

在"图层"面板中，如图 25-109 所示，将第三条金鱼图像所在的图层的混合模式改为"强光"。

图25-109　强光模式

效果如图25-110所示，金鱼与背景的对比更强烈。

图25-110　强光效果

55 置入一幅素材图像

打开附书 CD\Chapter 6\Works 25\ 绘制出写实的玻璃鱼缸效果[素材6].tif素材图像。选择工具箱中的移动工具 ，将该图像移动到画布中，效果如图 25-111 所示。

图25-111　置入图像

56 调整图层的混合模式

在"图层"面板中，如图 25-112 所示，调整水珠所在的"图层 6"图层的混合模式为"叠加"。

图25-112　叠加模式

效果如图25-113所示，图像中的灰色图形消失了，留下的是融入背景中的水珠效果。

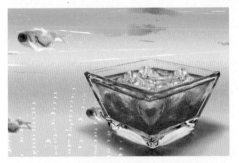

图25-113　叠加效果

最后还要加一些标题文字，如图25-114所示。至此，本例制作完成。

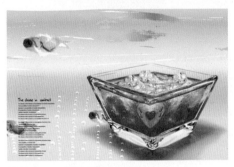

图25-114　最终效果

Chapter 7 网页特效

网页的标题

本章讲解重点：

- 网页按钮的质感表现
- 网页设计的个性化、艺术化
- 利用艺术图形的组合制作网站主页

展开的电子日记本

动漫网站的主页

Works **26**
Specially Effect

Page Head

- 制作难度：★★★★
- 制作时间：90分钟
- 使用功能：添加杂色滤镜、动感模糊滤镜、图层样式、自定形状工具、色阶命令
- 光盘路径：Chapter 7\Works 26\网页的标题.psd

26 Page Head 网页的标题

　　本例的制作关键是对简单图形增强质感。因为网页的版式讲究干净、整齐，而加入质感强烈的按钮效果或标题框，更能使网页受到用户青睐。

01 新建一个空白画布

　　执行"文件>新建"命令，在弹出的对话框中设置参数，如图26-1所示，再🖱单击"确定"按钮。

图26-1　新建设置

02 添加杂色并进行动感模糊

　　执行"滤镜>杂色>添加杂色"命令，在弹出的对话框中，如图26-2所示，设置"数量"为400%，设置"分布"为高斯分布，选中"单色"复选框，再🖱单击"确定"按钮。效果如图26-3所示。执行"滤镜>模糊>高斯模糊"命令，在弹出的对话框中，如图26-4所示，设置"角度"为60度，设置"距离"为100像素，再🖱单击"确定"按钮。效果如图26-5所示。

图26-2　添加杂色　　　　　图26-3　杂色效果

图26-4　动感模糊　　　　　图26-5　模糊效果

03 调整图像的明暗度

　　执行"图像>调整>色阶"命令，在弹出的对话框中，如图26-6所示，将黑色滑块向右侧移动，设置完毕🖱单击"确定"按钮。效果如图26-7所示。

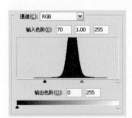

图26-6　色阶设置

图26-7　调整效果

04 扩大选区内的图像

选择矩形选框工具▣，在无杂边的图像区域内选取一个长方形选区，效果如图 26-8 所示。执行"编辑＞自由变换"命令，放大弹出的自由变换框，如图 26-9 所示，按 Enter 键确定。

图26-8　选取选区

图26-9　变换选区

执行"选择＞取消选择"命令，取消当前选区。在"图层"面板中，🖱 单击"创建新图层"按钮▫，如图 26-10 所示，新建"图层 1"图层。

图26-10　新建图层

05 选取一个圆角矩形选区

选择工具箱中的圆角矩形工具▢，在选项栏中，如图 26-11 所示，设置"半径"为10px。

图26-11　圆角矩形工具设置

在画布中绘制一个圆角矩形路径，如图 26-12 所示。

图26-12　绘制路径

在"路径"面板中，如图 26-13 所示。按住 Ctrl 键，单击工作路径，将钢笔路径变为浮动的选区，效果如图 26-14 所示。

图26-13　路径变选区

图26-14　当前选区

06 绘制黄色的图形

在"拾色器"对话框中设置前景色，如图 26-15 所示，再单击"确定"按钮，继续设置背景色为 #ceea38。再选择"前景到背景"的线性渐变，自画布的中间向下拖动，渐变效果如图 26-16 所示。执行"选择＞取消选择"命令，取消选区。

图26-15　颜色编辑

图26-16　添加渐变

在"图层"面板中，单击"添加图层样式"按钮 ，在弹出的菜单中执行"斜面和浮雕"命令。在弹出的对话框中，设置如图26-17所示，设置完毕单击"确定"按钮。

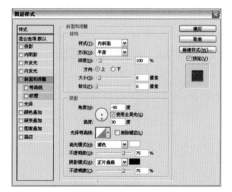

图26-17　斜面和浮雕设置

效果如图26-18所示，制作了立体的标题版图形。

图26-18　立体效果

07 选取矩形选区并填充白色

在"图层"面板中，如图26-19所示，新建"图层 2"图层。

选择工具箱中的矩形选框工具 ，在画布中选取一个长方形选区，效果如图26-20所示。

图26-19　新建图层　　　　图26-20　选取选区

执行"编辑>填充"命令，在弹出的对话框中，设置"使用"为白色，设置完毕 单击"确定"按钮。效果如图26-21所示，选区内填充了白色。

图26-21　填充白色

执行"选择>取消选择"命令，取消当前选区。

08 绘制钢笔路径并将路径变为选区

选择钢笔工具 ，在画布中绘制半圆形的曲线路径，如图26-22所示。

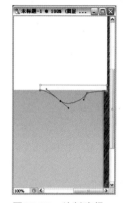

图26-22　绘制路径

在"路径"面板中，按住 Ctrl 键单击，如图26-23所示，将路径转换为选区。

309

效果如图 26-24 所示，将半圆形的路径转化为半圆形的选区。

图26-23　路径变选区　　图26-24　当前选区

09 将选区填充白色

执行"编辑>填充"命令，在弹出的对话框中，设置"使用"为白色，再单击"确定"按钮。效果如图 26-25 所示，选区内填充了白色。

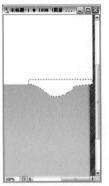

图26-25　填充白色

10 载入黄色的图形

在"图层"面板中，如图 26-26 所示，按住 Ctrl 键，单击"图层 1"图层的缩览图。效果如图 26-27 所示，将黄色图形载入选区。

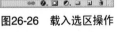

图26-26　载入选区操作　　图26-27　载入选区

11 删除选区中多余的白色图形

执行"选择>反向"命令，并按 Delete 键，删除选区中的图形，效果如图 26-28 所示。

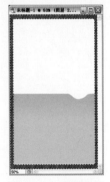

图26-28　删除图形

12 将白色图形载入选区

在"图层"面板中，如图 26-29 所示，按住 Ctrl 键单击"图层 2"图层的缩览图。把白色图形再次载入选区，效果如图 26-30 所示。

图26-29　载入选区操作　　图26-30　载入选区

13 在选区内填充蓝色的渐变

在"图层"面板中，如图 26-31 所示，将"图层 2"图层删除，并单击"创建新图层"按钮，新建"图层 2"图层。

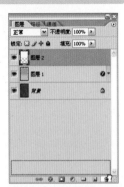

图26-31　删除图层

设置前景色为 #002868，设置背景色为 #0047a1，选择"前景到背景"的渐变，如图 26-32 所示，设置"类型"为线性渐变。

图26-32　渐变编辑

自选区的上面向下面拖动，渐变效果如图 26-33 所示，为选区填充了蓝色的过渡效果。执行"选择>取消选择"命令，取消当前选区。

图26-33　添加渐变

14 制作蓝色图形的立体效果

为蓝色图形添加一个浮雕和斜面效果的图层样式。在"图层样式"对话框中，设置如图 26-34 所示，再单击"确定"按钮。

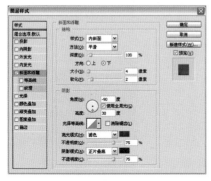

图26-34　斜面和浮雕设置

效果如图26-35所示，蓝色图形有了立体效果。

图26-35　调整效果

15 载入选区并羽化选区

在"图层"面板中，新建"图层 3"图层，如图 26-36 所示，并按住 Ctrl 键单击"图层 2"图层的缩览图。如图 26-37 所示，将蓝色图形再次载入选区。

图26-36　载入选区操作　　图26-37　载入选区

执行"选择>羽化"命令，在弹出的对话框中设置"羽化半径"为 6 像素，再单击"确定"按钮。

16 制作蓝色标题版的阴影效果

在"拾色器"对话框中设置前景色，如图 26-38 所示，设置颜色为深蓝色，再单击"确定"按钮。

图26-38　颜色编辑

选择渐变工具，再在选项栏中选择"前景到透明"的渐变，设置"类型"为线性渐变。

在选区的底端添加渐变，如图26-39所示，制作了标题版的阴影效果。

图26-39　添加渐变

执行"选择>取消选择"命令，取消当前选区。

17　新建图层

在"图层"面板中，单击"创建新图层"按钮，如图26-40所示，新建"图层4"图层。

图26-40　新建图层

18　向上移动选区并进行渐变填充

向上垂直移动选区，如图26-41所示。选择渐变工具并设置前景色为白色，再选择"前景到透明"的线性渐变，自画布的底端向上拖动，渐变效果如图26-42所示。

图26-41　移动选区　　图26-42　添加渐变

执行"选择>取消选择"命令，取消当前选区。选择橡皮擦工具，在选项栏中设置合适的笔触与不透明度，涂抹过强的白色部分，效果如图26-43所示。

图26-43　调整后效果

19　绘制白色的箭头图形

在"图层"面板中，如图26-44所示，新建"图层5"图层。

图26-44　新建图层

选择工具箱中的多边形套索工具，选取箭头形状的选区，再填充白色。执行"选择>取消选择"命令，取消当前浮动的选区，效果如图26-45所示。

图26-45　白色箭头

20　为箭头赋予蓝色的轮廓线效果

在"图层"面板中，单击"添加图层样式"按钮，在弹出的菜单中执行"描边"命令，在弹出的对话框中设置参数，如图26-46所示，再单击"确定"按钮。

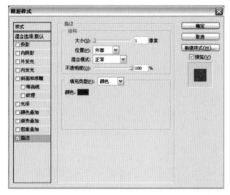

图26-46　描边设置

效果如图26-47所示，白色的箭头图形出现了蓝色的轮廓线。

图26-47　描边效果

21 为白色的箭头图形赋予投影效果

在"图层样式"对话框中选择"阴影"选项。如图26-48所示，设置"角度"为-90度，设置"距离"为0像素，设置"扩展"为8％，设置"大小"为7像素，设置完毕单击"确定"按钮。

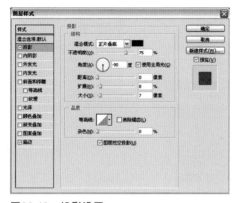

图26-48　投影设置

效果如图26-49所示，箭头的立体感增强了。

图26-49　投影效果

22 将黄色标题版图形载入选区

在"图层"面板中，单击"创建新图层"按钮，如图26-50所示，新建"图层6"图层。按住Ctrl键，单击"图层1"图层的缩览图，将标题版图形载入选区，效果如图26-51所示。

图26-50　新建图层　　　图26-51　载入选区

23 制作轮廓线效果

执行"编辑>描边"命令。在弹出的对话框中，如图26-52所示，设置"宽度"为1px，设置"颜色"为黑色，设置"位置"为居外，再单击"确定"按钮。执行"选择>取消选择"命令，取消当前浮动的选区。效果如图26-53所示，制作了标题版细细的轮廓线效果。

图26-52　描边设置　　　图26-53　描边效果

24 将蓝色标题版图形载入选区

在"图层"面板中，新建"图层 7"图层。按住 Ctrl 键，单击"图层 2"图层的缩览图，将标题版图形载入选区，如图26-54 所示。

图26-54　载入选区

执行"选择＞变换选区"命令，收缩弹出的变换框，如图 26-55 所示，大小满意后按 Enter 键确定。效果如图 26-56 所示，制作了一个略小于蓝色标题版的选区。

图26-55　变换选区　　　图26-56　调整后的选区

25 添加渐变效果

设置前景色为 #44bef7，选择工具箱中的渐变工具，在选项栏中选择"前景到透明"的渐变，再设置"类型"为线性渐变。自选区的上面向中间拖动，渐变效果如图 26-57 所示。如图 26-58 所示，执行"选择＞取消选择"命令，取消当前选区。

图26-57　添加渐变　　　图26-58　取消选择

26 制作蓝色标题版的高光效果

在"图层"面板，单击"添加图层蒙版"按钮，为"图层 7"图层创建一个蒙版，如图 26-59 所示。设置前景色为黑色，选择工具箱中的画笔工具，涂抹多余的图形区域，涂抹完毕执行"选择＞取消选择"命令，效果如图 26-60 所示。

图26-59　添加蒙版　　　图26-60　调整效果

27　降低高光的亮度

在"图层"面板中，如图26-61所示，将高光所在的"图层7"图层的"不透明度"降低至80%，效果如图26-62所示，标题版的高光效果变得更加柔和、自然。

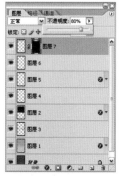 

图26-61　调整不透明度　　图26-62　调整效果

28　选取一个正圆选区并填充

在"图层"面板中，如图26-63所示，新建"图层8"图层。设置前景色为#44bef7，选择工具箱中的渐变工具，使用"前景到透明"的渐变，自选区的下面向中间拖动，渐变效果如图26-64所示。

图26-63　新建图层　　　图26-64　添加渐变

29　移动正圆选区并填充

在"图层"面板中，如图26-65所示，新建"图层9"图层。选择工具箱中任意一种选框工具，向上垂直移动当前选区。设置前景色为深蓝色#00275b，选择工具箱中的渐变工具，使用"前景到透明"的渐变，设置"类型"为线性渐变，自选区的下面向中间拖动，渐变效果如图26-66所示。执行"选择>取消选择"命令，取消当前选区。

图26-65　新建图层　　　图26-66　添加渐变

30　制作图形的背光效果

在"图层"面板中，确定当前编辑图层为"图层8"图层，如图26-67所示。执行"滤镜>模糊>高斯模糊"命令。在弹出的对话框中，如图26-68所示，设置"半径"为6.0像素，再单击"确定"按钮。

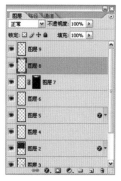

图26-67　当前图层　　　图26-68　高斯模糊设置

效果如图26-69所示，制作了图形的背光效果。

图26-69　背光效果

在"图层"面板中，将"图层8"图层与"图层9"图层进行链接，如图26-70所示，按Ctrl+E键，将两个图层合并为"图层8"图层。

图26-70　链接图层

继续单击"创建新图层"按钮 🔲，如图26-71所示，新建"图层9"图层。

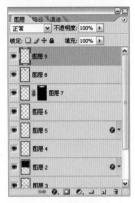

图26-71　新建图层

31　绘制火焰图形

设置前景色为黄色 #d4ff0c。选择工具箱中的自定形状工具 🔷，在选项栏中单击"填充像素"按钮，再设置"形状"为火焰，如图26-72所示。

图26-72　自定形状工具设置

在画布中绘制出火焰图形，效果如图26-73所示。

图26-73　火焰图形

32　为火焰图形赋予图层样式

在"图层"面板中，单击"添加图层样式"按钮 🔷。在弹出的菜单中执行"投影"命令。在弹出的对话框中设置如图26-74所示，制作了图形的投影效果。

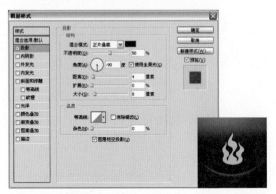

图26-74　投影设置

选择"内阴影"选项，参数设置如图26-75所示，制作了内阴影效果。

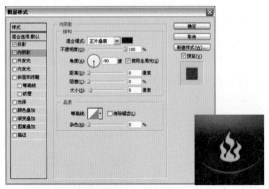

图26-75　内阴影设置

选择"斜面和浮雕"选项，设置如图26-76所示，为图形赋予立体的浮雕效果。

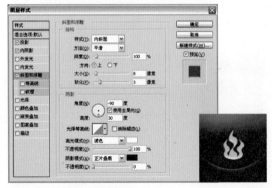

图26-76　斜面和浮雕设置

选择"等高线"选项，如图26-77所示，设置合适的等高线，设置"范围"为25%，这样就增强了火焰图形的立体感效果。

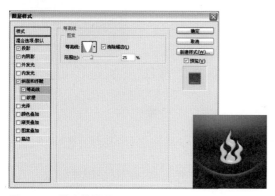

图26-77　等高线设置

最后选择"颜色叠加"选项，设置"颜色"为青色，其他设置如图26-78所示，再单击"确定"按钮，火焰图形的颜色经叠加后变为青绿色效果。

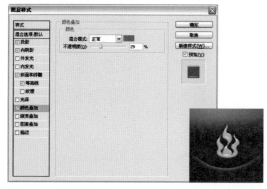

图26-78　颜色叠加设置

33　输入标题文字

选择工具箱中的横排文字工具 T，再设置文本颜色为蓝色，设置合适的字体。在画布中输入标题文字，输入完毕单击 ✔ 按钮，效果如图26-79所示。

图26-79　输入文字

下面为文字添加投影效果。在"图层样式"对话框中设置"距离"为0像素，设置"扩展"为5像素，设置"大小"为8像素，再单击"确定"按钮。效果如图26-80所示。在标题文字的下面输入一行黑色的英文，效果如图26-81所示。

图26-80　阴影效果　　　图26-81　输入英文

34　绘制标题按钮图形

在"图层"面板中，新建"图层 10"图层，如图26-82所示。使用椭圆选框工具 ○，在画布中选取一个正圆选区，并执行"编辑>描边"命令。在弹出的对话框中设置"宽度"为3px，设置"颜色"为黑色，再单击"确定"按钮。效果如图26-83所示。

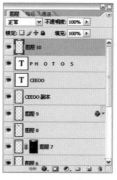 

图26-82　新建图层　　　图26-83　制作圆形

在黑色的线圈图形内，选取一个形状略小的圆形选区。设置前景色为青色，选择渐变工具，再选择"前景到透明"的线性渐变。新建"图层 11"图层，并自选区的上面向下面拖动，渐变效果如图26-84所示。使用横排文字工具 T.在按钮的中间输入英文，如图26-85所示。

图26-84　添加渐变

图26-85　输入文字

35 选取正圆选区并填充深蓝色

在"图层"面板中，在"图层 10"图层的下方新建"图层 12"图层，如图26-86所示。

图26-86　新建图层

设置前景色为深蓝色（#012c63）。选择工具箱中的椭圆选框工具 ○，在标题按钮的上面选取一个略大一些的圆形选区，效果如图26-87所示。

图26-87　正圆选区

执行"选择>羽化"命令，在弹出的对话框中设置"羽化半径"为5像素，设置完毕 单击"确定"按钮。

执行"编辑>填充"命令，在弹出的对话框中设置"使用"为前景色，再单击"确定"按钮。效果如图26-88所示，选区内填充了深蓝色。

图26-88　填充颜色

36 清理局部过深的图形阴影

选取略小一些的正圆选区，如图26-89所示。再选择橡皮擦工具 ○，设置"笔触"为50px，设置"不透明度"为100%，涂抹标题按钮的底端，清理颜色，效果如图26-90所示。

图26-89　正圆选区

图26-90　清理颜色

执行"选择>取消选择"命令，取消当前选区。效果如图26-91所示，标题按钮图形制作完毕。

图26-91　按钮效果

37 选取一个长方形选区并填充

选择矩形选框工具 💷，在画布中选取一个长方形选区，效果如图26-92所示。

图26-92　选取选区

设置前景色为灰色，设置背景色为白色。选择工具箱中的渐变工具 💷，如图26-93所示，在选项栏中使用"前景到背景"的渐变，设置"类型"为线性渐变。

图26-93　渐变设置

新建"图层 13"图层，自选区的上面向下面拖动，渐变效果如图26-94所示。

图26-94　添加渐变

38 为图形制作细细的轮廓线

执行"编辑 > 描边"命令，在弹出的"描边"对话框中，设置如图26-95所示，再单击"确定"按钮。

图26-95　描边设置

执行"选择 > 取消选择"命令，取消当前选区。效果如图26-96所示，为图形制作了细细的轮廓线。

图26-96　轮廓线

39 为图形赋予投影效果

在"图层"面板中，单击"添加图层样式"按钮 💷，在弹出的菜单中执行"投影"命令。在弹出的对话框中设置参数，如图26-97所示，设置完毕单击"确定"按钮，为图形赋予投影效果。

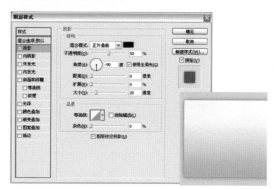

图26-97　投影设置

40 置入一幅素材图像

打开附书CD\Chapter 7\Works 26\制作网页的标题版效果[素材].tif素材图像。再选择工具箱中的移动工具，将该图像移动到画布中，放置在白色标题版图形上，效果如图26-98所示。

图26-98　置入素材

41 调整图层的混合模式和不透明度

在"图层"面板中，将素材图像所在的"图层 14"图层的混合模式改为"强光"，设置"不透明度"为80%，如图26-99所示。效果如图26-100所示，素材图像的亮部更亮，暗部更暗，整体的明暗对比加强。

图26-99　强光模式

图26-100　调整效果

42 输入说明文字

选择横排文字工具 **T.**，输入英文说明文字，字体为 Arial，输入完毕单击 ✓ 按钮，效果如图26-101所示。继续制作说明文字的标题，并为该文字添加投影效果，如图26-102所示。至此，本例制作完成。

图26-101　输入英文

图26-102　最终效果

Layer Style
图层样式

观察各个按钮的效果，再对比不同图层样式的参数设置，就可以通过按钮基本的效果轻松掌握图层样式的功能。

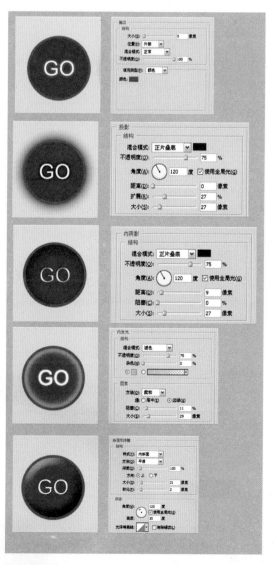

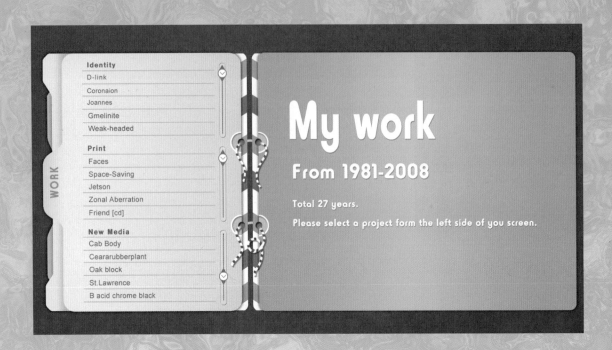

Design Process

■ 制作难度：★★★★★
■ 制作时间：120分钟
■ 使用功能：渐变工具、变换命令、钢笔工具、横排文字工具、图层样式
■ 光盘路径：Chapter 7\Works 27\展开的电子日记本.psd

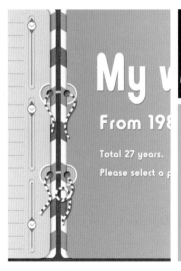

01 新建一个空白画布

执行"文件>新建"命令，在弹出的对话框中设置参数，如图27-1所示，再单击"确定"按钮。

图27-1 新建设置

单击工具箱中的"前景色"图标，进入"拾色器"对话框，设置颜色如图27-2所示，再 单击"确定"按钮。

图27-2 颜色编辑

02 为画布填充深灰色

执行"编辑>填充"命令，在弹出的对话框中设置使用为前景色，如图27-3所示，再 单击"确定"按钮。

图27-3 填充设置

效果如图27-4所示，画布填充了深灰色。

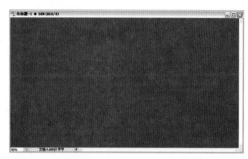

图27-4 填充颜色

03 绘制工作路径

在"图层"面板中，单击"创建新图层"按钮，新建"图层 1"图层。

选择圆角矩形工具，在选项栏中单击"路径"按钮，并设置"半径"为20px，如图27-5所示。

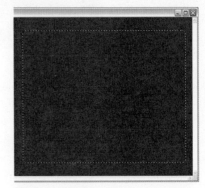

图27-5　工具设置

在画布的右侧绘制一个圆角长方形的路径，效果如图27-6所示。

图27-6　绘制路径

● 提 示

圆角矩形的选项栏中的三种类型。

一是"形状图层"，在画布中绘制图形，并在"图层"面板中显示形状的矢量蒙版缩览图　；

二是"路径"，在画布中绘制的图形只显示路径，在"路径"面板中看到　；

三是"填充像素"，绘制图形后使用前景色填充绘制的图形。

04　将工作路径变为选区

在"路径"面板中，按住Ctrl键，如图27-7所示，单击当前的工作路径。

图27-7　路径变选区

效果如图27-8所示，将工作路径变为浮动的选区。

图27-8　当前选区

05　设置前景色

在"拾色器"对话框中设置前景色，如图27-9所示。

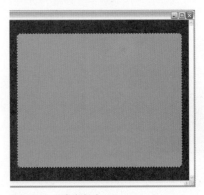

图27-9　颜色编辑

06　填充选区

执行"编辑>填充"命令，在弹出的对话框中，设置"使用"为前景色，再🖱单击"确定"按钮。效果如图27-10所示，当前选区填充了天蓝色。

图27-10　填充颜色

07 应用渐变

在"拾色器"对话框中设置前景色，如图 27-11 所示，再单击"确定"按钮。

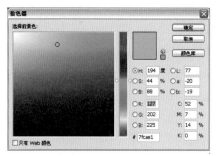

图27-11 颜色设置

选择工具箱中的渐变工具 ，如图 27-12 所示。再在选项栏中选择"前景到透明"的渐变，设置"类型"为对称渐变。

图27-12 渐变设置

如图 27-13 所示。从选区的中心向右侧 4/3 处拖动，渐变效果如图 27-14 所示，制作了画布的高光效果。执行"选择>取消选择"命令，取消当前选区。

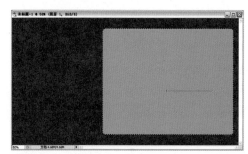

图27-13 添加渐变

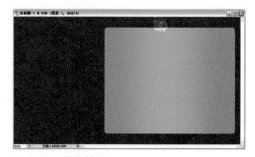

图27-14 渐变效果

08 为图形赋予投影效果

在"图层"面板中，单击"添加图层样式"按钮 ，如图 27-15 所示，在弹出的菜单中执行"投影"命令。

图27-15 图层样式

在弹出的对话框设置相应参数，如图 27-16 所示，再 单击"确定"按钮。

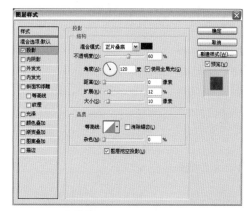

图27-16 投影设置

效果如图 27-17 所示，图形被赋予类似投影的效果。

图27-17 投影效果

09 制作立体的标题文字

选择横排文字工具 T.，在画布中输入英文标题，如图 27-18 所示。

图27-18 输入英文标题

下面为标题添加投影效果。在"图层样式"对话框中设置参数，如图27-19所示，再单击"确定"按钮。效果如图27-20所示。

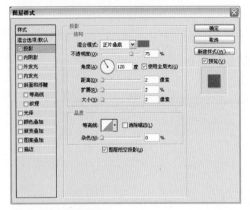

图27-19 投影设置

图27-20 投影效果

10 制作立体的说明文字效果

选择工具箱中的横排文字工具 T.，在画布中输入说明文字，如图27-21所示，输入完毕单击 ✓ 按钮确认。再在"图层样式"对话框中设置参数，如图27-22所示，最后 🖱 单击"确定"按钮。为说明文字添加投影效果。

图27-21 输入文字

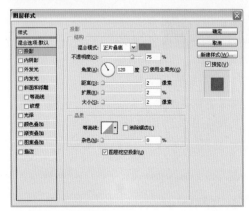

图27-22 投影设置

如图27-23所示，赋予说明文字投影效果。

图27-23 投影效果

继续输入说明文字，并根据上述步骤制作文字的投影效果，如图27-24所示。

图27-24 说明文字

11 选取选区

在"图层"面板中，新建"图层3"图层，如图27-25所示，按住Ctrl键，单击"图层1"图层的缩览图，将该图层载入选区。

图27-25　新建图层

选择工具箱中任意一种选框工具，向左侧平行移动当前选区，效果如图27-26所示。

图27-26　选取选区

12 为当前选区填充白色

执行"编辑>填充"命令，在弹出的对话框中设置"使用"为白色，再 单击"确定"按钮。效果如图27-27所示，选区内填充了白色。

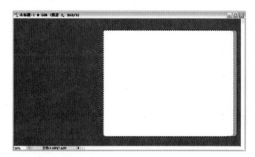

图27-27　填充白色

13 删除多余的白色图形

选择工具箱中的矩形选框工具 ，在如图27-28所示的位置选取一个长方形选区。

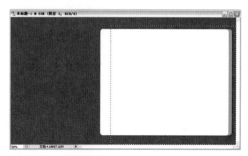

图27-28　选取选区

按Delete键，删除了多余的白色图形，效果如图27-29所示，显示刚才输入的文本信息。

图27-29　删除多余白色图形

14 制作彩纸图形前的准备工作

选择工具箱中的矩形选框工具 ，在如图27-30所示的位置选取一个长方形选区。

图27-30　选取选区

在"图层"面板中，如图27-31所示，新建"图层3"图层。

图27-31　新建图层

在工具箱中单击"设置前景色"图标，进入"拾色器"对话框，设置颜色为天蓝色 (#4dafdc)，如图27-32所示，再🖱单击"确定"按钮。

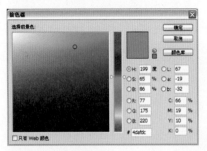

图27-32　颜色编辑

⑮ 制作条状彩纸图形

执行"编辑>填充"命令，在弹出的"填充"对话框中设置"使用"为前景色，再🖱单击"确定"按钮，将当前选区填充天蓝色。选择工具箱中任意一种选框工具，向下垂直移动选区，如图27-33所示。

图27-33　选取选区

在"拾色器"对话框中设置前景色为 #9a6d96，再单击"确定"按钮。执行"编

辑>填充"命令，在弹出的对话框中设置"使用"为前景色，再单击"确定"按钮。效果如图27-34所示，将当前选区填充了紫色。

图27-34　填充颜色

执行"选择>取消选择"命令，取消当前选区。

⑯ 复制双色的矩形图形

在"图层"面板中，将"图层2"拖到"创建新图层"按钮🔲上，进行图层复制，如图27-35所示。

图27-35　复制图层

选择工具箱中的移动工具🔧，将复制的图形向下垂直移动，如图27-36所示。

图27-36　移动复制图形（1）

在"图层"面板中，复制双色的矩形图形，并向下垂直移动，效果如图27-37所示。

图27-37　移动复制图形（2）

17 合并链接的图层

在"图层"面板中，将"图层 3"图层及其副本图层进行链接，如图27-38所示。按 Ctrl+E 键，把链接的图层合并为"图层 3"图层，如图27-39所示。

图27-38　链接图层　　　图27-39　合并图层

18 删除多余的图形

选择矩形选框工具，在如图27-40所示的位置选取一个长方形选区。

图27-40　选取选区

按 Delete 键，删除选区内多余的图形，效果如图27-41所示。

图27-41　删除多余图形

执行"选择 > 取消选择"命令，取消当前选区。

19 扭曲当前图形的形状

执行"编辑 > 变换 > 斜切"命令，向下扭曲弹出的变换框，如图27-42所示，再按 Enter 键确定。

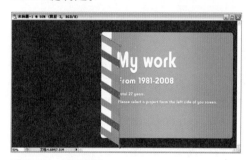

图27-42　斜切变换

● 提示

按 Ctrl+T 键，执行变换选区操作，并按住 Ctrl 键扭曲变换角。

20 删除多余的图形

在"图层"面板中，将"图层 2"图层与"图层 3"图层进行图层链接，如图27-43所示。

图27-43　链接图层

按 Ctrl+E 键，将两个图层合并为一个图层。选择工具箱中的矩形选框工具 ▣，在如图 27-44 所示的位置选取一个长方形选区。

图27-44　选取选区

按 Delete 键，删除选区内多余的图形，效果如图 27-45 所示。

图27-45　删除多余图形

执行"选择>取消选择"命令，取消当前选区。

21 调整彩纸图形所在的图层的位置

在"图层"面板中，将"图层2"图层拖放到"背景"图层上面，如图 27-46 所示。

图27-46　调整图层位置

效果如图 27-47 所示，利用图层的遮挡制作了日记本的花边效果。

图27-47　花边效果

22 复制并水平翻转花边图形

在"图层"面板中，如图 27-48 所示，将"图层2"图层进行复制。

图27-48　复制图层

选择工具箱中的移动工具，将复制的图形向左侧移动，效果如图 27-49 所示。

图27-49　移动复制图形

执行"编辑>变换>水平翻转"命令。效果如图 27-50 所示。

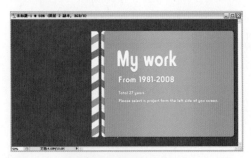

图27-50　水平变换效果

23　绘制一个圆角矩形的选区

在"图层"面板中，如图27-51所示，新建"图层3"图层。

图27-51　新建图层

选择工具箱中的圆角矩形工具，在选项栏中设置如图27-52所示。设置完毕，在画布的左侧绘制一个矩形路径。

图27-52　工具设置

在"路径"面板中按住Ctrl键，单击工作路径，将路径变为选区，如图27-53所示。

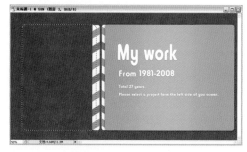

图27-53　路径变选区

执行"编辑>填充"命令，在弹出的对话框中设置"使用"为白色，再单击"确定"按钮，效果如图27-54所示。

图27-54　填充白色

24　绘制一个多边形

选择多边形套索工具，在白色图形上选取一个梯形选区，效果如图27-55所示。

图27-55　选取选区

执行"选择>修改>平滑"命令，如图27-56所示，在弹出的对话框中设置参数，再单击"确定"按钮。

图27-56　平滑设置

执行"编辑>填充"命令，在弹出的"填充"对话框中设置"使用"为白色，再单击"确定"按钮。效果如图27-57所示，左侧的梯形选区中填充了白色。

图27-57　填充白色

25 **平滑当前的选区**

在"图层"面板中，按住 Ctrl 键，单击"图层 3"图层的缩览图，如图 27-58 所示，再将"图层 3"图层删除。

图27-58　载入选区

效果如图 27-59 所示，图形被载入选区，再新建"图层 3"图层。

图27-59　载入选区

执行"选择>修改>平滑"命令，在弹出的对话框中设置"取样半径"为 15 像素，再单击"确定"按钮。效果如图 27-60 所示，选区的边角变得平滑了。

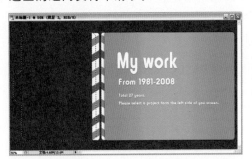

图27-60　当前选区

26 **制作黄色的纸张效果**

设置前景色为 #f0eada。继续设置背景色为 #e3d8ba。再选择渐变工具，选择"前景到背景"的渐变，设置"类型"为线性渐变，自选区的左侧向右侧拖动，效果如图 27-61 所示。

图27-61　添加渐变

在工具箱中转换前景与背景色。选择渐变工具，选择"前景到透明"的渐变，在选区的左侧适度拖动，渐变效果如图 27-62 所示。

图27-62　添加渐变

27 **制作文字**

选择工具箱中的横排文字工具 T.，设置合适的字体与文字大小。在画布上输入 Work，颜色为土黄色，输入完毕单击 ✔ 按钮确定。执行"编辑>自由变换"命令，旋转弹出的自由变换框。角度满意后，按 Enter 键确定，将文字移动到图形左侧的边角上，如图 27-63 所示。

图27-63　输入文字

输入其他文字，继续输入更多的英文标题，效果如图27-64所示。

图27-64 输入更多文字

28 制作日记本上的横线图形

在"图层"面板中，🖱单击"创建新图层"按钮🔲，如图27-65所示，新建"图层4"图层。

图27-65 新建图层

设置前景色为褐色，选择工具箱中的直线工具🖊，在画布中绘制横线，如图27-66所示。注意线与线之间的间距。

图27-66 绘制直线

29 选取自由的多边形选区

在"图层"面板中，新建"图层5"图层。选择多边形套索工具🖊，在画布的左侧选取自由的选区，效果如图27-67所示。

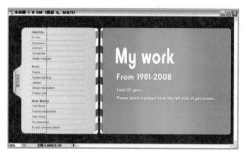

图27-67 选取选区

30 平滑当前多边形选区

执行"选择>修改>平滑"命令。在弹出的对话框中设置"取样半径"为5像素，再🖱单击"确定"按钮。效果如图27-68所示，当前选区的边角变得平滑了。

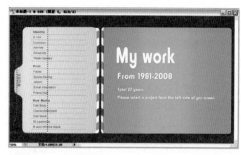

图27-68 当前选区

31 填充当前选区

确认前景色为（#f0eada），背景色为（#e3d8ba），选择工具箱中的渐变工具🖊，再选择"前景到背景"的线性渐变。自选区的左侧向中间拖动，渐变效果如图27-69所示。

图27-69 添加渐变

32 调整图层的位置

在"图层"面板中,将"图层5"图层拖到"图层3"图层的下方,如图27-70所示。

图27-70 调整图层位置

执行"选择>取消选择"命令,取消当前选区,效果如图27-71所示。

图27-71 调整效果

33 制作更强烈的阴影

在工具箱中单击"设置前景色"图标,在弹出的"拾色器"对话框中设置前景色,参数设置如图27-72所示,再🖱单击"确定"按钮。

图27-72 颜色编辑

在"图层"面板中,按住Ctrl键,单击"图层3"图层的缩览图,如图27-73所示,继续将该图层载入选区。

图27-73 载入选区

选择渐变工具▣,再选择"前景到透明"的渐变,设置"类型"为线性渐变。自选区的内侧向外侧拖动,渐变效果如图27-74所示,制作了书页的阴影效果。

图27-74 添加渐变

执行"选择>取消选择"命令,取消当前选区。

34 向内侧移动书页图形

选择工具箱中的移动工具▸+,将书页图形向内进行微移,效果如图27-75所示。

图27-75 移动图形

35 制作蓝色书页

在"图层"面板中，🖰单击"创建新图层"按钮🔲，如图27-76所示，在"图层3"图层的下方新建"图层6"图层。

图27-76 新建图层

单击工具箱中的"设置前景色"图标，进入"拾色器"对话框，设置颜色为天蓝色（#7cc7de），如图27-77所示，再🖰单击"确定"按钮。

图27-77 颜色编辑

选择多边形套索工具 ，在画布的左侧选取一个多边形选区，如图27-78所示。

图27-78 选取选区

执行"编辑>填充"命令。在弹出的"填充"对话框中设置"使用"为前景色，再🖰单击"确定"按钮。效果如图27-79所示，当前选区填充了天蓝色。

图27-79 填充颜色

设置前景色为#67a6b8。选择工具箱中的渐变工具 ，再选择"前景到透明"的渐变，然后设置"类型"线性渐变。自选区的内侧向外侧拖动。渐变效果如图27-80所示，制作了书页的阴影。

图27-80 添加渐变

执行"选择>取消选择"命令，取消当前选区。

36 将左侧书页的外形载入选区

如图27-81所示，在"图层"面板中，按住Ctrl+Shift键。

图27-81 加选选区

单击书页图形所在的"图层3"图层与"图层5"图层的缩览图，将左侧书页载入选区中，效果如图27-82所示。

图27-82　载入选区

● 提示

　　按住 Ctrl 键在"图层"面板单击图层缩览图，可将该图层中的图形载入选区。如果要加选其他图层的选区，需要按住 Ctrl+Shift 键，单击要加选的图层的图层缩览图。

　　在"图层"面板中，单击"创建新图层"按钮，如图 27-83 所示，在"图层 6"图层的下方新建"图层 7"图层。

图27-83　新建图层

37 制作左侧书页的阴影效果

　　执行"选择>羽化"命令。在弹出的对话框中设置"羽化半径"为 5 像素，再单击"确定"按钮。再把选区填充为黑色。最后取消当前选区。效果如图 27-84 所示。

图27-84　左侧书页的阴影效果

38 选取标题条图形的选区

　　选择圆角矩形工具，在选项栏中单击"路径"按钮，再设置"半径"为 30px。在画布上绘制一个圆角矩形路径。在"路径"面板中，如图 27-85 所示，按住 Ctrl 键，单击工作路径。

图27-85　路径变选区

　　效果如图 27-86 所示，绘制的圆角矩形路径载入了选区。

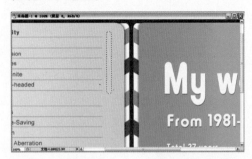

图27-86　选取选区

　　在"图层"面板中，如图 27-87 所示，新建"图层 8"图层。

图27-87　新建图层

39 将当前选区填充颜色

　　设置前景色为 #e3d8ba，并执行"编辑>填充"命令。在弹出的对话框中设置"使用"为前景色，再单击"确定"按钮。如图 27-88 所示，效果不是很明显，继续调整。

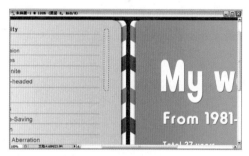

图27-88　填充颜色

40　制作网页的标题条图形

在"图层"面板中，单击"添加图层样式"按钮 。在弹出的菜单中执行"斜面和浮雕"命令。在弹出的"图层样式"对话框中设置"样式"为枕状浮雕，设置"深度"为60%，设置"大小"为4像素，其他设置如图27-89所示，再单击"确定"按钮。

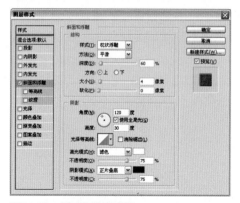

图27-89　斜面和浮雕设置

效果如图27-90所示，制作了凹陷的网页标题条图形。

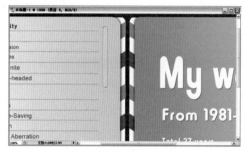

图27-90　斜面和浮雕效果

41　复制更多的网页标题条图形

在"图层"面板中，将"图层8"拖到"创建新图层"按钮 上，进行复制，如图27-91所示，复制了两个副本。

图27-91　复制图层

选择工具箱中的移动工具 ，将复制的网页标题条图形移动到合适的位置，效果如图27-92所示。

图27-92　移动复制的图形

42　绘制标题条中的直线图形

在"图层"面板中，单击"创建新图层"按钮 ，如图27-93所示，新建"图层9"图层。

图27-93　新建图层

在工具箱中单击"设置前景色"图标，在弹出的"拾色器"对话框中设置前景色为深黄色，再选择工具箱中的直线工具，在标题条图形的中间区域绘制直线图形，效果如图27-94所示。

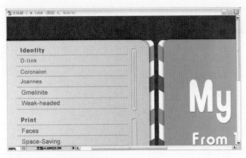

图27-94 绘制直线

在"图层"面板中，单击"添加图层样式"按钮 ，在弹出的菜单中执行"内阴影"命令。在弹出的对话框中如图27-95所示，设置"距离"为2像素，设置"堵塞"为1%，设置"大小"为2像素，再 单击"确定"按钮。

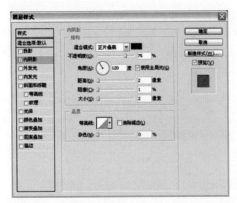

图27-95 内阴影设置

效果如图27-96所示，制作了直线图形的内阴影效果。

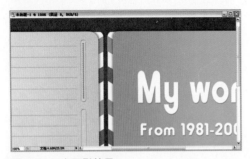

图27-96 内阴影效果

43 复制更多的直线图形

在"图层"面板中，将直线所在的"图层9"图层拖到"创建新图层"按钮 上，进行图层复制。选择工具箱中的移动工具 ，将复制的图形移动到下面的标题条图形中，效果如图27-97所示。

图27-97 移动复制的图形

44 制作标题条上的拖曳按钮图形

在"图层"面板中，新建"图层 10"图层；选取正圆选区并填充白色；为正圆选区描边，颜色为褐色；在图形顶端与底端分别绘制三角形，并填充褐色；最后使用直线工具 ，在图形中绘制指针的效果，如图27-98所示。

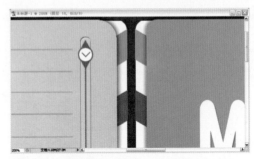

图27-98 绘制图形

在"图层"面板中，将该图形所在的"图层 10"图层进行复制，使用移动工具将图形移动到合适的位置上，效果如图27-99所示。

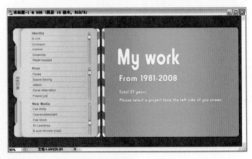

图27-99 移动复制的图形

45 绘制正圆图形

在"图层"面板中，🖱单击"创建新图层"按钮 🔲，如图27-100所示，新建"图层 11"图层。

图27-100 新建图层

选择椭圆选框工具 ◯，选取一个面积较小的正圆选区。设置前景色为ddc09c，再执行"编辑>填充"命令，在弹出的对话框中设置"使用"为前景色，再单击"确定"按钮。效果如图27-101所示。

图27-101 填充颜色

在"图层"面板中，如图27-102所示，新建"图层 12"图层。继续执行"编辑>描边"命令，在弹出的对话框中设置参数，如图27-103所示，再单击"确定"按钮。

图27-102 新建图层

图27-103 描边设置

效果如图27-104所示，制作了正圆选取白色轮廓线效果。执行"选择>取消选择"命令，取消当前选区。

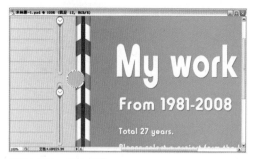

图27-104 描边效果

在"图层"面板中，选择当前编辑图层为"图层 11"图层。如图27-105所示，单击"添加图层样式"按钮。在弹出的菜单中执行"内阴影"命令。

图27-105 图层样式

在弹出的"图层样式"对话框中设置"混合模式"为正片叠底，设置"不透明度"为80%，设置"距离"2像素，设置"阻塞"为10%，其他设置如图27-106所示，再🖱单击"确定"按钮。

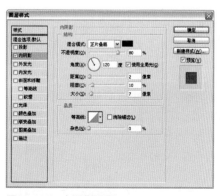

图27-106 内阴影设置

46 链接并合并图层

在"图层"面板中，将"图层 11"图

层与"图层 12"图层进行链接，如图 27-107 所示。按 Ctrl+E 键，合并链接图层为"图层 12"图层，如图 27-108 所示，同时图层样式也变为图形固定的效果。

图27-107　链接图层　　　图27-108　合并图层

47　制作两个半圆图形

选择工具箱中的矩形选框工具 ▣，在正圆图形的中间选取一个长方形选区，如图 27-109 所示。

图27-109　选取选区

选择工具箱中的移动工具 ▸⊕，向右侧移动半圆图形，效果如图 27-110 所示。执行"选择>取消选择"命令，取消当前选区。

图27-110　移动选区内的图形

48　复制并移动半圆图形

在"图层"面板中，继续将两个半圆图形所在的图层进行复制。再使用工具箱中的移动工具，将复制的半圆图形向下垂直移动，放置在如图 27-111 所示的位置。

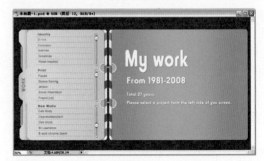

图27-111　移动复制的图形

49　制作两个正圆图形

在半圆图形的内侧选取一个略小的正圆选区。再执行"编辑>填充"命令，在弹出的对话框中设置"使用"为 50% 灰色，再单击"确定"按钮。然后取消当前选区，效果如图 27-112 所示。

图27-112　正圆图形

在"图层"面板中，单击"添加图层样式"按钮 ⚫。在弹出的菜单中执行"内阴影"命令。在弹出的对话框中设置"混合模式"为正片叠底，设置"不透明度"为 75%，设置"距离"为 5 像素，设置"阻塞"为 5%，设置"大小"为 4 像素，其他设置如图 27-113 所示，再单击"确定"按钮。图形被赋予内阴影效果。

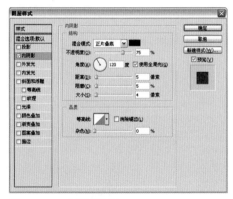

图27-113　内阴影设置

在"图层"面板中,将灰色半圆图形所在的"图层13"图层进行复制。分别将复制的其他3个图形移动到合适的位置,效果如图27-114所示。

图27-114　移动复制的图形

50　绘制装饰线图形的路径

在"图层"面板中,单击"创建新图层"按钮,如图27-115所示,新建"图层14"图层。

图27-115　新建图层

选择工具箱中的钢笔工具,分别绘制两个曲线路径,效果如图27-116所示。

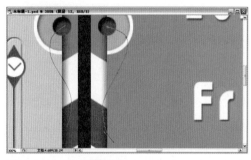

图27-116　绘制曲线路径

选择工具箱中的画笔工具,在选项栏中设置如图27-117所示。

图27-117　工具设置

在"路径"面板中,如图27-118所示,单击"用画笔路径"描边按钮。

图27-118　路径描边

51　清理装饰线的圆角顶点

选择工具箱中的橡皮擦工具,在选项栏中设置画笔大小为30px,设置"不透明度"为100%,如图27-119所示,单击左侧线头图形,将前面的圆头清除掉。

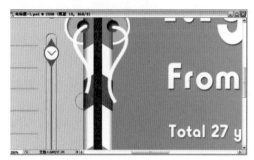

图27-119　清除图形的圆头

继续使用橡皮擦工具,清理线头图形的其他圆头端点,效果如图27-120所示。

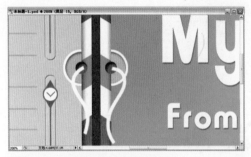

图27-120　清理其他图形的圆头

52 制作另一根装饰线

　　用同样的方法制作另一根装饰线，效果如图 27-121 所示。

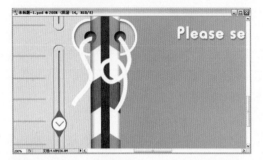

图27-121　另一根装饰线

53 为装饰线图形赋予投影效果

　　在"图层"面板中，单击"添加图层样式"按钮 ⊘.。如图 27-122 所示，在弹出的菜单中执行"投影"命令。

图27-122　图层样式

　　在弹出的对话框中，设置"颜色"为深灰色，设置"距离"为 5 像素，设置"扩展"为 5％，设置"大小"为 3 像素，如图 27-123 所示，设置完毕单击"确定"按钮。

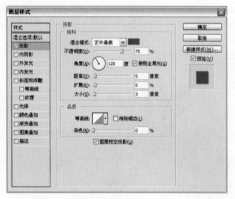

图27-123　投影设置

　　效果如图 27-124 所示，为装饰线图形赋予了投影效果，图形的立体感增强了。

图27-124　投影效果

54 自然融入装饰线图形

　　选择工具箱中的橡皮擦工具 ⊘.，在选项栏中设置参数，如图 27-125 所示。

图27-125　橡皮擦工具设置

　　擦除装饰线图形的顶端，如图 27-126 所示。

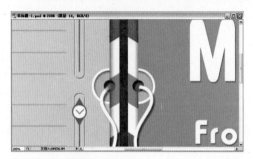

图27-126　擦除效果（1）

　　继续擦除右侧装饰线的顶端，效果如图 27-127 所示，使图形顶端自然融入阴影中。这样两条装饰线组合为整体，有从圆孔内穿过的视觉效果。

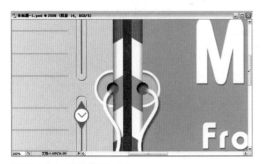

图27-127　擦除效果（2）

根据上述方法制作另一条装饰线的顶端融合效果，如图27-128所示。

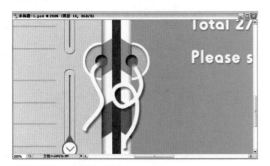

图27-128　擦除效果（3）

55 制作装饰线的阴暗面效果

在"图层"面板中，单击"创建新图层"按钮，新建"图层15"图层。设置前景色为灰色，选择工具箱中的画笔工具，在装饰线的两端中间绘制衔接线条，效果如图27-129所示。

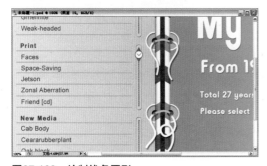

图27-129　绘制线条图形

在"图层"面板中，将阴影线所在的"图层15"图层拖放到最底端，如图27-130所示。

图27-130　调整图层位置

效果如图27-131所示，借助图形间的遮挡关系，巧妙地制作了装饰线的阴暗面效果。

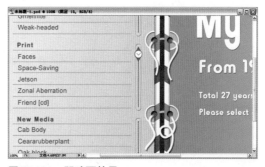

图27-131　阴暗面效果

56 将装饰线图形载入选区

在"图层"面板中，按住Ctrl键，单击"图层14"图层的缩览图，如图27-132所示。

图27-132　载入选区操作

效果如图27-133所示，装饰线图形被载入了选区。

图27-133　载入选区

57 制作装饰线的颜色相间的效果

在工具箱中单击"设置前景色"图标，在"拾色器"对话框中设置前景色为（#874617）。

选择工具箱中的画笔工具 ，如图27-134所示，设置"主直径"为7px，设置"硬度"为100%。

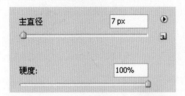

图27-134　画笔设置

在选区中涂抹线条图形，如图27-135所示。

图27-135　涂抹线条

装饰线图形的涂抹效果如图27-136所示。

图27-136　涂抹效果（1）

选择工具箱中的抓手工具 ，移动画布以显示第二根装饰线。对第二根装饰线图形进行涂抹，效果如图27-137所示。

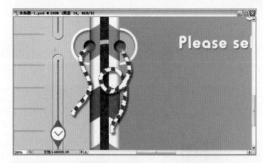

图27-137　涂抹效果（2）

58 取消选区

执行"选择>取消选择"命令，取消当前选区，这样展开的日记本就设计完毕，最终效果如图27-138所示。

图27-138　最终效果

Add Noise Texture
添加杂色纹理

　　将原始的素材图像输入到计算机时，会出现色彩问题，如本例中的金属面具过于灰暗，影响了面具的质地表现。可以利用Photoshop中的添加杂色功能使图像的纹理更加丰富，图像的颜色就会变亮，面具就会更有质感。

01 复制"背景"图层

　　打开附书CD\Chapter 1\TIP\通过添加杂色丰富图像的纹理[原图].tif。

素材图像

　　在"图层"面板中，将"背景"图层拖到"创建新图层"按钮 上，进行图层复制。

复制图层

02 为图像添加杂色

　　执行"滤镜>杂色>添加杂色"命令，在弹出的对话框中，单击"着色"复选框，设置"数量"为100%，设置"分布"为平均分布，最后单击"确定"按钮。

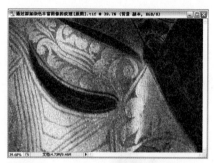

添加杂色

03 调整图层的混合模式

　　在"图层"面板中，将"背景 副本"图层的混合模式设置为"柔光"。

柔光模式

　　图像的颜色对比增强了，纹理也变得更加细腻。

最终效果

Design Process

Works**28**
Specially Effect

Caricature Homepage

- 制作难度：★★★★★
- 制作时间：120分钟
- 使用功能：半调图案滤镜、描边命令、画笔工具、渐变工具、文字变形命令
- 光盘路径：Chapter 7\Works 28\动漫网站的主页.psd

28 Caricature Homepage
动漫网站的主页

在本例制作过程中应用了彩色纹理的画布、螺丝图形、电视形状的按钮等艺术图形，以实现经典的设计创意，制作颜色丰富、质感强烈的实例效果。

01　新建画布

执行"文件＞新建"命令，在弹出的对话框中设置参数，如图28-1所示，再单击"确定"按钮。

图28-1　新建设置

在工具箱中单击"设置前景色"图标，进入"拾色器"对话框，设置颜色为灰色，如图28-2所示，再单击"确定"按钮。

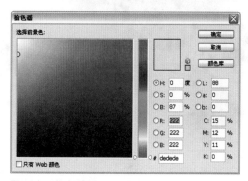

图28-2　颜色编辑

02　绘制灰白相间的线条

执行"滤镜＞素描＞半调图案"命令。在弹出的对话框中设置参数，如图28-3所示，再单击"确定"按钮。效果如图28-4所示，制作了灰白相间的线条效果。

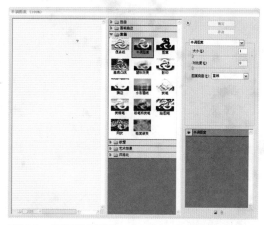

图28-3　半调图案设置

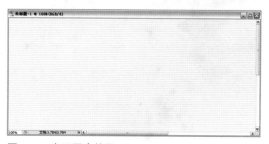

图28-4　半调图案效果

03 为长方形选区填充橙黄色

在〝图层〞面板中，新建〝图层 1〞图层。选择矩形选框工具 □，在画布中选取一个长方形选区，效果如图 28-5 所示。

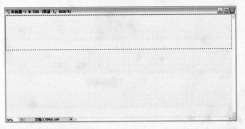

图28-5 选取选区

设置前景色为橙色（#ec6f00），设置背景色为黄色（#fcd000）。把选区填充为前景色。效果如图 28-6 所示，画布填充了橙黄色。

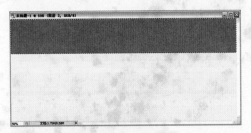

图28-6 填充颜色

04 制作橙黄相间的网点效果

执行〝滤镜>素描>半调图案〞命令。在弹出的对话框中，设置参数，如图 28-7 所示，再 单击〝确定〞按钮。

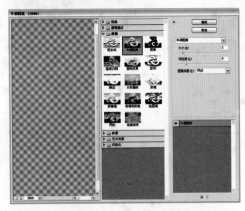

图28-7 半调图案设置

效果如图 28-8 所示，制作了橙黄相间的网点效果。

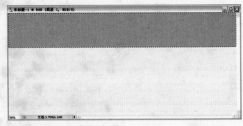

图28-8 半调图案效果

05 选取多个长方形选区

在〝图层〞面板中， 单击〝创建新图层〞按钮 □，如图 28-9 所示，新建〝图层 2〞图层。

图28-9 新建图层

选择矩形选框工具 □，在画布中选取一个长方形选区，效果如图 28-10 所示。

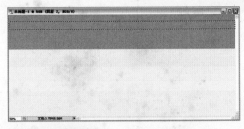

图28-10 选取选区

在选项栏中，单击〝添加到选区〞按钮，继续选取多个长方形选区，如图 28-11 所示。

图28-11 加选选区

06　将当前选区填充橙黄色

按Alt+Delete键，将选区填充为前景色。效果如图28-12所示，当前选区填充了橙黄色。

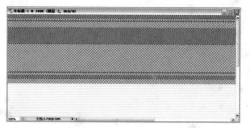

图28-12　调整颜色

执行"选择>取消选择"命令，取消当前浮动的选区。

07　修改图层的混合模式

在"图层"面板中，如图28-13所示，将"图层 2"图层的混合模式改为"强光"。

图28-13　柔光模式

效果如图28-14所示，长条图形与画布融在一起，制作了桌布的纹理效果。

图28-14　柔光效果

08　制作书籍挞页形状的路径

选择钢笔工具 ，在画布的右上角绘制书挞页的形状路径，效果如图28-15所示。

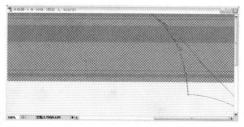

图28-15　绘制路径

09　制作书籍挞页图形

在"路径"面板中，按住Ctrl键，单击工作路径，如图28-16所示。

图28-16　路径变选区

当前路径变为浮动选区的效果如图28-17所示。设置前景色为白色，设置背景色为浅灰色。利用渐变工具 绘制"前景到背景"的线性渐变。

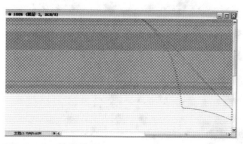

图28-17　当前选区

在选区内拖动，效果如图28-18所示。

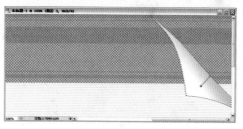

图28-18　添加渐变

349

10 选取一个自由选区

在“图层”面板中，在“图层 3”图层下面新建“图层 4”图层，如图 28-19 所示。

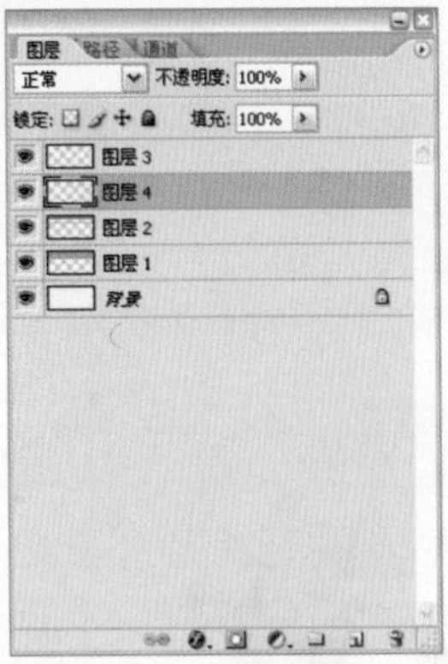

图28-19 新建图层

选择工具箱中的套索工具，在如图 28-20 所示的位置选取一个自由选区。

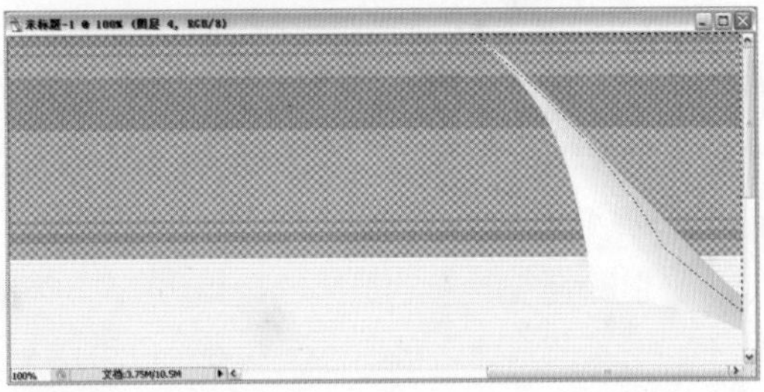

图28-20 选取选区

11 为当前选区填充蓝色

在工具箱中单击“设置前景色”图标，进入“拾色器”对话框，设置颜色为蓝色(#006ac6)，再单击“确定”按钮。执行“编辑>填充”命令，在弹出的对话框中，设置“使用”为前景色，设置完毕单击“确定”按钮，效果如图 28-21 所示。

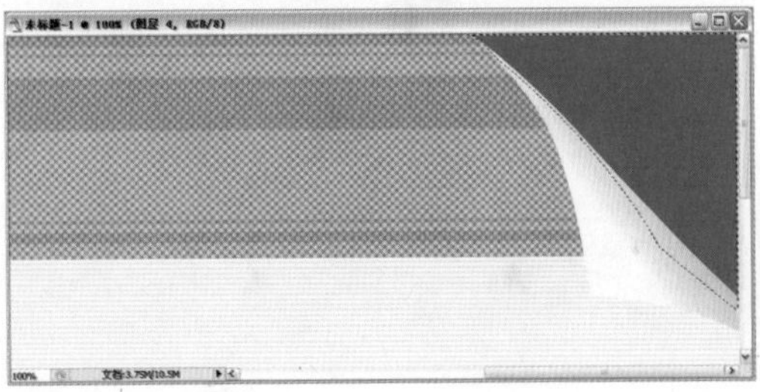

图28-21 填充颜色

12 制作关闭按钮图形

在“图层”面板中，单击“创建新图层”按钮，如图 28-22 所示，新建“图层 5”图层。

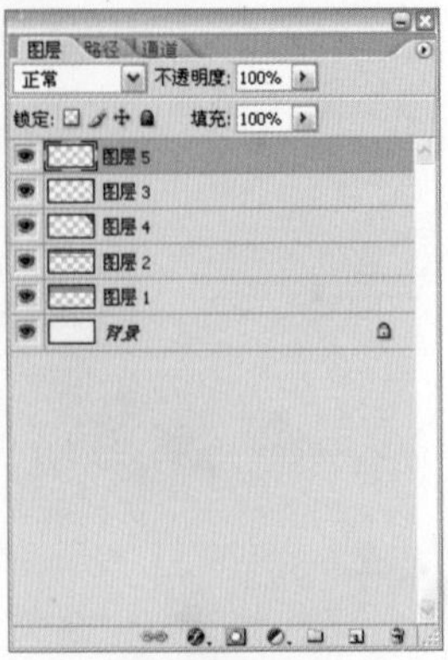

图28-22 新建图层

选择工具箱中的椭圆选框工具，在书页的掀边图形上选取一个正圆选区。执行“编辑>描边”命令，在弹出的对话框中设置“宽度”为 2px，设置“颜色”为灰色，再单击“确定”按钮。效果如图 28-23 所示。

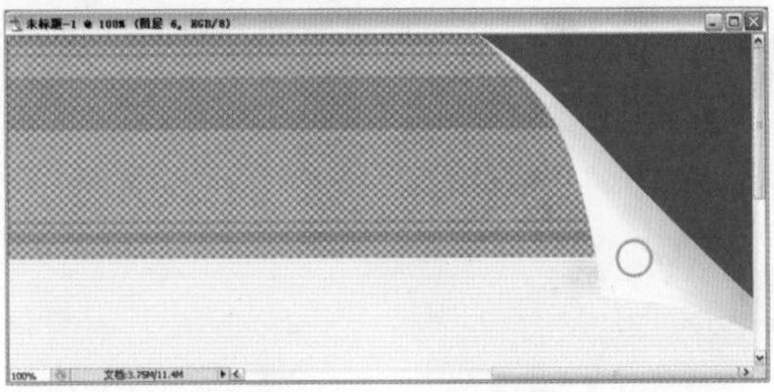

图28-23 描边效果

在画布中输入符号“+”。执行“编辑>自由变换”命令，旋转弹出的自由变换框。角度满意后，按 Enter 键确定。选择工具箱中的移动工具，将“+”符号移动到圆圈图形内，制作出代表窗口关闭的按钮图形，效果如图 28-24 所示。

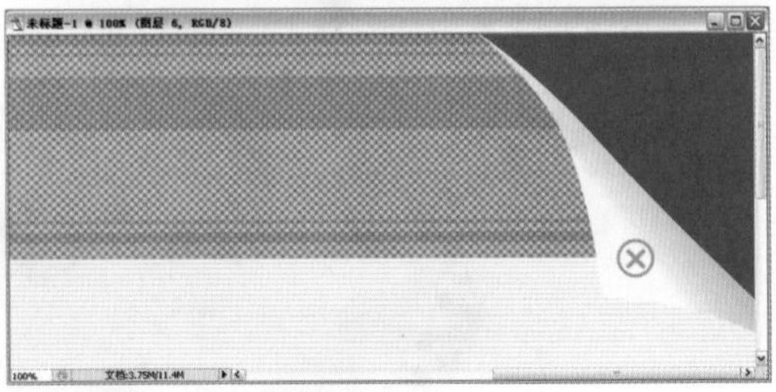

图28-24 关闭图形按钮

13　绘制一个多边形图形

在〝图层〞面板中，新建〝图层 7〞图层，设置前景色灰色，选择工具箱中的多边形工具，再单击选项栏中的〝填充像素〞按钮，最后在画布中绘制一个多边形图形，如图28-25 所示。

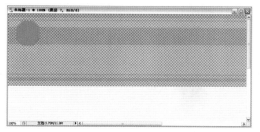

图28-25　绘制多边形

在〝图层〞面板中，如图 28-26 所示，按住Ctrl键单击〝图层 7〞图层的缩览图。

图28-26　载入选区操作

将多边形图形载入选区。执行〝编辑>描边〞命令，在弹出的〝描边〞对话框中设置〝宽度〞为6px，设置〝颜色〞为黑色，设置〝位置〞为内部，其他设置如图 28-27所示，再单击〝确定〞按钮。

图28-27　描边设置

效果如图 28-28 所示，制作了多边形图形的黑色轮廓线。

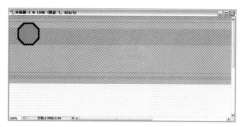

图28-28　描边效果

执行〝选择 > 变换选区〞命令，正比例收缩弹出的变换框。大小满意后，按 Enter 键确定，效果如图 28-29 所示。

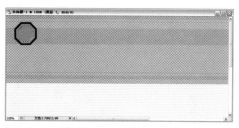

图28-29　收缩选区

14　绘制白色的多边图形

执行〝编辑>填充〞命令，在弹出的对话框中设置〝使用〞为白色，再单击〝确定〞按钮。效果如图 28-30 所示。

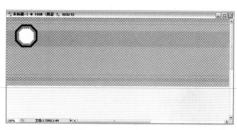

图28-30　填充白色

在〝描边〞对话框中设置参数，如图28-31 所示，再单击〝确定〞按钮。

图28-31　描边设置

效果如图 28-32 所示，为图形制作了黑色的轮廓线效果。

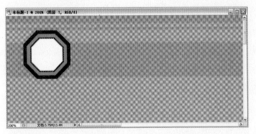

图28-32　描边效果

15 绘制一个灰色的矩形图形

在"图层"面板中，如图 28-33 所示，新建"图层 8"图层。

图28-33　新建图层

在多边图形内部选取一个长方形选区，并填充为 50% 灰色。效果如图 28-34 所示。

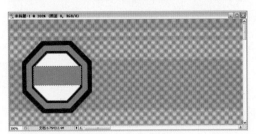

图28-34　填充颜色

执行"编辑 > 描边"命令，在弹出的对话框中设置如图 28-35 所示，再单击"确定"按钮。

图28-35　描边设置

效果如图 28-36 所示，制作了矩形图形的黑色轮廓线效果。

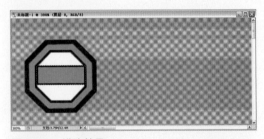

图28-36　描边效果

16 旋转变换图形的角度

执行"编辑 > 自由变换"命令，旋转弹出的自由变换框，如图 28-37 所示。角度满意后，按 Enter 键确定。

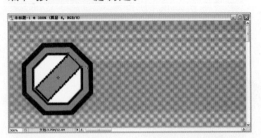

图28-37　旋转变换

17 制作螺丝头图形的高光效果

选择工具箱中的画笔工具 ，再设置前景色为白色，然后在选项栏中设置合适的画笔大小与不透明度。用画笔工具涂抹图形，制作灰色矩形图形的高光效果，如图 28-38 所示。

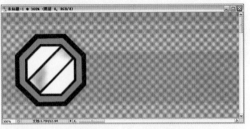

图28-38　高光效果（1）

使用相同的方法制作出螺丝头图形其他部分的高光效果，如图 28-39 所示。

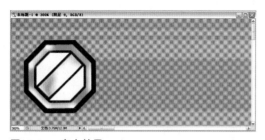

图28-39　高光效果（2）

18 合并与复制图层

在"图层"面板中，如图28-40所示，将螺丝图形所在的图层进行链接，再按Ctrl+E键将链接的图层合并为"图层7"图层。将合并后的图层拖到"创建新图层"按钮 回 上，进行图层复制，如图28-41所示。

图28-40　链接图层　　　图28-41　复制图层

选择工具箱中的移动工具 ，将复制的图形向下垂直移动，效果如图28-42所示。

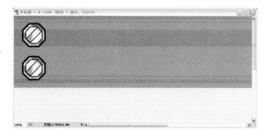

图28-42　移动复制图形

19 绘制一个蓝色的圆环图形

在"拾色器"对话框中设置前景色，设置颜色为蓝色，如图28-43所示，再 单击"确定"按钮。

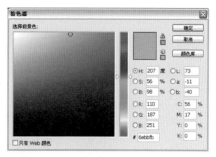

图28-43　颜色编辑

在"图层"面板中，在"背景"图层的上面新建"图层 8"图层，如图28-44所示。选择工具箱中的椭圆选框工具 ，在画布中选取一个正圆选区。执行"编辑>描边"命令，在弹出的对话框中设置如图28-45所示，再 单击"确定"按钮。

图28-44　新建图层　　　图28-45　描边设置

效果如图28-46所示，制作了一个蓝色的圆环图形。

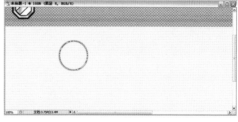

图28-46　描边效果

执行"选择>取消选择"命令，取消当前选区。

20 制作多个圆圈图形的组合图案

将"图层8"图层进行复制，并执行"编辑>自由变换"命令，收缩弹出的自由变换框。将所有圆圈图形自由排列组合在一起，效果如图 28-47 所示。

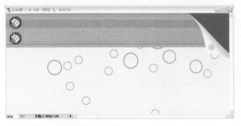

图28-47　复制更多的图形

在"图层"面板中，将圆圈图形所在的图层进行链接并合并，如图 28-48 所示，再将该图层的"不透明度"改为 40%。

图28-48　调整不透明度

效果如图 28-49 所示，圆圈图形出现半透明的效果，与画布叠加在一起。

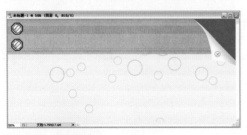

图28-49　调整效果

21 置入一幅卡通画

打开附书 CD\Chapter 7\Works 28\制作动漫网站的主页[素材].psd 卡通图像，如图 28-50 所示。

图28-50　素材图像

选择移动工具 ，将卡通图像移动到画布中，放置在如图 28-51 所示的位置。

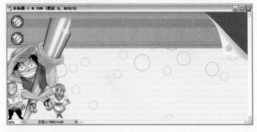

图28-51　置入图像

22 调整卡通图像所在图层的位置

在"图层"面板中，将卡通图像所在的"图层 9"图层，拖到"图层 1"图层与"图层 8"图层之间，如图 28-52 所示。

图28-52　调整图层位置

效果如图 28-53 所示，卡通画的一部分被遮住了。

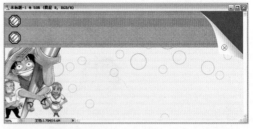

图28-53　调整效果

23 新建画布

执行"文件>新建"命令，在弹出的对话框中设置"宽度"和"高度"均为 5 厘米，设置"分辨"为 200 像素／英寸，其他设置如图 28-54 所示，再 单击"确定"按钮。

图28-54　新建设置

24 选取自由选区并填充

在"图层"面板中，如图28-55所示，新建"图层1"图层。选择套索工具 🔲，在画布中选取电视按钮图形状的选区。设置前景色为浅灰色，设置背景色为深灰色。选择渐变工具 🔲，绘制"前景到背景"的线性渐变，渐变效果如图28-56所示。

图28-55　新建图层　　　图28-56　添加渐变

25 制作灰色图形的轮廓线

执行"编辑>描边"命令，在弹出的对话框中设置如图28-57所示，🖱单击"确定"按钮。制作了深灰色的轮廓线效果，效果如图28-58所示。

图28-57　描边设置　　　图28-58　描边效果

26 收缩当前选区

在"图层"面板中，🖱单击"创建新图层"按钮 🔲，如图28-59所示，新建"图层2"图层。

图28-59　新建图层

执行"选择>变换选区"命令，收缩弹出的变换框，大小满意后，按Enter键确定。效果如图28-60所示，当前选区被收缩到图形的左侧。

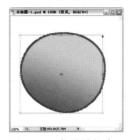

图28-60　收缩后的选区

27 为当前选区填充深灰色

在"拾色器"对话框设置前景色，设置颜色为深灰色（#3a3a3a），再🖱单击"确定"按钮。执行"编辑>填充"命令，在弹出的对话框中，设置"使用"为前景色，再🖱单击"确定"按钮，效果如图28-61所示，当前选区填充了深灰色。

图28-61　填充颜色

28 移动选区并填充白色

在"图层"面板中，🖱单击"创建新图层"按钮 🔲，如图 28-62 所示，新建"图层 3"图层。

图28-62 新建图层

选择工具箱中任意一种选框工具，再向左上方轻微移动当前选区。执行"编辑＞填充"命令，在弹出的对话框中设置"使用"为白色，如图 28-63 所示，再🖱单击"确定"按钮。效果如图 28-64 所示，制作了带有阴影的椭圆图形。

图28-63 填充设置

图28-64 填充白色

29 为白色图形描边

在"图层"面板中，如图 28-65 所示，🖱新建"图层 4"图层。

图28-65 新建图层

执行"编辑＞描边"命令，在弹出的对话框中，如图 28-66 所示，设置"宽度"为 7px，设置"颜色"为深灰色，设置"位置"为居中，设置完毕单击"确定"按钮。效果如图 28-67 所示，制作了白色图形的灰色轮廓线效果。

图28-66 描边设置　　图28-67 描边效果

30 为轮廓线图形添加渐变

在"图层"面板中，按住 Ctrl 键单击"图层 4"图层的缩览图，如图 28-68 所示。将灰色的线条图形载入选区，效果如图 28-69 所示。

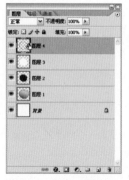

图28-68 载入选区

图28-69 载入选区

设置前景色为淡灰色，设置背景色为深灰色。选择工具箱中的渐变工具 🔲，在选项栏中设置如图 28-70 所示。

图28-70 渐变设置

自上而下拖动，渐变效果如图 28-71 所示。

图28-71 添加渐变

31　收缩变换当前选区

在"图层"面板中，单击"创建新图层"按钮，如图28-72所示，新建"图层5"图层。执行"选择>变换选区"命令，收缩弹出的变换框。大小合适后，按Enter键确定，效果如图28-73所示。

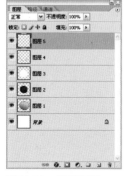

图28-72　新建图层

图28-73　收缩选区

32　为当前选区填充深红色

在工具箱中单击"设置前景色"图标，进入"拾色器"对话框，设置颜色为深红色（#621300），如图28-74所示，再单击"确定"按钮。

图28-74　颜色编辑

执行"编辑>填充"命令，在弹出的对话框中设置"使用"为前景色，再单击"确定"按钮。效果如图28-75所示，当前选区填充了深红色。

图28-75　填充颜色

33　移动当前选区并填充黄色

选择任意一种选框工具，再向左上方轻微移动当前选区，效果如图28-76所示。在"图层"面板中，如图28-77所示，新建"图层6"图层。

图28-76　移动选区

图28-77　新建图层

设置前景色为黄色，再使用前景色填充当前选区，效果如图28-78所示。

图28-78　填充颜色

34　制作图形的暗部

选择加深工具，在选项栏中设置如图28-79所示。

图28-79　工具设置

涂抹出图形的右下角部分，效果如图28-80所示，制作了图形的暗部。

图28-80　制作暗部

35 制作椭圆图形的亮部与高光效果

设置前景色为白色，选择工具箱中的画笔工具 ✐，选择笔触较粗而不透明度较低的画笔涂抹椭圆。效果如图28-81所示，制作了球体的亮部。再选择笔触较细而不透明度较强的画笔，涂抹出图形的高光效果，如图28-82所示。

图28-81　绘制亮部　　　图28-82　绘制高光

在"图层"面板中，如图28-83所示，新建"图层7"图层。

图28-83　新建图层

36 为当前选区描边

执行"编辑>描边"命令，在弹出的对话框中，设置如图28-84所示，再 🖰单击"确定"按钮。

效果如图28-85所示，为图形描了黄色的轮廓线。

图28-84　描边设置　　　图28-85　描边效果

37 载入选区并填充

在"图层"面板中，按住Ctrl键，🖰单击"图层7"图层的缩览图，如图28-86所示，将黄色轮廓线载入选区。

图28-86　载入选区

设置前景色为土黄色，设置背景色为中黄色。选择工具箱中的渐变工具 ▣，设置如图28-87所示。

图28-87　渐变设置

自选区的上面向下面拖动，渐变效果如图28-88所示。

图28-88　添加渐变

再执行"选择>取消选择"命令，取消当前选区。

38 制作椭圆图形的高光选区

在"图层"面板中，单击"创建新图层"按钮，如图28-89所示，新建"图层 8"图层。

图28-89　新建图层

选择工具箱中的钢笔工具，在黄色椭圆图形的右上方绘制制作高光区域的路径，效果如图28-90所示。在"路径"面板中，按住Ctrl键单击工作路径，如图28-91所示，将路径转换为选区。

图28-90　绘制路径　　图28-91　路径变选区

39 制作椭圆图形的高光效果

执行"编辑>填充"命令，在弹出的对话框中设置如图28-92所示，再单击"确定"按钮。效果如图28-93所示，当前选区填充了白色。

图28-92　填充设置　　图28-93　填充颜色

执行"选择>取消选择"命令，取消当前选区。选择工具箱中的橡皮擦工具，在选项栏中设置如图28-94所示，涂抹白色图形的底部。

图28-94　橡皮擦工具设置

效果如图28-95所示，高光区域的边缘虚化了，高光效果更真实。

图28-95　虚化图形边缘

40 制作电视的接收孔图形

在"图层"面板中，单击"创建新图层"按钮，如图28-96所示，新建"图层 10"图层。在工具箱中选择套索工具，在图形顶端选取一个椭圆选区。设置前景色为灰色，设置背景色为黑色。选择工具箱中的渐变工具，再在选项栏中选择"前景到背景"的渐变样式，再设置"类型"为线性，然后在图像上的椭圆选区中自左而右拖动，渐变效果如图28-97所示。

图28-96　新建图层　　图28-97　添加渐变

执行"编辑>描边"命令，为图形制作灰色的轮廓线，如图 28-98 所示。

图28-98　描边效果

41　绘制电视天线的图形效果

选择多边形套索工具 ，再选取电视天线状的选区，将选区填充白色，效果如图 28-99 所示。

图28-99　填充颜色

执行"编辑>描边"命令，在弹出的"描边"对话框中，设置如图 28-100 所示，再单击"确定"按钮。选择工具箱中的画笔工具 ，在选项栏中设置画笔大小为 10px，设置"不透明度"为 100%。用画笔工具涂抹天线图形的顶端，效果如图 28-101 所示。

图28-100　描边设置

图28-101　涂抹图形

将画笔大小改为 1px 或 2px，继续绘制图形的横线效果，如图 28-102 所示。

图28-102　天线图形

执行"选择>取消选择"命令，取消当前选区，效果如图 28-103 所示。

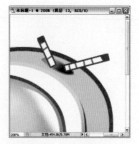

图28-103　调整效果

42　虚化电视天线的底端

选择工具箱中的橡皮擦工具 ，涂抹天线图形的底端，效果如图 28-104 所示，制作了卡通电视图形的效果。

图28-104　虚化边缘

选择工具箱中的横排文字工具 ，在"字符"面板中，设置字体为"汉仪娃娃篆简"，设置"颜色"为黄色，如图 28-105 所示。在画布中输入文字，单击 按钮确定，效果如图 28-106 所示。

图28-105　设置字体

图28-106　输入文字

43　调整文字的角度

执行"编辑>自由变换"命令，旋转弹出的自由变换框，如图 28-107 所示。角度满意后，按 Enter 键确定。执行"图层>文字>文字变形"命令，在弹出的"变形文字"对话框中，如图 28-108 所示，设置"样式"

为鱼眼，设置“弯曲”为60%，其他参数设置为默认值，再单击“确定”按钮。

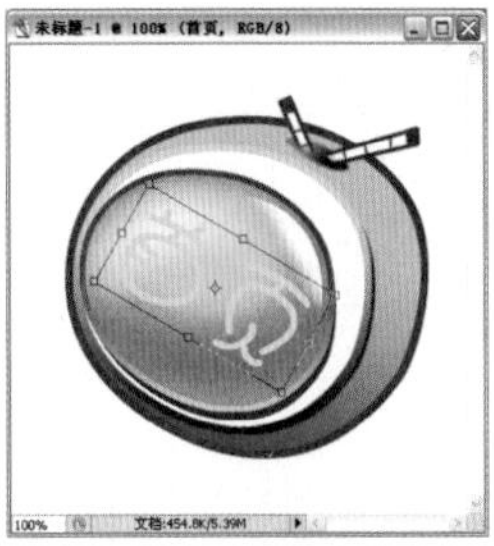
图28-107 旋转变换文字

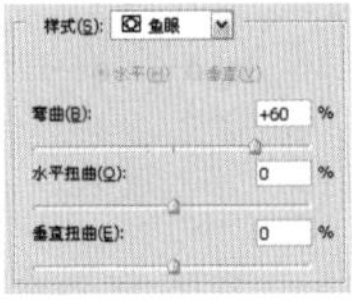

图28-108 变形文字

效果如图28-109所示，文字出现了球面化的内部膨胀效果。

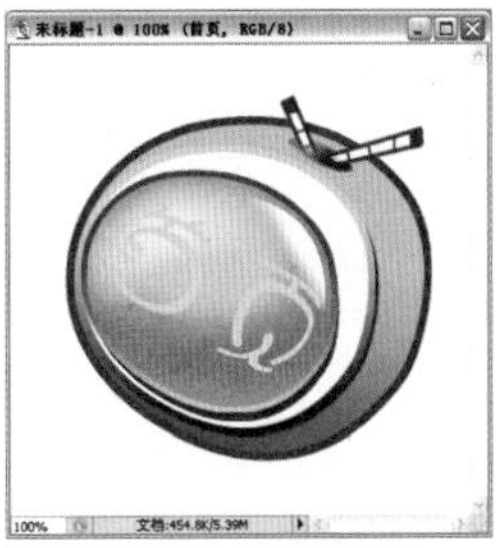
图28-109 调整效果

44 为文字图层赋予阴影效果

在“图层”面板中，单击“添加图层样式”按钮。在弹出的菜单中执行“投影”命令。在弹出的对话框中，如图28-110所示，设置“颜色”为深红色，设置“距离”为8像素，设置“扩展”为20%，设置“大小”为15像素，其他设置默认，再单击“确定”按钮。

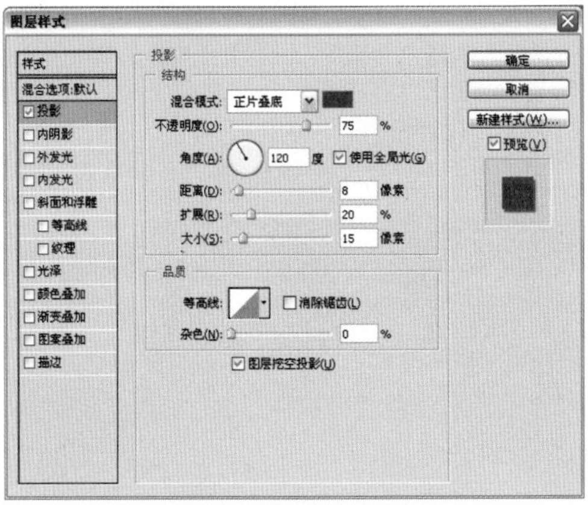

图28-110 投影设置

效果如图28-111所示，制作了红色阴影效果的文字。

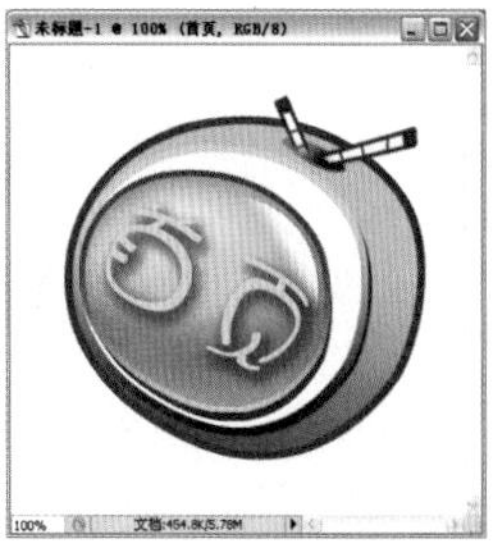
图28-111 调整效果

在“图层”面板中，将电视按钮所在的所有图层（“背景”图层除外）进行链接与合并。使用工具箱中的移动工具将该图形移动到总画布中，效果如图28-112所示。

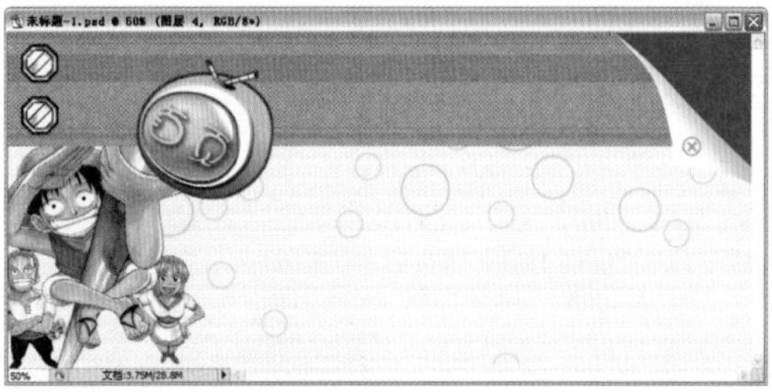
图28-112 置入图形

45 置入按钮图形

打开附书CD\Chapter 7\Works 28\制作动漫网站的主页[按钮2].tif图片，如图28-113所示。

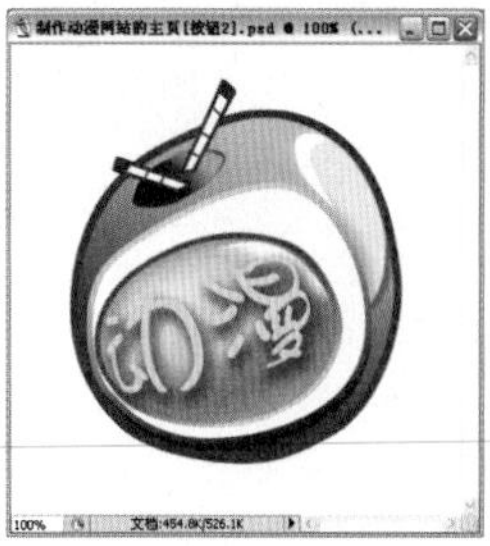
图28-113 打开图形

将该图形放置在如图28-114所示的位置。

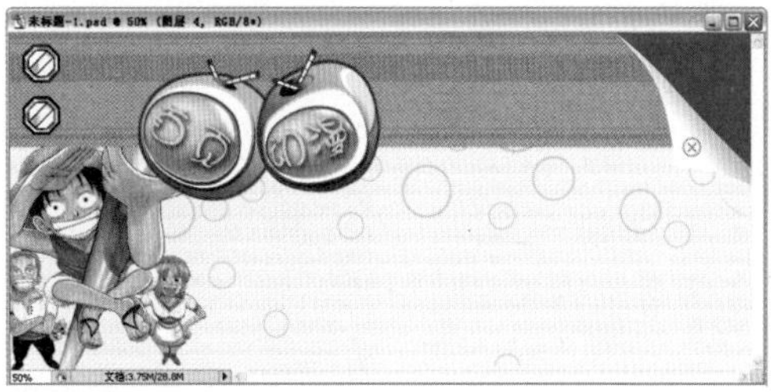
图28-114 置入图形

打开附书CD\Chapter 7\Works 28文件夹中的其他按钮图片，将三个按钮图形置入画布中，放置在如图28-115所示的位置。

图28-115　置入图形

46 调整挡边图形所在的图层的位置

在"图层"面板中，如图28-116所示，将挡边图形所在的图层拖到最顶端。

图28-116　调整图层位置

如图28-117所示，部分按钮被挡住。

图28-117　调整效果

47 将艺术图形全部载入选区

在"图层"面板中，按住Ctrl键，如图28-118所示，单击按钮所在的"图层10"图层的缩览图。

图28-118　载入选区操作

如图28-119所示，将艺术图形载入选区。

图28-119　载入选区

在"图层"面板中，按住Ctrl+Shift键，如图28-120所示，单击艺术按钮所在的其他图层。

图28-120　载入选区操作

效果如图28-121所示，将艺术图形全部载入选区。

图28-121　载入选区

48 向下移动当前选区并填充灰色

选择工具箱中的任意一种选框工具，向下垂直移动当前选区，效果如图28-122所示。

图28-122　移动选区

在"图层"面板中，如图28-123所示，新建"图层16"图层，要注意该图层所在的位置。

图28-123　新建图层

在"拾色器"对话框中设置前景色为灰色（#bfbfbf），再🖱单击"确定"按钮。执行"编辑>填充"命令，在弹出的对话框中设置"使用"为前景色，设置完毕单击"确定"按钮。效果如图28-124所示，当前选区填充了灰色。

图28-124　填充颜色

执行"选择>取消选择"命令，取消当前选区。效果如图28-125所示，制作了艺术按钮的阴影效果，但是阴影的颜色效果不能与背景相融合，需要调整一下。

图28-125　调整效果

49　修改阴影图形的不透明度

在"图层"面板中，将阴影图形所在的"图层16"图层的"不透明度"降至50%，如图28-126所示。

图28-126　调整不透明度

效果如图28-127所示，制作了和谐的图形阴影效果。至此，完成最终效果。

图28-127　最终效果